짱 중요한 유형

기출! 나는 수능에
나오는 유형만 공부한다!

확률과 통계

新수능

이제부터 *수준별, 유형별* 기출문제로 대비한다!

수능에서 가장 쉬운 유형별 교재!

- 수능 4, 5등급을 목표로 하는 교재이다.
- 3등급을 목표로 하는 학생의 기본기를 점검하는 교재이다.

↓

수능에서 가장 중요한 유형별 교재!

- 수능 2, 3등급을 목표로 하는 교재이다.
- 1등급을 목표로 하는 학생의 기본기를 점검하는 교재이다.

↓

수능에서 가장 어려운 유형별 교재!

- 수능 1등급을 목표로 하는 교재이다.
- 만점을 목표로 하는 학생의 기본기를 점검하는 교재이다.

※ **대표저자** : 이창주(前 한영고, EBS·강남구청 강사, 7차 개정 교과서 집필위원)

※ **연구 및 편집** : 정준교, 구수해, 박상원, 전신영, 이상은

짱 쉬운 확장판으로 수능 4등급은 확보!!!

짱 쉬운 유형은 풀만하던가요?

짱 쉬운 유형만 풀 수 있어도 수능 4등급은 충분합니다.

짱 쉬운 유형 문항 수 2배 + 짱 쉬운 모의고사 5회로 구성

총3종 수학Ⅰ, 수학Ⅱ, 확률과 통계

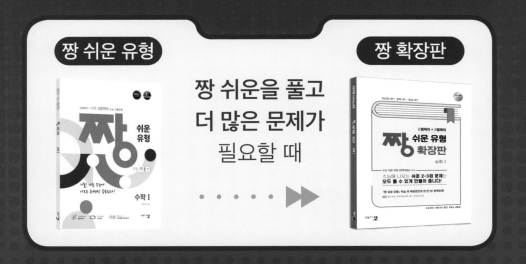

짱시리즈의 완결판!

짱 Final
실전모의고사

짱 시리즈는 연계가 아니라 적중입니다!!!

수능 문제지와
가장 유사한
난이도와 문제로 구성된
실전 모의고사 8회

EBS교재
연계 문항을 수록한
실전 모의고사 교재

오연서
김해 분성여고

"개념을 체계적으로 잡아 기본 성적을 올리려면? 『짱』 수학!"

수학 개념도 체계적으로 안 잡혀 있고 실력 수준도 애매했던 나, 재수를 시작하며 서점에서 이 책 저 책 살피다가 무작정 선택한 책이 『짱』 수학입니다. 그 수많은 책들 중 『짱』 수학이 제 맘을 비집고 들어온 이유를 모르겠어요. 아마 인연인가 봐요.

처음 접한 책은 『짱 쉬운 유형(파란 책)』이었는데, 상대적으로 쉬운 기출 문제로 공부를 하다 보니 수학에 흥미가 생기고 학습 의욕도 고취되어 성적이 올랐습니다. 단원별로 어렵지 않은 기출 문제들을 접한 후, 비슷한 유형의 문제들로 정리하여 기본 실력을 탄탄하게 다졌지요. 저처럼 두꺼운 책 붙잡고 깊이 파는 공부에 익숙하지 않은 사람에게 잘 맞는 책입니다. 진도가 안 나가는 느낌이 들면 지치거든요.

파란 책(짱 쉬운 유형)을 끝내고 빨간 책(짱 중요한 유형)으로 공부했는데, 역시 효과가 좋았습니다. 『짱 중요한 유형』은 '① 단기간에 공부하여 성취감을 얻고자 할 때, ② 비슷한 유형인데 자주 틀릴 때' 공부하면 좋은 문제집입니다. 수학 개념이 잘 안 잡혀서 쉬운 문제도 틀리는 학생들, 기본 실력을 빨리 다져서 수학 성적을 어느 정도 올리고 싶은 학생들, 고민하지 마세요. 『짱』 수학이 있습니다!!!

"다양한 난이도로 수학 기본기를 잡을 수 있는 문제집"

고3 3월, 4월 모의고사에서 수학 성적을 각각 4등급, 3등급을 받았고, 원하는 대학에 가지 못할 위기에 처하자 아무 계획이나 체계 없이 닥치는 대로 문제만 풀던 저의 수학 공부법에 문제가 있다고 생각하게 되었습니다.

무조건 어려운 문제를 많이 풀어야 성적이 오르는 것이라고 생각했던 저에게 『짱 유형 교재』는 신선한 충격이었습니다. 처음에는 조금 더 어려운 문제를 풀어야 하지 않을까 걱정했지만 문제를 풀어나갈수록 쓸데없이 어렵기만 한 문제를 붙잡고 있기보단 기본에 충실한 문제를 푸는 것이 저에게 더 큰 도움이 된다는 것을 깨달았습니다. 또한 직접 문제를 정리하지 않아도 같은 유형의 문제들이 여러 개 묶여 있어서 다른 문제집이 필요가 없었기 때문에, 한동안 이 책만 계속해서 풀었습니다.

그렇게 4월부터 약 2달 동안 『짱 유형 교재』만 푼 결과 6월 모의고사에서 첫 1등급을 받았고, 수능에서도 좋은 결과를 받아 원하는 대학에 입학할 수 있었습니다. 과거의 저처럼 기초가 불안한 상태에서 어려운 문제만 붙잡고 꾸역꾸역 학원 진도만 따라가는 학생들이 이 책을 풀고 기본기부터 탄탄한 수학 실력을 만들어나갔으면 좋겠습니다.

구도연
서울 대원외고

박건우
성남 성남고

"『짱 쉬운 수학』으로 공부하니, 낯선 수학이 친근한 수학이 되었어요."

제가 『짱』 수학을 처음 알게 된 건 학원에 다닐 때였어요. 개념 위주로 수업을 진행하는 학원 진도에 맞춰 배운 개념을 적용하며 공부할 문제집이 필요했는데, 그게 바로 『짱 쉬운 수학』이었지요. 이 책을 학원 진도에 따라 배운 개념을 적용해 가며 차근차근 문제를 풀어 보니, 『짱 쉬운』이라는 책 이름처럼 문제들이 술술 풀리면서 수학에 대한 자신감도 생기더라고요! 처음에 『짱 쉬운 수학』을 기초 교재로 삼아 공부한 경험이 지금의 수학 내신 1~2등급이라는 결과로 이어졌습니다.

고등학교에 들어와 수학 공부를 어려워하는 학생들을 보면, 적지 않은 경우가 중학교 수학 과정과 고등학교 수학 과정이 다르다고 인식하여 처음부터 고등학교 수학을 낯설게 생각하는 것 같습니다. 이는 아마 수학 관련 개념이 체계적으로 잡히지 않았기 때문에 나타나는 현상이라고 생각해요. 제 경험상 이런 학생들은 『짱 쉬운 수학』으로 기본 개념을 익히는 것이 중요합니다. 여러분! 낯선 수학을 친근한 수학으로 바꿔 개념을 익히는 데는 『짱 쉬운 수학』이 최고입니다.

짱 유형 교재 사용 후기를 공모 중입니다.
교재 뒷면을 참고하시어 많은 참여 바랍니다.

유형을 정복하면

각자 써 보세요.

가(이) 보인다!

매년 같은 유형의 문제가
출제되고 있다는 사실~!!

항의 계수 구하기

2025학년도 수능

다항식 $(x^3+2)^5$의 전개식에서 x^6의 계수는?

2024학년도 모의평가

다항식 $(x-1)^6(2x+1)^7$의 전개식에서 x^2의 계수는?

2023학년도 수능

다항식 $(x^3+3)^5$의 전개식에서 x^9의 계수는?

2022학년도 수능

다항식 $(x+2)^7$의 전개식에서 x^5의 계수는?

확률 구하기

2025학년도 수능

어느 학급의 학생 16명을 대상으로 과목 A와 과목 B에 대한 선호도를 조사하였다. 이 조사에 참여한 학생은 과목 A와 과목 B 중 하나를 선택하였고, 과목 A를 선택한 학생은 9명, 과목 B를 선택한 학생은 7명이다. 이 조사에 참여한 학생 16명 중에서 임의로 3명을 선택할 때, 선택한 3명의 학생 중에서 적어도 한 명이 과목 B를 선택한 학생일 확률은?

2024학년도 수능

숫자 1, 2, 3, 4, 5, 6이 하나씩 적혀 있는 6장의 카드가 있다. 이 6장의 카드를 모두 한 번씩 사용하여 일렬로 임의로 나열할 때, 양 끝에 놓인 카드에 적힌 두 수의 합이 10 이하가 되도록 카드가 놓일 확률은?

2023학년도 수능

흰색 마스크 5개, 검은색 마스크 9개가 들어 있는 상자가 있다. 이 상자에서 임의로 3개의 마스크를 동시에 꺼낼 때, 꺼낸 3개의 마스크 중에서 적어도 한 개가 흰색 마스크일 확률은?

2022학년도 수능

1부터 10까지 자연수가 하나씩 적혀 있는 10장의 카드가 들어 있는 주머니가 있다. 이 주머니에서 임의로 카드 3장을 동시에 꺼낼 때, 꺼낸 카드에 적혀 있는 세 자연수 중에서 가장 작은 수가 4 이하이거나 7 이상일 확률은?

2025학년도 수능

집합 $X=\{1, 2, 3, 4, 5, 6\}$에 대하여 다음 조건을
만족시키는 함수 $f : X \longrightarrow X$의 개수는?

㈎ $f(1) \times f(6)$의 값이 6의 약수이다.

㈏ $2f(1) \leq f(2) \leq f(3) \leq f(4) \leq f(5) \leq 2f(6)$

2024학년도 수능

다음 조건을 만족시키는 6 이하의 자연수 a, b, c, d의
모든 순서쌍 (a, b, c, d)의 개수를 구하시오.

$a \leq c \leq d$이고 $b \leq c \leq d$이다.

2023학년도 수능

집합 $X=\{x | x$는 10 이하의 자연수$\}$에 대하여 다음 조건을 만
족시키는 함수 $f : X \longrightarrow X$의 개수를 구하시오.

㈎ 9 이하의 모든 자연수 x에 대하여
　 $f(x) \leq f(x+1)$이다.

㈏ $1 \leq x \leq 5$일 때 $f(x) \leq x$이고,
　 $6 \leq x \leq 10$일 때 $f(x) \geq x$이다.

㈐ $f(6)=f(5)+6$

2022학년도 수능

두 집합 $X=\{1, 2, 3, 4, 5\}$, $Y=\{1, 2, 3, 4\}$에 대하여 다음 조
건을 만족시키는 X에서 Y로의 함수 f의 개수는?

㈎ 집합 X의 모든 원소 x에 대하여 $f(x) \geq \sqrt{x}$이다.

㈏ 함수 f의 치역의 원소의 개수는 3이다.

2025학년도 수능

정규분포 $N(m, 2^2)$을 따르는 모집단에서 크기가 256인
표본을 임의추출하여 얻은 표본평균을 이용하여 구한 m에
대한 신뢰도 95 %의 신뢰구간이 $a \leq m \leq b$이다. $b-a$의 값은?
(단, Z가 표준정규분포를 따르는 확률변수일 때,
$P(|Z| \leq 1.96)=0.95$로 계산한다.)

2024학년도 수능

정규분포 $N(m, 5^2)$을 따르는 모집단에서 크기가 49인 표본을
임의추출하여 얻은 표본평균이 $\overline{x}$일 때, 모평균 m에 대한 신뢰도
95 %의 신뢰구간이 $a \leq m \leq \dfrac{6}{5}a$이다. $\overline{x}$의 값은?
(단, Z가 표준정규분포를 따르는 확률변수일 때,
$P(|Z| \leq 1.96)=0.95$로 계산한다.)

2023학년도 수능

어느 회사에서 생산하는 샴푸 1개의 용량은 정규분포
$N(m, \sigma^2)$을 따른다고 한다. 이 회사에서 생산하는 샴푸 중에서
16개를 임의추출하여 얻은 표본평균을 이용하여 구한 m에
대한 신뢰도 95 %의 신뢰구간이 $746.1 \leq m \leq 755.9$이다.
이 회사에서 생산하는 샴푸 중에서 n개를 임의추출하여 얻은
표본평균을 이용하여 구하는 m에 대한 신뢰도 99 %의
신뢰구간이 $a \leq m \leq b$일 때, $b-a$의 값이 6 이하가 되기 위한
자연수 n의 최솟값은? (단, 용량의 단위는 mL이고, Z가
표준정규분포를 따르는 확률변수일 때, $P(|Z| \leq 1.96)=0.95$,
$P(|Z| \leq 2.58)=0.99$로 계산한다.)

2022학년도 수능

어느 자동차 회사에서 생산하는 전기 자동차의 1회 충전 주행 거
리는 평균이 m이고 표준편차가 σ인 정규분포를 따른다고 한다.
이 자동차 회사에서 생산한 전기 자동차 100대를 임의추출하여
얻은 1회 충전 주행 거리의 표본평균이 $\overline{x_1}$일 때, 모평균 m에 대
한 신뢰도 95 %의 신뢰구간이 $a \leq m \leq b$이다.
이 자동차 회사에서 생산한 전기 자동차 400대를 임의추출하여
얻은 1회 충전 주행 거리의 표본평균이 $\overline{x_2}$일 때, 모평균 m에 대
한 신뢰도 99 %의 신뢰구간이 $c \leq m \leq d$이다.
$\overline{x_1} - \overline{x_2} = 1.34$이고 $a=c$일 때, $b-a$의 값은? (단, 주행 거리의
단위는 km이고, Z가 표준정규분포를 따르는 확률변수일 때
$P(|Z| \leq 1.96)=0.95$, $P(|Z| \leq 2.58)=0.99$로 계산한다.)

이 책의 구성과 특징

Structure

01 유형 분석

유형별로 수능에서 출제 빈도가 높은 내용이
나 문제의 형태를 정리하였습니다. 출제경향
을 분석하고 예상하여 제시함으로써 학습의
방향을 잡을 수 있습니다. 또 이 유형에서 출
제의 핵심이 되는 내용을 제시하였습니다.

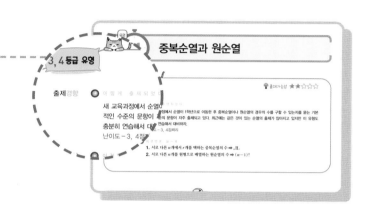

02 개념 확인

유형별 문제 해결에 필요한 필수 개념, 공식
등을 개념 확인을 통하여 점검할 수 있도록
하였습니다.

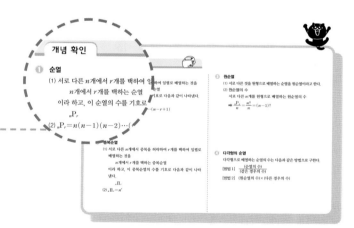

**확률과
통계**

- **중요한 유형 15개로 수능의 중요한 문제를 완벽 마무리한다.**
  「짱 중요한 유형」은 수능에 자주 출제되는 유형 중에서 중요한 유형 15개로 구성된 교재입니다.

- **유형별 공략법에 대한 자신감을 갖게 한다.**
  「기본문제」, 「기출문제」, 「예상문제」의 3단계로 유형에 대한 충분한 연습을 통하여 자신감을 갖게 됩니다.

03 기본문제 다지기

유형별 문제를 해결하기 전단계로 기초적인 학습을 위하여 기본 개념을 이해할 수 있는 기초 문제 또는 공식을 적용하는 연습을 할 수 있는 문제를 제시하여 기출문제 해결의 바탕이 되도록 하였습니다.

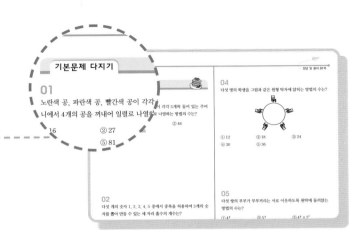

04 기출문제 맛보기

수능이나 모의평가에 출제되었던 문제들 중 유형에 해당되는 문제를 제시하여 유형별 문제에 대한 적응력을 기르고 수능 문제에 대한 두려움을 없앨 수 있도록 하였습니다.

※ 기출문제의 용어와 기호는 새 교육과정을 반영하여 수정하였습니다.

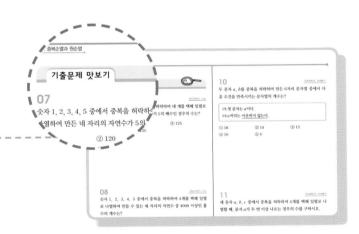

05 예상문제 도전하기

기본문제와 기출문제로 다져진 유형별 공략법을 기출문제와 유사한 문제로 실전 연습을 할 수 있도록 하였습니다.
또 약간 변형된 유형을 제시함으로써 수능 적응력을 기르도록 하였습니다.

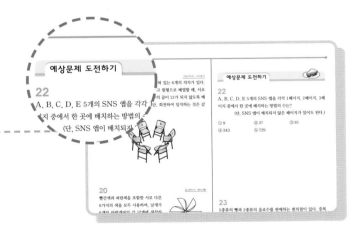

이 책의 차례
Contents

01 중복순열과 원순열

3, 4등급 유형

출제가능성 ★★☆☆☆

출제경향 ➡ 이 렇 게 출 제 되 었 다

새 교육과정에서 순열이 1학년으로 이동한 후 중복순열이나 원순열의 경우의 수를 구할 수 있는지를 묻는 기본적인 수준의 문항이 자주 출제되고 있다. 최근에는 같은 것이 있는 순열의 출제가 많아지고 있지만 이 유형도 충분히 연습해서 대비하자.

난이도 − 3, 4점짜리

출제핵심 ➡ 이 것 만 은 꼬 ~ 옥

1. 서로 다른 n개에서 r개를 택하는 중복순열의 수 ➡ $_n\Pi_r$

2. 서로 다른 n개를 원형으로 배열하는 원순열의 수 ➡ $(n-1)!$

개념 확인

1 순열

(1) 서로 다른 n개에서 r개를 택하여 일렬로 배열하는 것을

  n개에서 r개를 택하는 순열

이라 하고, 이 순열의 수를 기호로 다음과 같이 나타낸다.

  $_n\mathrm{P}_r$

(2) $_n\mathrm{P}_r = n(n-1)(n-2)\cdots(n-r+1)$

2 중복순열

(1) 서로 다른 n개에서 중복을 허락하여 r개를 택하여 일렬로 배열하는 것을

  n개에서 r개를 택하는 중복순열

이라 하고, 이 중복순열의 수를 기호로 다음과 같이 나타낸다.

  $_n\Pi_r$

(2) $_n\Pi_r = n^r$

3 원순열

(1) 서로 다른 것을 원형으로 배열하는 순열을 원순열이라고 한다.

(2) 원순열의 수

서로 다른 n개를 원형으로 배열하는 원순열의 수

➡ $\dfrac{_n\mathrm{P}_n}{n} = \dfrac{n!}{n} = (n-1)!$

4 다각형의 순열

다각형으로 배열하는 순열의 수는 다음과 같은 방법으로 구한다.

[방법 1] $\dfrac{(\text{순열의 수})}{(\text{같은 경우의 수})}$

[방법 2] (원순열의 수)×(다른 경우의 수)

기본문제 다지기

01

노란색 공, 파란색 공, 빨간색 공이 각각 5개씩 들어 있는 주머니에서 4개의 공을 꺼내어 일렬로 나열하는 방법의 수는?

① 16   ② 27   ③ 48

④ 64   ⑤ 81

02

다섯 개의 숫자 1, 2, 3, 4, 5 중에서 중복을 허용하여 3개의 숫자를 뽑아 만들 수 있는 세 자리 홀수의 개수는?

① 25   ② 50   ③ 75

④ 100   ⑤ 125

03

네 개의 숫자 0, 1, 2, 3 중에서 중복을 허락하여 만들 수 있는 다섯 자리의 정수의 개수는?

① 320   ② 512   ③ 625

④ 768   ⑤ 1024

04

다섯 명의 학생을 그림과 같은 원형 탁자에 앉히는 방법의 수는?

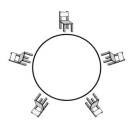

① 12   ② 18   ③ 24

④ 30   ⑤ 36

05

다섯 쌍의 부부가 부부끼리는 서로 이웃하도록 원탁에 둘러앉는 방법의 수는?

① $4!$ ② $5!$ ③ $4! \times 2^5$

④ $5! \times 2^4$ ⑤ $5! \times 2^5$

06

그림과 같은 직사각형 모양의 탁자에 10명의 학생이 둘러앉는 방법의 수는?

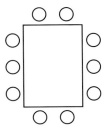

① $9! \times 5$ ② $9! \times 8$ ③ $10!$

④ $10! \times 2$ ⑤ $10! \times 4$

기출문제 맛보기

07

2017학년도 수능

숫자 1, 2, 3, 4, 5 중에서 중복을 허락하여 네 개를 택해 일렬로 나열하여 만든 네 자리의 자연수가 5의 배수인 경우의 수는?

① 115   ② 120   ③ 125
④ 130   ⑤ 135

08

2023학년도 수능

숫자 1, 2, 3, 4, 5 중에서 중복을 허락하여 4개를 택해 일렬로 나열하여 만들 수 있는 네 자리의 자연수 중 4000 이상인 홀수의 개수는?

① 125   ② 150   ③ 175
④ 200   ⑤ 225

09

2017학년도 모의평가

서로 다른 과일 5개를 3개의 그릇 A, B, C에 남김없이 담으려고 할 때, 그릇 A에는 과일 2개만 담는 경우의 수는?

(단, 과일을 하나도 담지 않은 그릇이 있을 수 있다.)

① 60   ② 65   ③ 70
④ 75   ⑤ 80

10

2010학년도 모의평가

두 문자 a, b를 중복을 허락하여 만든 6자리 문자열 중에서 다음 조건을 만족시키는 문자열의 개수는?

> ㈎ 첫 문자는 a이다.
> ㈏ a끼리는 이웃하지 않는다.

① 16   ② 14   ③ 12
④ 10   ⑤ 8

11

2019학년도 모의평가

세 문자 a, b, c 중에서 중복을 허락하여 4개를 택해 일렬로 나열할 때, 문자 a가 두 번 이상 나오는 경우의 수를 구하시오.

12

2020학년도 수능

숫자 1, 2, 3, 4, 5, 6 중에서 중복을 허락하여 다섯 개를 다음 조건을 만족시키도록 선택한 후, 일렬로 나열하여 만들 수 있는 모든 다섯 자리의 자연수의 개수는?

> ㈎ 각각의 홀수는 선택하지 않거나 한 번만 선택한다.
> ㈏ 각각의 짝수는 선택하지 않거나 두 번만 선택한다.

① 450   ② 445   ③ 440
④ 435   ⑤ 430

13

2023학년도 모의평가

네 문자 a, b, X, Y 중에서 중복을 허락하여 6개를 택해 일렬로 나열하려고 한다. 다음 조건이 성립하도록 나열하는 경우의 수는?

> (가) 양 끝 모두에 대문자가 나온다.
> (나) a는 한 번만 나온다.

① 384   ② 408   ③ 432

④ 456   ⑤ 480

14

2012학년도 모의평가

그림과 같이 최대 6개의 용기를 넣을 수 있는 원형의 실험기구가 있다. 서로 다른 6개의 용기 A, B, C, D, E, F를 이 실험기구에 모두 넣을 때, A와 B가 이웃하게 되는 경우의 수는? (단, 회전하여 일치하는 것은 같은 것으로 본다.)

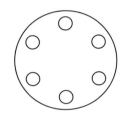

① 36   ② 48   ③ 60

④ 72   ⑤ 84

15

2021학년도 모의평가

1학년 학생 2명, 2학년 학생 2명, 3학년 학생 3명이 있다. 이 7명의 학생이 일정한 간격을 두고 원 모양의 탁자에 모두 둘러앉을 때, 1학년 학생끼리 이웃하고 2학년 학생끼리 이웃하게 되는 경우의 수는? (단, 회전하여 일치하는 것은 같은 것으로 본다.)

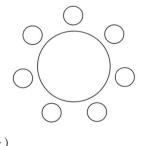

① 96   ② 100   ③ 104

④ 108   ⑤ 112

16

2021학년도 모의평가

다섯 명이 둘러앉을 수 있는 원 모양의 탁자와 두 학생 A, B를 포함한 8명의 학생이 있다. 이 8명의 학생 중에서 A, B를 포함하여 5명을 선택하고 이 5명의 학생 모두를 일정한 간격으로 탁자에 둘러앉게 할 때, A와 B가 이웃하게 되는 경우의 수는?
(단, 회전하여 일치하는 것은 같은 것으로 본다.)

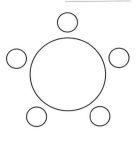

① 180   ② 200   ③ 220

④ 240   ⑤ 260

17

2021학년도 수능

세 학생 A, B, C를 포함한 6명의 학생이 있다. 이 6명의 학생이 일정한 간격을 두고 원 모양의 탁자에 다음 조건을 만족시키도록 모두 둘러앉는 경우의 수는? (단, 회전하여 일치하는 것은 같은 것으로 본다.)

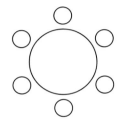

> (가) A와 B는 이웃한다.
> (나) B와 C는 이웃하지 않는다.

① 32   ② 34   ③ 36

④ 38   ⑤ 40

18

2025학년도 모의평가

1부터 6까지의 자연수가 하나씩 적혀 있는 6개의 의자가 있다. 이 6개의 의자를 일정한 간격을 두고 원형으로 배열할 때, 서로 이웃한 2개의 의자에 적혀 있는 수의 합이 11이 되지 않도록 배열하는 경우의 수는?
(단, 회전하여 일치하는 것은 같은 것으로 본다.)

① 72   ② 78   ③ 84

④ 90   ⑤ 96

19

2022학년도 모의평가

1부터 6까지의 자연수가 하나씩 적혀 있는 6개의 의자가 있다. 이 6개의 의자를 일정한 간격을 두고 원형으로 배열할 때, 서로 이웃한 2개의 의자에 적혀 있는 수의 곱이 12가 되지 않도록 배열하는 경우의 수를 구하시오. (단, 회전하여 일치하는 것은 같은 것으로 본다.)

20

2014학년도 예비시행

빨간색과 파란색을 포함한 서로 다른 6가지의 색을 모두 사용하여, 날개가 6개인 바람개비의 각 날개에 색칠하려고 한다. 빨간색과 파란색을 서로 맞은편의 날개에 칠하는 경우의 수는? (단, 각 날개에는 한 가지 색만 칠하고, 회전하여 일치하는 것은 같은 것으로 본다.)

① 12   ② 18   ③ 24
④ 30   ⑤ 36

21

2012학년도 모의평가

그림과 같이 서로 접하고 크기가 같은 원 3개와 이 세 원의 중심을 꼭짓점으로 하는 정삼각형이 있다. 원의 내부 또는 정삼각형의 내부에 만들어지는 7개의 영역에 서로 다른 7가지 색을 모두 사용하여 칠하려고 한다. 한 영역에 한 가지 색만을 칠할 때, 색칠한 결과로 나올 수 있는 경우의 수는? (단, 회전하여 일치하는 것은 같은 것으로 본다.)

① 1260   ② 1680   ③ 2520
④ 3760   ⑤ 5040

22

A, B, C, D, E 5개의 SNS 앱을 각각 1페이지, 2페이지, 3페이지 중에서 한 곳에 배치하는 방법의 수는? (단, SNS 앱이 배치되지 않은 페이지가 있어도 된다.)

① 9   ② 27   ③ 81
④ 243   ⑤ 729

23

5종류의 빵과 2종류의 음료수를 판매하는 편의점이 있다. 중복을 허락하여 빵 2개와 음료수 3개를 구입해서 2명의 남학생에게는 빵을 각각 1개씩 나누어 주고, 3명의 여학생에게는 음료수를 각각 1개씩 나누어 주는 방법의 수를 구하시오.

24

5개의 숫자 0, 1, 2, 3, 4 중에서 중복을 허락하여 만들 수 있는 세 자리 자연수의 개수를 구하시오.

25

0, 1, 2, 3, 4, 5의 여섯 개의 숫자로 중복을 허용하여 네 자리 자연수를 만든다. 만들 수 있는 모든 네 자리 자연수를 크기가 작은 것부터 차례대로 나열할 때, n번째에 나열되는 수는 3205 이다. n의 값을 구하시오.

26

갑, 을, 병, 정 네 사람이 4인승의 서로 다른 승용차 5대를 이용하여 같이 타거나 각자 타고 여행을 가려고 한다. 적어도 두 사람이 같은 차를 타고 가게 되는 경우의 수를 구하시오.

27

다섯 문자 a, b, c, X, Y 중에서 중복을 허락하여 5개를 택해 일렬로 나열하려고 한다. 다음 조건이 성립하도록 나열하는 경우의 수는?

> (가) 양 끝 모두에 대문자가 나온다.
> (나) a는 반드시 나온다.

① 240   ② 244   ③ 248
④ 252   ⑤ 256

28

남학생 5명과 여학생 3명이 원탁에 둘러앉을 때, 여학생끼리는 이웃하지 않게 앉는 방법의 수는?

① 1210   ② 1440   ③ 1960
④ 2880   ⑤ 3240

29

8등분된 원판에 빨강, 주황, 노랑, 초록, 파랑, 보라의 6가지 색을 모두 사용하여 영역을 구분하려고 한다. 그림과 같이 빨강과 노랑 두 가지 색은 이미 칠해져 있을 때, 칠해져 있지 않은 영역에 칠할 수 있는 방법의 수는?
(단, 한 영역에는 한 가지 색만 칠하고, 회전하여 같은 경우에는 한 가지 방법으로 한다.)

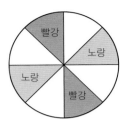

① 24   ② 21   ③ 18
④ 16   ⑤ 12

30

원에 내접하는 정삼각형을 3등분하여 그림과 같은 도형을 만들었다. 도형의 한 영역에 한 가지 색만 사용하여, 6개의 영역에 서로 다른 6가지 색을 모두 칠하는 방법의 수는? (단, 회전하여 일치하는 것은 같은 것으로 본다.)

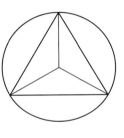

① 120   ② 150   ③ 180
④ 210   ⑤ 240

31

그림과 같은 정사각뿔의 각 면에 서로 다른 색을 칠하려고 한다. 사용할 수 있는 색이 모두 7가지일 때, 칠할 수 있는 모든 방법의 수를 구하시오.

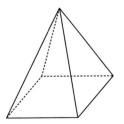

유형 02 같은 것이 있는 순열

4, 5등급 유형

 출제가능성 ★★★★☆

출제경향 ● 이렇게 출제되었다

순열 내용에서 다시 출제 비중이 커지는 내용이다. 같은 것을 포함하는 문자 또는 숫자의 배열에 관한 문항이나 최단 거리를 구하는 유형의 출제가 예상된다. 쉽게 출제될 수도 있지만 까다로운 문제도 많이 출제되었던 유형이다.
난이도 – 3점짜리

출제핵심 ● 이것만은 꼬~옥

n개 중 서로 같은 것이 각각 p개, q개, $\cdots$, r개 있을 때, n개를 모두 일렬로 나열하는 순열의 수

➡ $\dfrac{n!}{p!q!\cdots r!}$ (단, $p+q+\cdots+r=n$)

개념 확인

① 같은 것이 있는 순열의 수

n개 중 서로 같은 것이 각각 p개, q개, $\cdots$, r개 있을 때, n개를 모두 일렬로 나열하는 순열의 수는

$$\frac{n!}{p!q!\cdots r!} \text{ (단, } p+q+\cdots+r=n)$$

② 최단 경로의 수

그림과 같은 도로망의 A지점에서 B지점까지 가는 최단 경로의 수는 같은 것이 있는 순열의 수를 이용하여 구한다.

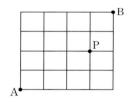

(1) A지점에서 P지점을 지나 B지점까지 가는 최단 경로의 수는

(A지점에서 P지점까지 가는 최단 경로의 수)
　　　×(P지점에서 B지점까지 가는 최단 경로의 수)

(2) A지점에서 P지점을 지나지 않고 B지점까지 가는 최단 경로의 수는

(A지점에서 B지점까지 가는 최단 경로의 수)−
(A지점에서 P지점을 지나 B지점까지 가는 최단 경로의 수)

기본문제 다지기

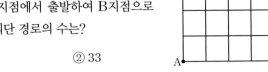

01

7개의 숫자 1, 1, 2, 2, 3, 3, 3을 일렬로 배열하는 방법의 수는?

① 120   ② 210   ③ 420

④ 840   ⑤ 1260

02

CONTEST의 7개의 문자를 일렬로 나열할 때, 2개의 모음이 맨 앞에 나오는 방법의 수는?

① 60   ② 120   ③ 240

④ 720   ⑤ 2520

03

7개의 문자 a, b, b, c, c, c, d를 일렬로 나열할 때, 양쪽 끝에는 서로 다른 문자가 오는 경우의 수를 구하시오.

04

자동차의 번호판은 3814와 같이 네 개의 수로 이루어져 있다. 이 중 0113, 1312, 2234, … 등과 같이 두 자리의 숫자는 같고 두 자리의 숫자는 다른 번호판은 모두 몇 개인가?

① 540개   ② 1080개   ③ 2160개

④ 3240개   ⑤ 4320개

05

그림과 같은 도로망을 가진 지역이 있다. A지점에서 출발하여 B지점으로 가는 최단 경로의 수는?

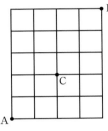

① 31   ② 33

③ 35   ④ 37

⑤ 39

06

그림과 같은 도로망이 있다. A지점에서 B지점으로 최단 거리로 갈 때, 반드시 C를 거쳐 가는 방법의 수는?

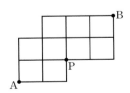

① 30   ② 40

③ 50   ④ 60

⑤ 70

07

그림과 같은 도로망이 있다. A지점에서 P지점을 거치지 않고 B지점으로 갈 때, 최단 거리로 가는 방법의 수를 구하시오.

기출문제 맛보기

08
2023학년도 모의평가

5개의 문자 a, a, a, b, c를 모두 일렬로 나열하는 경우의 수는?

① 16   ② 20   ③ 24

④ 28   ⑤ 32

09
2024학년도 수능

5개의 문자 x, x, y, y, z를 모두 일렬로 나열하는 경우의 수는?

① 10   ② 20   ③ 30

④ 40   ⑤ 50

10
2012학년도 수능

흰색 깃발 5개, 파란색 깃발 5개를 일렬로 모두 나열할 때, 양 끝에 흰색 깃발이 놓이는 경우의 수는?

(단, 같은 색 깃발끼리는 서로 구별하지 않는다.)

① 56   ② 63   ③ 70

④ 77   ⑤ 84

11
2024학년도 모의평가

그림과 같이 직사각형 모양으로 연결된 도로망이 있다. 이 도로망을 따라 A지점에서 출발하여 P지점을 거쳐 B지점까지 최단거리로 가는 경우의 수는?

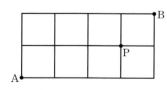

① 6   ② 7   ③ 8

④ 9   ⑤ 10

12
2018학년도 모의평가

그림과 같이 직사각형 모양으로 연결된 도로망이 있다. 이 도로망을 따라 A지점에서 출발하여 P지점을 지나 B지점까지 최단거리로 가는 경우의 수는?

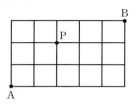

① 16   ② 18   ③ 20

④ 22   ⑤ 24

13
2018학년도 수능

서로 다른 공 4개를 남김없이 서로 다른 상자 4개에 나누어 넣으려고 할 때, 넣은 공의 개수가 1인 상자가 있도록 넣는 경우의 수는? (단, 공을 하나도 넣지 않은 상자가 있을 수 있다.)

① 220   ② 216   ③ 212

④ 208   ⑤ 204

14
2022학년도 모의평가

한 개의 주사위를 한 번 던져 나온 눈의 수가 3 이하이면 나온 눈의 수를 점수로 얻고, 나온 눈의 수가 4 이상이면 0점을 얻는다. 이 주사위를 네 번 던져 나온 눈의 수를 차례로 a, b, c, d라 할 때, 얻은 네 점수의 합이 4가 되는 모든 순서쌍 (a, b, c, d)의 개수는?

① 187   ② 190   ③ 193

④ 196   ⑤ 199

예상문제 도전하기

15

6개의 숫자 1, 1, 1, 2, 2, 3 중에서 4개를 선택하여 일렬로 나열할 때, 만들 수 있는 서로 다른 자연수의 개수는?

① 36 ② 38 ③ 40
④ 42 ⑤ 44

16

6개의 문자 P, P, Q, Q, R, S를 일렬로 나열할 때, 같은 문자가 이웃하지 않도록 나열하는 방법의 수를 구하시오.

17

진영이는 50원짜리 동전 10개와 100원짜리 동전 5개를 가지고 있다. 이 동전으로 자동판매기에서 500원짜리 음료수를 사 먹으려고 할 때, 진영이가 자동판매기에 500원을 넣을 수 있는 방법의 수를 구하시오. (단, 50원짜리 동전끼리, 100원짜리 동전끼리는 구별하지 않고 동전을 넣는 순서만 생각한다.)

18

010－△△△△－1234 꼴의 전화번호 중 뒤의 네 자리가
 010－△△△△－3344, 010－△△△△－1211,
 010－△△△△－5454, …
등과 같이 두 종류의 숫자로만 이루어진 전화번호의 수는?
(단, △△△△은 정해져 있다.)

① 600 ② 610 ③ 620
④ 630 ⑤ 640

19

그림과 같은 도로망에서 장마 피해로 두 곳의 도로가 유실되어 공사 중이다. 공사 중인 도로는 통행이 전면 금지되어 있다. A지점에서 B지점으로 가는 최단 경로의 수를 구하시오.

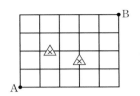

20

그림과 같은 도로망이 있다. 아름이와 다운이는 각각 A, B지점에서 서로를 향해 동시에 출발하여 최단 경로로 움직인다. 아름이의 속력이 다운이의 속력의 2배일 때, 아름이와 다운이가 만나는 경우의 수를 구하시오. (단, 도로망에서 각각의 사각형은 모두 합동인 정사각형이다.)

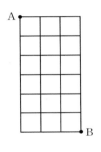

21

좌표평면 위를 움직이는 점 P가 있다. 주사위를 던져서 나오는 눈의 수만큼 움직일 때, 나오는 눈의 수가 홀수이면 x축의 양의 방향으로, 짝수이면 y축의 양의 방향으로 움직인다. 원점에서 출발하여 점 P가 점 $(4, 6)$에 오게 되는 경우의 수를 구하시오.

항의 계수 구하기

4, 5등급 유형

🔅 출제가능성 ★★★★☆

출제경향 ● 이 렇 게 출 제 되 었 다

이항정리를 이용하여 전개식에서 항의 계수를 물어보는 문제는 자주 출제되는 단골 문항이다. 몇 가지 유형별로 항의 계수를 구하는 연습을 충분히 하고, 반대로 항의 계수를 알려주고 미정계수나 차수를 구하는 유형도 출제에 대비하자. 출제 패턴이 거의 비슷하지만 많은 문제로 대비하면 의외로 쉽게 점수를 얻을 수 있는 유형이다. 난이도 – 3점짜리

출제핵심 ● 이 것 만 은 꼬 ~ 옥

$(a+b)^n$의 전개식에서 일반항 ➡ $_nC_r a^{n-r} b^r$ 또는 $_nC_r a^r b^{n-r}$

개념 확인

① 이항정리

(1) 자연수 n에 대하여

$$(a+b)^n = {}_nC_0 a^n + {}_nC_1 a^{n-1}b + {}_nC_2 a^{n-2}b^2 + \cdots$$
$$+ {}_nC_r a^{n-r}b^r + \cdots + {}_nC_{n-1}ab^{n-1} + {}_nC_n b^n$$
$$= \sum_{r=0}^{n} {}_nC_r a^{n-r} b^r$$

이와 같이 $(a+b)^n$을 전개하는 것을 이항정리라 하고, $_nC_r a^{n-r} b^r$을 $(a+b)^n$의 전개식의 일반항, 전개식에서 각 항의 계수 $_nC_0$, $_nC_1$, $_nC_2$, $\cdots$, $_nC_r$, $\cdots$, $_nC_{n-1}$, $_nC_n$을 이항계수라고 한다.

(2) $(a+b)^n$의 전개식에서 $a^{n-r}b^r$과 $a^r b^{n-r}$의 계수는 같다.
즉, $a^{n-r}b^r$의 계수는 $_nC_r$ 또는 $_nC_{n-r}$이다.

[참고]
$(2x+3y)^5$의 전개식은 $2x=a$, $3y=b$로 놓고
$(a+b)^5$의 전개식을 이용한다.

기본문제 다지기

01

다항식 $(x+y)^7$의 전개식에서 x^3y^4의 계수를 구하시오.

02

$\left(4x^2+\dfrac{1}{2x}\right)^5$의 전개식에서 x의 계수는?

① 12　　　　② 14　　　　③ 16
④ 18　　　　⑤ 20

03

양수 a에 대하여 다항식 $(2x+a)^5$의 전개식에서 x^3의 계수가 320일 때, x^4의 계수는?

① 40　　　　② 80　　　　③ 120
④ 160　　　　⑤ 200

04

다항식 $(x+a)^{12}$의 전개식에서 x의 계수와 상수항의 합이 0일 때, 음수 a의 값은?

① −12　　　　② −10　　　　③ −8
④ −6　　　　⑤ −4

05

$\left(x-\dfrac{a}{x^2}\right)^7$의 전개식에서 x^4의 계수가 21일 때, 상수 a의 값은?

① −3　　　　② −2　　　　③ 2
④ 3　　　　⑤ 5

06

x에 대한 다항식 $(x+1)^3(x+2)^4$의 전개식에서 일차항의 계수는?

① 32　　　　② 48　　　　③ 64
④ 80　　　　⑤ 96

기출문제 맛보기

07

2021학년도 수능

다항식 $(3x+1)^8$의 전개식에서 x의 계수를 구하시오.

08

2025학년도 수능

다항식 $(x^3+2)^5$의 전개식에서 x^6의 계수는?

① 40 ② 50 ③ 60
④ 70 ⑤ 80

09

2023학년도 수능

다항식 $(x^3+3)^5$의 전개식에서 x^9의 계수는?

① 30 ② 60 ③ 90
④ 120 ⑤ 150

10

2025학년도 모의평가

다항식 $(x^2-2)^5$의 전개식에서 x^6의 계수는?

① -50 ② -20 ③ 10
④ 40 ⑤ 70

11

2021학년도 모의평가

$\left(x+\dfrac{4}{x^2}\right)^6$의 전개식에서 x^3의 계수를 구하시오.

12

2020학년도 수능

$\left(2x+\dfrac{1}{x^2}\right)^4$의 전개식에서 x의 계수는?

① 16 ② 20 ③ 24
④ 28 ⑤ 32

13

2021학년도 수능

$\left(x+\dfrac{3}{x^2}\right)^5$의 전개식에서 x^2의 계수를 구하시오.

14

2022학년도 수능예시

$\left(x^5+\dfrac{1}{x^2}\right)^6$의 전개식에서 x^2의 계수는?

① 3 ② 6 ③ 9
④ 12 ⑤ 15

15

2019학년도 모의평가

다항식 $(x+a)^5$의 전개식에서 x^3의 계수가 40일 때, x의 계수는? (단, a는 상수이다.)

① 60 ② 65 ③ 70

④ 75 ⑤ 80

16

2015학년도 모의평가

$\left(ax+\dfrac{1}{x}\right)^4$의 전개식에서 상수항이 54일 때, 양수 a의 값을 구하시오.

17

2012학년도 모의평가

다항식 $(x+a)^5$의 전개식에서 x^3의 계수와 x^4의 계수가 같을 때, $60a$의 값을 구하시오. (단, a는 양수이다.)

18

2022학년도 모의평가

$\left(x^2+\dfrac{a}{x}\right)^5$의 전개식에서 $\dfrac{1}{x^2}$의 계수와 x의 계수가 같을 때, 양수 a의 값은?

① 1 ② 2 ③ 3

④ 4 ⑤ 5

19

2019학년도 모의평가

다항식 $(1+2x)(1+x)^5$의 전개식에서 x^4의 계수를 구하시오.

20

2020학년도 모의평가

다항식 $(2+x)^4(1+3x)^3$의 전개식에서 x의 계수는?

① 174 ② 176 ③ 178

④ 180 ⑤ 182

21

2024학년도 모의평가

다항식 $(x-1)^6(2x+1)^7$의 전개식에서 x^2의 계수는?

① 15 ② 20 ③ 25

④ 30 ⑤ 35

22

2023학년도 모의평가

다항식 $(x^2+1)^4(x^3+1)^n$의 전개식에서 x^5의 계수가 12일 때, x^6의 계수는? (단, n은 자연수이다.)

① 6 ② 7 ③ 8

④ 9 ⑤ 10

23

2020학년도 모의평가

$\left(x^2-\dfrac{1}{x}\right)\left(x+\dfrac{a}{x^2}\right)^4$의 전개식에서 x^3의 계수가 7일 때, 상수 a의 값은?

① 1   ② 2   ③ 3

④ 4   ⑤ 5

24

2010학년도 수능

다항식 $(1+x)^n$의 전개식에서 x^2의 계수가 45일 때, 자연수 n의 값을 구하시오.

25

2019학년도 모의평가

다항식 $(x+2)^{19}$의 전개식에서 x^k의 계수가 x^{k+1}의 계수보다 크게 되는 자연수 k의 최솟값은?

① 4   ② 5   ③ 6

④ 7   ⑤ 8

예상문제 도전하기

26

다항식 $(2x-y)^9$의 전개식에서 x^2y^7의 계수는?

① -156 ② -152 ③ -148

④ -144 ⑤ -140

27

$(x^2+2x)^4$의 전개식에서 x^7의 계수를 구하시오.

28

다항식 $x(x^2+y)^5$의 전개식에서 x^3y^4의 계수는?

① 5   ② 10   ③ 18

④ 24   ⑤ 30

29

$\left(x^3+\dfrac{1}{x}\right)^6$의 전개식에서 x^{10}의 계수를 a, $\dfrac{1}{x^2}$의 계수를 b라 할 때, $a+b$의 값은?

① 18   ② 21   ③ 24

④ 27   ⑤ 30

30

다항식 $(ax-1)^5$의 전개식에서 x^4의 계수와 x^3의 계수의 합이 0일 때, x^2의 계수는? (단, $a\neq 0$인 상수이다.)

① -40 ② -20 ③ 0

④ 20   ⑤ 40

31

$\left(ax^2+\dfrac{b}{x}\right)^8$의 전개식에서 x^7의 계수가 80이고, x의 계수가 5이다. $\dfrac{a}{b}$의 값을 구하시오. (단, a, b는 양수이다.)

32

다항식 $(x+1)^4(2x+1)^3$의 전개식에서 x^2의 계수는?

① 38   ② 40   ③ 42

④ 44   ⑤ 46

33

$(3x+1)^4(ax+1)^5$의 전개식에서 x^2의 계수가 -36일 때, 상수 a의 값은?

① -3 ② -1 ③ 1

④ 3   ⑤ 5

34

다항식 $\dfrac{1}{2}(x-2y)^n$의 전개식에서 x^7y^3의 계수를 m이라 할 때, $m+n$의 값은? (단, n은 자연수이다.)

① -450 ② -470 ③ -490

④ -510 ⑤ -530

1, 2 등급 유형

☀ 출제가능성 ★ ★ ☆ ☆ ☆

출제경향 ⟶ 이 렇 게 출 제 되 었 다

새로운 교육과정에서 '조합' 내용이 1학년 과정으로 이동했기 때문에 다시 중요한 출제 유형이 될 것으로 예상된다. 따라서 **유형 04**와 **유형 05**로 나누어 유형별로 공부하도록 했다. 기본적인 내용을 묻는 문제도 출제 가능하지만 까다로운 유형의 출제도 예상되는 내용이다.
난이도 – 4점짜리

출제핵심 ⟶ 이 것 만 은 꼬 ~ 옥

서로 다른 n개에서 r개를 택하는 중복조합의 수는

$$_n\mathrm{H}_r = {}_{n+r-1}\mathrm{C}_r$$

개념 확인

① 중복조합

서로 다른 n개에서 중복을 허락하여 r개를 택하는 조합을
n개에서 r개를 택하는 중복조합
이라 하고 이 중복조합의 수를 기호로 다음과 같이 나타낸다.
$$_n\mathrm{H}_r$$

② 중복조합의 수

서로 다른 n개에서 r개를 택하는 중복조합의 수는
$$_n\mathrm{H}_r = {}_{n+r-1}\mathrm{C}_r$$

[참고]
조합의 수 $_n\mathrm{C}_r$에서는 항상 $n \geq r$이어야 하지만 중복조합의 수
$_n\mathrm{H}_r$에서는 중복을 허락하므로 $n < r$이어도 된다.

③ 다항식의 항의 개수

$(a+b+c)^n$의 전개식에서 서로 다른 항의 개수
➡ 서로 다른 3개의 문자 a, b, c에서 중복을 허락하여 n개를
택하는 중복조합의 수와 같으므로
$$_3\mathrm{H}_n = {}_{n+2}\mathrm{C}_n$$

[참고] $_n\mathrm{P}_r$, $_n\Pi_r$, $_n\mathrm{C}_r$, $_n\mathrm{H}_r$의 비교
(1) $_n\mathrm{P}_r$: 중복을 허락하지 않고 순서를 생각한다.
(2) $_n\Pi_r$: 중복을 허락하고 순서를 생각한다.
(3) $_n\mathrm{C}_r$: 중복을 허락하지 않고 순서를 생각하지 않는다.
(4) $_n\mathrm{H}_r$: 중복을 허락하고 순서를 생각하지 않는다.

기본문제 다지기

01

A, B, C 세 사람에게 8개의 똑같은 사탕을 나누어 주는 방법의 수는? (단, 사탕을 하나도 받지 못하는 사람이 있을 수 있다.)

① 45   ② 50   ③ 55
④ 60   ⑤ 65

02

$(a+b+c)^7$의 전개식에서 서로 다른 항의 개수는?

① 32   ② 35   ③ 36
④ 38   ⑤ 46

03

사과, 수박, 참외가 각각 4개, 8개, 12개씩 있다. 이 중에서 5개의 과일을 택하는 경우의 수는?
(단, 같은 종류의 과일은 서로 구별하지 않는다.)

① 20   ② 22   ③ 24
④ 26   ⑤ 28

04

4개의 학급에 동일한 축구공 7개를 나누어 주려고 한다. 각 학급에 적어도 한 개의 축구공을 나누어 주는 방법의 수를 구하시오.

05

동일한 연극표 4장을 4명의 학생에게 남김없이 나누어 줄 때, 2명의 학생만 연극표를 받는 경우의 수는?

① 18   ② 21   ③ 24
④ 30   ⑤ 36

06

A, B, C 세 종류의 아이템 중에서 8개를 선택하려고 한다. A, B, C 아이템을 각각 적어도 1개 이상씩 선택하는 경우의 수는?
(단, 각 종류의 아이템은 8개 이상씩 있다.)

① 17   ② 19   ③ 21
④ 23   ⑤ 25

기출문제 맛보기

07
2012학년도 수능

자연수 r에 대하여 $_3H_r = _7C_2$일 때, $_5H_r$의 값을 구하시오.

08
2015학년도 모의평가

네 개의 자연수 1, 2, 4, 8 중에서 중복을 허락하여 세 수를 선택할 때, 세 수의 곱이 100 이하가 되도록 선택하는 경우의 수는?

① 12   ② 14   ③ 16
④ 18   ⑤ 20

09
2017학년도 모의평가

각 자리의 수가 0이 아닌 네 자리의 자연수 중 각 자리의 수의 합이 7인 모든 자연수의 개수는?

① 11   ② 14   ③ 17
④ 20   ⑤ 23

10
2013학년도 수능

같은 종류의 주스 4병, 같은 종류의 생수 2병, 우유 1병을 3명에게 남김없이 나누어 주는 경우의 수는?

(단, 1병도 받지 못하는 사람이 있을 수 있다.)

① 330   ② 315   ③ 300
④ 285   ⑤ 270

11
2019학년도 수능

네 명의 학생 A, B, C, D에게 같은 종류의 초콜릿 8개를 다음 규칙에 따라 남김없이 나누어 주는 경우의 수는?

> (가) 각 학생은 적어도 1개의 초콜릿을 받는다.
> (나) 학생 A는 학생 B보다 더 많은 초콜릿을 받는다.

① 11   ② 13   ③ 15
④ 17   ⑤ 19

12
2010학년도 수능

같은 종류의 사탕 5개를 3명의 아이에게 1개 이상씩 나누어 주고, 같은 종류의 초콜릿 5개를 1개의 사탕을 받은 아이에게만 1개 이상씩 나누어 주려고 한다. 사탕과 초콜릿을 남김없이 나누어 주는 경우의 수는?

① 27   ② 24   ③ 21
④ 18   ⑤ 15

13
2017학년도 모의평가

사과, 감, 배, 귤 네 종류의 과일 중에서 8개를 선택하려고 한다. 사과는 1개 이하를 선택하고, 감, 배, 귤은 각각 1개 이상을 선택하는 경우의 수를 구하시오.

(단, 각 종류의 과일은 8개 이상씩 있다.)

14
2021학년도 모의평가

흰 공 4개와 검은 공 6개를 세 상자 A, B, C에 남김없이 나누어 넣을 때, 각 상자에 공이 2개 이상씩 들어가도록 나누어 넣는 경우의 수를 구하시오. (단, 같은 색 공끼리는 서로 구별하지 않는다.)

15
2022학년도 모의평가

빨간색 카드 4장, 파란색 카드 2장, 노란색 카드 1장이 있다. 이 7장의 카드를 세 명의 학생에게 남김없이 나누어 줄 때, 3가지 색의 카드를 각각 한 장 이상 받는 학생이 있도록 나누어 주는 경우의 수는? (단, 같은 색 카드끼리는 서로 구별하지 않고, 카드를 받지 못하는 학생이 있을 수 있다.)

① 78   ② 84   ③ 90
④ 96   ⑤ 102

16
2025학년도 모의평가

흰 공 4개와 검은 공 4개를 세 명의 학생 A, B, C에게 다음 규칙에 따라 남김없이 나누어 주는 경우의 수를 구하시오. (단, 같은 색 공끼리는 서로 구별하지 않고, 공을 받지 못하는 학생이 있을 수 있다.)

(가) 학생 A가 받는 공의 개수는 0 이상 2 이하이다.
(나) 학생 B가 받는 공의 개수는 2 이상이다.

17
2020학년도 수능

세 명의 학생 A, B, C에게 같은 종류의 사탕 6개와 같은 종류의 초콜릿 5개를 다음 규칙에 따라 남김없이 나누어 주는 경우의 수를 구하시오.

(가) 학생 A가 받는 사탕의 개수는 1 이상이다.
(나) 학생 B가 받는 초콜릿의 개수는 1 이상이다.
(다) 학생 C가 받는 사탕의 개수와 초콜릿의 개수의 합은 1 이상이다.

18
2021학년도 모의평가

검은색 볼펜 1자루, 파란색 볼펜 4자루, 빨간색 볼펜 4자루가 있다. 이 9자루의 볼펜 중에서 5자루를 선택하여 2명의 학생에게 남김없이 나누어 주는 경우의 수를 구하시오.
(단, 같은 색 볼펜끼리는 서로 구별하지 않고, 볼펜을 1자루도 받지 못하는 학생이 있을 수 있다.)

19
2021학년도 수능

네 명의 학생 A, B, C, D에게 검은색 모자 6개와 흰색 모자 6개를 다음 규칙에 따라 남김없이 나누어 주는 경우의 수를 구하시오. (단, 같은 색 모자끼리는 서로 구별하지 않는다.)

(가) 각 학생은 1개 이상의 모자를 받는다.
(나) 학생 A가 받는 검은색 모자의 개수는 4 이상이다.
(다) 흰색 모자보다 검은색 모자를 더 많이 받는 학생은 A를 포함하여 2명뿐이다.

20

2022학년도 모의평가

네 명의 학생 A, B, C, D에게 같은 종류의 사인펜 14개를 다음 규칙에 따라 남김없이 나누어 주는 경우의 수를 구하시오.

> (가) 각 학생은 1개 이상의 사인펜을 받는다.
> (나) 각 학생이 받는 사인펜의 개수는 9 이하이다.
> (다) 적어도 한 학생은 짝수 개의 사인펜을 받는다.

21

2024학년도 모의평가

그림과 같이 2장의 검은색 카드와 1부터 8까지의 자연수가 하나씩 적혀 있는 8장의 흰색 카드가 있다. 이 카드를 모두 한 번씩 사용하여 왼쪽에서 오른쪽으로 일렬로 배열할 때, 다음 조건을 만족시키는 경우의 수를 구하시오. (단, 검은색 카드는 서로 구별하지 않는다.)

> (가) 흰색 카드에 적힌 수가 작은 수부터 크기순으로 왼쪽에서 오른쪽으로 배열되도록 카드가 놓여 있다.
> (나) 검은색 카드 사이에는 흰색 카드가 2장 이상 놓여 있다.
> (다) 검은색 카드 사이에는 3의 배수가 적힌 흰색 카드가 1장 이상 놓여 있다.

예상문제 도전하기

22

야구공 7개를 서로 다른 세 개의 상자 A, B, C에 나누어 담으려고 한다. 각 상자 안의 야구공이 5개 이하가 되도록 넣는 방법의 수는? (단, 야구공끼리는 서로 구별하지 않고 빈 상자가 있을 수도 있다.)

① 15   ② 18   ③ 21
④ 24   ⑤ 27

23

동일한 7개의 문서 파일을 서로 다른 3개의 폴더 A, B, C에 넣는 방법의 수는? (단, 빈 폴더가 있을 수도 있다.)

① 15   ② 20   ③ 28
④ 36   ⑤ 45

24

선영이는 화분에 민들레 꽃씨를 심으려고 한다. 서로 다른 3개의 화분에 꽃씨 10개를 심으려고 할 때, 한 화분에 적어도 1개의 꽃씨를 심는 방법의 수를 구하시오.

25

좌표평면 위를 움직이는 점 P는 원점에서 출발하여 1회에 x축 또는 y축의 양의 방향으로 1만큼씩 이동한다. 6회 이하로 움직인다고 할 때, 점 P가 도착할 수 있는 제1사분면 위의 서로 다른 점의 개수는?

① 15   ② 19   ③ 23
④ 27   ⑤ 31

가우스

독일의 수학자 가우스(Gauss, K. F., 1777~1855)는 어릴 때 무척 가난했지만 교육에 관심이 많았던 어머니의 도움으로 공부를 할 수 있었다.

가우스는 초등학교 때부터 남달랐는데 초등학교 수학 수업시간에 1부터 100까지의 자연수를 모두 더해 보라는 선생님의 말씀에 처음과 끝을 묶어서 계산할 수 있는 방법으로 빠른 계산을 한 일화는 아주 유명하다.

가우스는 이런 식으로 내용을 끼워 맞춰 새로운 것을 발견해 나가는 것을 좋아했다. 고등학교 때는 수의 성질을 연구하는 정수론과 최소제곱법 등으로 자신만의 독특한 수학적 업적을 올렸다.

괴팅겐대학 시절에는 2000년 동안 아무도 풀지 못했던 정17각형 작도법을 풀어내서 수학계 전체를 깜짝 놀라게 했으며 이때 수학의 길을 선택하기로 결심하게 되었다고 한다.

한편, 1801년 소행성 세레스가 발견되고 어느 날 갑자기 사라지자 세레스의 위치를 알아내기 위해 많은 학자들의 경쟁이 시작되었다. 가우스는 세레스가 발견되었던 곳을 따라 궤도를 예측해보았다. 하지만 궤도는 단순히 하나의 선으로 그릴 수 없었고 분명 오차가 있을 거라고 생각했으며 결국 최소제곱법으로 세레스를 찾아냈다.

최소제곱법은 원래 자료와의 오차가 가장 적은 값을 구하는 방법으로 이러한 공로를 인정받아 가우스는 1807년에 괴팅겐대학 교수 겸 천문대장으로 임명되었으며 최소제곱법은 현대 통계학의 기초를 마련하였다.

가우스의 이러한 천재성은 이외에도 측정오차의 분포 곡선으로써 정규분포를 따르는 확률변수의 확률밀도함수의 그래프를 도입하는 등의 여러 업적을 남겼다.

유형 05 순열, 조합의 활용(함수의 개수)

 1, 2등급 유형

💡 출제가능성 ★★★★★

출제경향 ⟶ 이 렇 게 출 제 되 었 다

최근 수능에서 중복조합의 문제는 빠지지 않고 출제되고 있다. 다만 순열이나 조합을 이용하여 함수의 개수를 구하는 유형으로 출제되다가 다시 순서쌍 개수를 구하는 내용으로 까다롭게 출제되는 경향이다. 꼭 나오는 유형이므로 반복 연습을 통해 자신감을 갖는 것이 중요하다.
난이도 – 4점짜리

출제핵심 ⟶ 이 것 만 은 꼬 ~ 옥

함수 $f: X \longrightarrow Y$에 대하여 $n(X)=p$, $n(Y)=q$이고 $a \in X$, $b \in X$일 때
(1) 함수 $f: X \longrightarrow Y$의 개수 ➡ ${}_q\Pi_p$
(2) $a<b$이면 $f(a)<f(b)$인 함수의 개수 ➡ ${}_q C_p$ (단, $p \leq q$)
(3) $a<b$이면 $f(a) \leq f(b)$인 함수의 개수 ➡ ${}_q H_p = {}_{q+p-1} C_p$

개념 확인

① 방정식의 해의 개수

방정식 $x_1+x_2+\cdots+x_n=r$ (n, r는 자연수)에 대하여
(1) 음이 아닌 정수해의 개수 ➡ ${}_n H_r$
(2) 양의 정수해의 개수 ➡ ${}_n H_{r-n}$ (단, $r \geq n$)

② 조건을 만족시키는 순서쌍의 개수

n개의 자연수에서 r개를 택하여
(1) $a_1<a_2<a_3<\cdots<a_r$를 만족시키는 순서쌍
$(a_1, a_2, a_3, \cdots, a_r)$의 개수는 ➡ ${}_n C_r$
(2) $a_1 \leq a_2 \leq a_3 \leq \cdots \leq a_r$를 만족시키는 순서쌍
$(a_1, a_2, a_3, \cdots, a_r)$의 개수는 ➡ ${}_n H_r$

③ 함수의 개수

함수 $f: X \longrightarrow Y$에 대하여
$n(X)=p$, $n(Y)=q$이고 $a \in X$, $b \in X$일 때
(1) 함수 $f: X \longrightarrow Y$의 개수
➡ ${}_q\Pi_p$
(2) $a<b$이면 $f(a)<f(b)$인 함수의 개수
➡ ${}_q C_p$ (단, $p \leq q$)
(3) $a<b$이면 $f(a) \leq f(b)$인 함수의 개수
➡ ${}_q H_p = {}_{q+p-1} C_p$

기본문제 다지기

01

방정식 $x+y+z=6$을 만족시키는 음이 아닌 정수 x, y, z에 대하여 순서쌍 (x, y, z)의 개수는?

① 22   ② 24   ③ 26

④ 28   ⑤ 30

02

방정식 $a+b+c=6$에 대하여 양의 정수해의 개수는?

① 10   ② 11   ③ 12

④ 13   ⑤ 14

03

다음 조건을 만족시키는 세 자연수 a, b, c의 모든 순서쌍 (a, b, c)의 개수는?

(가) $a+b+c=10$
(나) $a \leq 2$이다.

① 12   ② 15   ③ 18

④ 421   ⑤ 24

04

다음 조건을 만족시키는 음이 아닌 정수 a, b, c, d의 순서쌍 (a, b, c, d)의 개수를 구하시오.

(가) $a+b+c+d=12$
(나) $a \times b=5$이다.

05

집합 $X=\{1, 2, 3, 4\}$에 대하여 다음 조건을 만족시키는 함수 $f : X \longrightarrow X$의 개수를 구하시오.

(가) $f(1)=1$
(나) $f(2) \neq 2$

06

두 집합 $X=\{1, 2, 3\}$, $Y=\{3, 4, 5, 6\}$에 대하여 다음 조건을 만족시키는 함수 $f : X \longrightarrow Y$의 개수를 구하시오.

$x_1 < x_2$이면 $f(x_1) < f(x_2)$

07

두 집합 $X=\{1, 2, 3, 4\}$, $Y=\{5, 6, 7\}$에 대하여 다음 조건을 만족시키는 함수 $f : X \longrightarrow Y$의 개수는?

$x_1 \in X$, $x_2 \in X$에 대하여 $x_1 < x_2$이면 $f(x_1) \leq f(x_2)$이다.

① 12   ② 15   ③ 18

④ 21   ⑤ 24

기출문제 맛보기

08
2018학년도 모의평가

다음 조건을 만족시키는 음이 아닌 정수 x, y, z의 모든 순서쌍 (x, y, z)의 개수는?

> (가) $x+y+z=10$
> (나) $0<y+z<10$

① 39　　　　② 44　　　　③ 49
④ 54　　　　⑤ 59

09
2021학년도 모의평가

다음 조건을 만족시키는 음이 아닌 정수 a, b, c, d의 모든 순서쌍 (a, b, c, d)의 개수를 구하시오.

> (가) $a+b+c+d=6$
> (나) a, b, c, d 중에서 적어도 하나는 0이다.

10
2022학년도 수능

다음 조건을 만족시키는 자연수 a, b, c, d, e의 모든 순서쌍 (a, b, c, d, e)의 개수는?

> (가) $a+b+c+d+e=12$
> (나) $|a^2-b^2|=5$

① 30　　　　② 32　　　　③ 34
④ 36　　　　⑤ 38

11
2020학년도 수능

다음 조건을 만족시키는 음이 아닌 정수 a, b, c, d의 모든 순서쌍 (a, b, c, d)의 개수는?

> (가) $a+b+c-d=9$
> (나) $d\leq4$이고 $c\geq d$이다.

① 265　　　　② 270　　　　③ 275
④ 280　　　　⑤ 285

12
2022학년도 수능예시

다음 조건을 만족시키는 음이 아닌 정수 a, b, c, d의 모든 순서쌍 (a, b, c, d)의 개수를 구하시오.

> (가) $a+b+c+d=12$
> (나) $a\neq2$이고 $a+b+c\neq10$이다.

13
2024학년도 수능

다음 조건을 만족시키는 6 이하의 자연수 a, b, c, d의 모든 순서쌍 (a, b, c, d)의 개수를 구하시오.

> $a\leq c\leq d$이고 $b\leq c\leq d$이다.

14
2024학년도 모의평가

다음 조건을 만족시키는 13 이하의 자연수 a, b, c, d의 모든 순서쌍 (a, b, c, d)의 개수를 구하시오.

> (가) $a\leq b\leq c\leq d$
> (나) $a\times d$는 홀수이고, $b+c$는 짝수이다.

15
2020학년도 모의평가

다음 조건을 만족시키는 음이 아닌 정수 x_1, x_2, x_3의 모든 순서쌍 (x_1, x_2, x_3)의 개수를 구하시오.

> (가) $n=1$, 2일 때, $x_{n+1}-x_n \geq 2$이다.
> (나) $x_3 \leq 10$

16
2021학년도 수능

집합 $X=\{1, 2, 3, 4\}$에 대하여 다음 조건을 만족시키는 함수 $f : X \longrightarrow X$의 개수는?

> $f(2) \leq f(3) \leq f(4)$

① 64   ② 68   ③ 72

④ 76   ⑤ 80

17
2023학년도 모의평가

집합 $X=\{1, 2, 3, 4, 5\}$에 대하여 다음 조건을 만족시키는 함수 $f : X \longrightarrow X$의 개수를 구하시오.

> (가) $f(f(1))=4$
> (나) $f(1) \leq f(3) \leq f(5)$

18
2006학년도 모의평가

$\{1, 2, 3, 4\}$에서 $\{1, 2, 3, 4, 5, 6, 7\}$로의 함수 중에서 $x_1 < x_2$일 때, $f(x_1) \geq f(x_2)$를 만족시키는 함수 f의 개수를 구하시오.

19
2022학년도 수능예시

집합 $X=\{1, 2, 3, 4\}$에 대하여 다음 조건을 만족시키는 모든 함수 $f : X \longrightarrow X$의 개수는?

> (가) $f(1)+f(2)+f(3) \geq 3f(4)$
> (나) $k=1$, 2, 3일 때 $f(k) \neq f(4)$이다.

① 41   ② 45   ③ 49

④ 53   ⑤ 57

20
2022학년도 수능

두 집합 $X=\{1, 2, 3, 4, 5\}$, $Y=\{1, 2, 3, 4\}$에 대하여 다음 조건을 만족시키는 X에서 Y로의 함수 f의 개수는?

> (가) 집합 X의 모든 원소 x에 대하여 $f(x) \geq \sqrt{x}$이다.
> (나) 함수 f의 치역의 원소의 개수는 3이다.

① 128   ② 138   ③ 148

④ 158   ⑤ 168

21
2021학년도 모의평가

집합 $A=\{1, 2, 3, 4\}$에 대하여 A에서 A로의 모든 함수 f 중에서 임의로 하나를 선택할 때, 이 함수가 다음 조건을 만족시킬 확률은 p이다. $120p$의 값을 구하시오.

> (가) $f(1) \times f(2) \geq 9$
> (나) 함수 f의 치역의 원소의 개수는 3이다.

22
2024학년도 모의평가

집합 $X=\{1, 2, 3, 4, 5\}$에 대하여 다음 조건을 만족시키는 함수 $f : X \longrightarrow X$의 개수는?

> (가) $f(1) \times f(3) \times f(5)$는 홀수이다.
> (나) $f(2) < f(4)$
> (다) 함수 f의 치역의 원소의 개수는 3이다.

① 128   ② 132   ③ 136

④ 140   ⑤ 144

23

2025학년도 수능

집합 $X=\{1, 2, 3, 4, 5, 6\}$에 대하여 다음 조건을
만족시키는 함수 $f : X \longrightarrow X$의 개수는?

> (가) $f(1) \times f(6)$의 값이 6의 약수이다.
> (나) $2f(1) \leq f(2) \leq f(3) \leq f(4) \leq f(5) \leq 2f(6)$

① 166   ② 171   ③ 176
④ 181   ⑤ 186

24

2025학년도 모의평가

집합 $X=\{-2, -1, 0, 1, 2\}$에 대하여 다음 조건을 만족시키
는 함수 $f : X \longrightarrow X$의 개수를 구하시오.

> (가) X의 모든 원소 x에 대하여 $x+f(x)\in X$이다.
> (나) $x=-2, -1, 0, 1$일 때 $f(x) \geq f(x+1)$이다.

25

2023학년도 모의평가

집합 $X=\{1, 2, 3, 4, 5\}$와 함수 $f : X \longrightarrow X$에 대하여 함수 f
의 치역을 A, 합성함수 $f \circ f$의 치역을 B라 할 때, 다음 조건
을 만족시키는 함수 f의 개수를 구하시오.

> (가) $n(A) \leq 3$
> (나) $n(A) = n(B)$
> (다) 집합 X의 모든 원소 x에 대하여 $f(x) \neq x$이다.

예상문제 도전하기

26

세 양의 정수 x, y, z에 대하여 부등식 $x+y+z < 5$를 만족시
키는 해의 개수는?

① 4   ② 5   ③ 6
④ 7   ⑤ 8

27

방정식 $x+y+z=n$을 만족시키는 음이 아닌 정수해의 개수가
105일 때, 자연수 n의 값은?

① 12   ② 13   ③ 14
④ 15   ⑤ 16

28

다음 조건을 만족시키는 세 자연수 x, y, z의 순서쌍 (x, y, z)
의 개수는?

> (가) $x+y+z=15$
> (나) $x \geq 2, y \geq 3, z \geq 4$

① 24   ② 26   ③ 28
④ 30   ⑤ 32

29

다음 조건을 만족시키는 양의 정수 x, y, z, w의 순서쌍 (x, y, z, w)의 개수를 구하시오.

> (가) $x+y+z+5w=20$
>
> (나) $x \geq w$

30

다음 조건을 만족시키는 네 자연수 a, b, c, d에 대하여 방정식 $a+b+c+d=13$을 만족시키는 정수해의 개수를 구하시오.

> (가) $a \geq 1$, $b \geq 2$, $c \geq 3$, $d \geq 4$
>
> (나) $c \neq d$

31

두 집합 $X=\{1, 2, 3, 4\}$, $Y=\{0, 1, 2, 3, 4\}$에 대하여 $f(1)+f(2) \leq 1$을 만족하는 함수 $f : X \longrightarrow Y$의 개수를 구하시오.

32

집합 $X=\{1, 2, 3, 4, 5\}$에 대하여 함수 $f : X \longrightarrow X$ 중에서 다음 조건을 만족시키는 함수의 개수는?

> (가) $f(3)$의 값은 짝수이다.
>
> (나) $x<3$이면 $f(x)<f(3)$이다.

① 200   ② 225   ③ 250

④ 275   ⑤ 300

33

집합 $X=\{3, 4, 5, 6, 7\}$에 대하여 다음 조건을 만족시키는 함수 $f : X \longrightarrow X$의 개수는?

> (가) 치역의 원소의 개수는 3이다.
>
> (나) 치역의 모든 원소의 곱은 짝수이다.

① 1050   ② 1150   ③ 1250

④ 1350   ⑤ 1450

34

집합 $X=\{1, 2, 3, 4, 5, 6\}$에 대하여 다음 조건을 만족시키는 함수 $f : X \longrightarrow X$의 개수는?

> (가) $f(1)<f(2)<f(3)$
>
> (나) $f(4) \leq f(5) \leq f(6)$

① 1100   ② 1110   ③ 1120

④ 1130   ⑤ 1140

06 확률 구하기(1)

2, 3등급 유형

💡 출제가능성 ★★★★★

출제경향 ● 이렇게 출제되었다

'확률과 통계' 전체에서 가장 어렵게 출제할 수도, 가장 쉽게 출제할 수도 있는 내용이다. 간단한 상황에서 경우의 수를 구해야 하는 쉬운 유형도 있지만 복잡한 상황을 제시하고 경우의 수를 구한 후 덧셈정리, 여사건의 확률 등을 이용하는 까다로운 유형도 있다. 아주 어려운 난이도의 문항이 출제 예상되지만 중간 수준의 문항이 출제될 수도 있다. 어려운 문항의 연습은 「짱 어려운 유형」에서 공부하도록 하자.

난이도 – 3, 4점짜리

출제핵심 ● 이것만은 꼬 ~ 옥

$$P(A) = \frac{(사건 \ A가 \ 일어날 \ 경우의 \ 수)}{(일어날 \ 수 \ 있는 \ 모든 \ 경우의 \ 수)}$$

개념 확인

① 수학적 확률

어떤 시행에서 각각의 근원사건이 일어날 가능성이 같은 정도로 기대될 때, 표본공간 S에서 사건 A가 일어날 확률 $P(A)$는

$$P(A) = \frac{n(A)}{n(S)} = \frac{(사건 \ A가 \ 일어날 \ 경우의 \ 수)}{(일어날 \ 수 \ 있는 \ 모든 \ 경우의 \ 수)}$$

[참고]

(1) 서로 다른 n개 중에서 r개를 뽑아서 일렬로 나열하는 방법의 수는 $_n\mathrm{P}_r$

(2) 서로 다른 n개 중에서 순서를 생각하지 않고 r개를 택하는 방법의 수는 $_n\mathrm{C}_r$

(3) 서로 다른 n개에서 중복을 허락하여 r개를 택하는 중복조합의 수는 $_n\mathrm{H}_r = _{n+r-1}\mathrm{C}_r$

② 확률의 덧셈정리

두 사건 A, B에 대하여

$$P(A \cup B) = P(A) + P(B) - P(A \cap B)$$

특히, 두 사건 A, B가 서로 배반사건이면

$$P(A \cup B) = P(A) + P(B)$$

③ 여사건의 확률

사건 A의 여사건 A^C의 확률은

$$P(A^C) = 1 - P(A)$$

기본문제 다지기

01

서로 다른 두 개의 주사위를 동시에 던질 때 나오는 눈의 수의 합이 4 이하일 확률은?

① $\dfrac{1}{12}$ ② $\dfrac{1}{6}$ ③ $\dfrac{1}{4}$

④ $\dfrac{1}{3}$ ⑤ $\dfrac{1}{2}$

02

네 개의 문자 A, B, C, D가 하나씩 적혀 있는 4장의 카드를 일렬로 나열할 때, C, D가 적힌 카드가 서로 이웃할 확률은?

① $\dfrac{3}{10}$ ② $\dfrac{2}{5}$ ③ $\dfrac{1}{2}$

④ $\dfrac{3}{5}$ ⑤ $\dfrac{7}{10}$

03

파란 공 3개, 빨간 공 4개가 들어 있는 주머니가 있다. 이 주머니에서 임의로 두 개의 공을 동시에 꺼낼 때, 두 개의 공의 색이 서로 다를 확률은?

① $\dfrac{1}{7}$ ② $\dfrac{2}{7}$ ③ $\dfrac{3}{7}$

④ $\dfrac{4}{7}$ ⑤ $\dfrac{5}{7}$

04

주머니 속에 노랑색, 파랑색, 빨강색, 보라색 구슬이 각각 2개씩 총 8개의 구슬이 들어 있다. 이 중에서 임의로 2개의 구슬을 꺼낼 때, 꺼낸 2개의 구슬이 노랑색과 파랑색 구슬일 확률은 $\dfrac{q}{p}$이다. $10p+q$의 값을 구하시오. (단, p와 q는 서로소인 자연수이다.)

05

주머니 속에 노란 구슬 4개와 파란 구슬 5개가 들어 있다. 이 주머니에서 임의로 3개의 구슬을 동시에 꺼낼 때, 노란 구슬 1개와 파란 구슬 2개가 나올 확률은?

(단, 모든 구슬의 크기와 모양이 같다고 한다.)

① $\dfrac{10}{21}$ ② $\dfrac{4}{7}$ ③ $\dfrac{2}{3}$

④ $\dfrac{16}{21}$ ⑤ $\dfrac{6}{7}$

06

흰 공 2개, 검은 공 8개가 들어 있는 주머니에서 임의로 두 개의 공을 동시에 꺼낼 때, 적어도 한 개가 흰 공일 확률은?

① $\dfrac{1}{5}$ ② $\dfrac{11}{45}$ ③ $\dfrac{13}{45}$

④ $\dfrac{1}{3}$ ⑤ $\dfrac{17}{45}$

기출문제 맛보기

07

2020학년도 수능

흰 공 3개, 검은 공 4개가 들어 있는 주머니가 있다. 이 주머니에서 임의로 네 개의 공을 동시에 꺼낼 때, 흰 공 2개와 검은 공 2개가 나올 확률은?

① $\dfrac{2}{5}$ ② $\dfrac{16}{35}$ ③ $\dfrac{18}{35}$

④ $\dfrac{4}{7}$ ⑤ $\dfrac{22}{35}$

08

2025학년도 모의평가

40개의 공이 들어 있는 주머니가 있다. 각각의 공은 흰 공 또는 검은 공 중 하나이다. 이 주머니에서 임의로 2개의 공을 동시에 꺼낼 때, 흰 공 2개를 꺼낼 확률을 p, 흰 공 1개와 검은 공 1개를 꺼낼 확률을 q, 검은 공 2개를 꺼낼 확률을 r이라 하자. $p=q$일 때, $60r$의 값을 구하시오. (단, $p>0$)

09

2024학년도 모의평가

흰색 손수건 4장, 검은색 손수건 5장이 들어 있는 상자가 있다. 이 상자에서 임의로 4장의 손수건을 동시에 꺼낼 때, 꺼낸 4장의 손수건 중에서 흰색 손수건이 2장 이상일 확률은?

① $\dfrac{1}{2}$ ② $\dfrac{4}{7}$ ③ $\dfrac{9}{14}$

④ $\dfrac{5}{7}$ ⑤ $\dfrac{11}{14}$

10

2023학년도 수능

흰색 마스크 5개, 검은색 마스크 9개가 들어 있는 상자가 있다. 이 상자에서 임의로 3개의 마스크를 동시에 꺼낼 때, 꺼낸 3개의 마스크 중에서 적어도 한 개가 흰색 마스크일 확률은?

① $\dfrac{8}{13}$ ② $\dfrac{17}{26}$ ③ $\dfrac{9}{13}$

④ $\dfrac{19}{26}$ ⑤ $\dfrac{10}{13}$

11

2025학년도 수능

어느 학급의 학생 16명을 대상으로 과목 A와 과목 B에 대한 선호도를 조사하였다. 이 조사에 참여한 학생은 과목 A와 과목 B 중 하나를 선택하였고, 과목 A를 선택한 학생은 9명, 과목 B를 선택한 학생은 7명이다. 이 조사에 참여한 학생 16명 중에서 임의로 3명을 선택할 때, 선택한 3명의 학생 중에서 적어도 한 명이 과목 B를 선택한 학생일 확률은?

① $\dfrac{3}{4}$ ② $\dfrac{4}{5}$ ③ $\dfrac{17}{20}$

④ $\dfrac{9}{10}$ ⑤ $\dfrac{19}{20}$

12

2022학년도 모의평가

숫자 1, 2, 3, 4, 5 중에서 중복을 허락하여 4개를 택해 일렬로 나열하여 만들 수 있는 모든 네 자리의 자연수 중에서 임의로 하나의 수를 선택할 때, 선택한 수가 3500보다 클 확률은?

① $\dfrac{9}{25}$ ② $\dfrac{2}{5}$ ③ $\dfrac{11}{25}$

④ $\dfrac{12}{25}$ ⑤ $\dfrac{13}{25}$

13

2022학년도 수능

1부터 10까지 자연수가 하나씩 적혀 있는 10장의 카드가 들어 있는 주머니가 있다. 이 주머니에서 임의로 카드 3장을 동시에 꺼낼 때, 꺼낸 카드에 적혀 있는 세 자연수 중에서 가장 작은 수가 4 이하이거나 7 이상일 확률은?

① $\dfrac{4}{5}$ ② $\dfrac{5}{6}$ ③ $\dfrac{13}{15}$

④ $\dfrac{9}{10}$ ⑤ $\dfrac{14}{15}$

14

2024학년도 수능

숫자 1, 2, 3, 4, 5, 6이 하나씩 적혀 있는 6장의 카드가 있다. 이 6장의 카드를 모두 한 번씩 사용하여 일렬로 임의로 나열할 때, 양 끝에 놓인 카드에 적힌 두 수의 합이 10 이하가 되도록 카드가 놓일 확률은?

① $\dfrac{8}{15}$ ② $\dfrac{19}{30}$ ③ $\dfrac{11}{15}$

④ $\dfrac{5}{6}$ ⑤ $\dfrac{14}{15}$

15

2023학년도 수능

주머니에 1이 적힌 흰 공 1개, 2가 적힌 흰 공 1개, 1이 적힌 검은 공 1개, 2가 적힌 검은 공 3개가 들어 있다. 이 주머니에서 임의로 3개의 공을 동시에 꺼내는 시행을 한다. 이 시행에서 꺼낸 3개의 공 중에서 흰 공이 1개이고 검은 공이 2개인 사건을 A, 꺼낸 3개의 공에 적혀 있는 수를 모두 곱한 값이 8인 사건을 B라 할 때, $P(A \cup B)$의 값은?

① $\dfrac{11}{20}$ ② $\dfrac{3}{5}$ ③ $\dfrac{13}{20}$

④ $\dfrac{7}{10}$ ⑤ $\dfrac{3}{4}$

16

2025학년도 모의평가

문자 a, b, c, d 중에서 중복을 허락하여 4개를 택해 일렬로 나열하여 만들 수 있는 모든 문자열 중에서 임의로 하나를 선택할 때, 문자 a가 한 개만 포함되거나 문자 b가 한 개만 포함된 문자열이 선택될 확률은?

① $\dfrac{5}{8}$ ② $\dfrac{41}{64}$ ③ $\dfrac{21}{32}$

④ $\dfrac{43}{64}$ ⑤ $\dfrac{11}{16}$

17

2021학년도 모의평가

네 개의 수 1, 3, 5, 7 중에서 임의로 선택한 한 개의 수를 a라 하고, 네 개의 수 4, 6, 8, 10 중에서 임의로 선택한 한 개의 수를 b라 하자. $1 < \dfrac{b}{a} < 4$일 확률은?

① $\dfrac{1}{2}$ ② $\dfrac{9}{16}$ ③ $\dfrac{5}{8}$

④ $\dfrac{11}{16}$ ⑤ $\dfrac{3}{4}$

18

2021학년도 모의평가

한 개의 주사위를 두 번 던져서 나오는 눈의 수를 차례로 a, b라 할 때, $|a-3| + |b-3| = 2$이거나 $a = b$일 확률은?

① $\dfrac{1}{4}$ ② $\dfrac{1}{3}$ ③ $\dfrac{5}{12}$

④ $\dfrac{1}{2}$ ⑤ $\dfrac{7}{12}$

19

2020학년도 모의평가

다음 조건을 만족시키는 좌표평면 위의 점 (a, b) 중에서 임의로 서로 다른 두 점을 선택할 때, 선택된 두 점 사이의 거리가 1보다 클 확률은?

(가) a, b는 자연수이다.
(나) $1 \le a \le 4$, $1 \le b \le 3$

① $\dfrac{41}{66}$ ② $\dfrac{43}{66}$ ③ $\dfrac{15}{22}$

④ $\dfrac{47}{66}$ ⑤ $\dfrac{49}{66}$

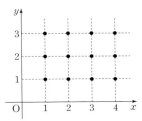

20

2021학년도 수능

문자 A, B, C, D, E가 하나씩 적혀 있는 5장의 카드와 숫자 1, 2, 3, 4가 하나씩 적혀 있는 4장의 카드가 있다.

이 9장의 카드를 모두 한 번씩 사용하여 일렬로 임의로 나열할 때, 문자 A가 적혀 있는 카드의 바로 양옆에 각각 숫자가 적혀 있는 카드가 놓일 확률은?

① $\dfrac{5}{12}$ ② $\dfrac{1}{3}$ ③ $\dfrac{1}{4}$

④ $\dfrac{1}{6}$ ⑤ $\dfrac{1}{12}$

21

2018학년도 모의평가

A, A, A, B, B, C의 문자가 하나씩 적혀 있는 6장의 카드가 있다. 이 카드를 모두 한 번씩 사용하여 일렬로 임의로 나열할 때, 양 끝 모두에 A가 적힌 카드가 나오게 나열될 확률은?

① $\dfrac{3}{20}$ ② $\dfrac{1}{5}$ ③ $\dfrac{1}{4}$

④ $\dfrac{3}{10}$ ⑤ $\dfrac{7}{20}$

22

2019학년도 수능

숫자 1, 2, 3, 4가 하나씩 적혀 있는 흰 공 4개와 숫자 4, 5, 6이 하나씩 적혀 있는 검은 공 3개가 있다. 이 7개의 공을 임의로 일렬로 나열할 때, 같은 숫자가 적혀 있는 공이 서로 이웃하지 않게 나열될 확률은 $\dfrac{q}{p}$이다. $p+q$의 값을 구하시오.

(단, p와 q는 서로소인 자연수이다.)

23

2021학년도 모의평가

두 집합 $A=\{1, 2, 3, 4\}$, $B=\{1, 2, 3\}$에 대하여 A에서 B로의 모든 함수 f 중에서 임의로 하나를 선택할 때, 이 함수가 다음 조건을 만족시킬 확률은?

> $f(1)\geq 2$이거나 함수 f의 치역은 B이다.

① $\dfrac{16}{27}$ ② $\dfrac{2}{3}$ ③ $\dfrac{20}{27}$

④ $\dfrac{22}{27}$ ⑤ $\dfrac{8}{9}$

24

2021학년도 모의평가

1부터 6까지의 자연수가 하나씩 적혀 있는 6장의 카드가 들어 있는 주머니가 있다. 이 주머니에서 임의로 두 장의 카드를 동시에 꺼내어 적혀 있는 수를 확인한 후 다시 넣는 시행을 두 번 반복한다. 첫 번째 시행에서 확인한 두 수 중 작은 수를 a_1, 큰 수를 a_2라 하고, 두 번째 시행에서 확인한 두 수 중 작은 수를 b_1, 큰 수를 b_2라 하자. 두 집합 A, B를

$$A=\{x\,|\,a_1\leq x\leq a_2\},\ B=\{x\,|\,b_1\leq x\leq b_2\}$$

라 할 때, $A\cap B\neq\varnothing$일 확률은?

① $\dfrac{3}{5}$ ② $\dfrac{2}{3}$ ③ $\dfrac{11}{15}$

④ $\dfrac{4}{5}$ ⑤ $\dfrac{13}{15}$

25

주머니에 숫자 1, 2, 3, 4가 하나씩 적혀 있는 흰 공 4개와 숫자 4, 5, 6, 7이 하나씩 적혀 있는 검은 공 4개가 들어 있다. 이 주머니를 사용하여 다음 규칙에 따라 점수를 얻는 시행을 한다.

> 주머니에서 임의로 2개의 공을 동시에 꺼내어 꺼낸 공이 서로 다른 색이면 12를 점수로 얻고, 꺼낸 공이 서로 같은 색이면 꺼낸 두 공에 적힌 수의 곱을 점수로 얻는다.

이 시행을 한 번 하여 얻은 점수가 24 이하의 짝수일 확률이 $\dfrac{q}{p}$ 일 때, $p+q$의 값을 구하시오.

(단, p와 q는 서로소인 자연수이다.)

예상문제 도전하기

26

서로 다른 세 개의 주사위를 동시에 던질 때, 나오는 눈의 수의 합이 5 이하일 확률을 p라 할 때, $\dfrac{5}{p}$의 값은?

① 100 ② 102 ③ 104
④ 106 ⑤ 108

27

1부터 9까지의 자연수가 하나씩 적혀 있는 구슬 9개가 있다. 이 중에서 임의로 2개의 구슬을 뽑을 때, 뽑은 구슬에 적힌 두 자연수의 합이 홀수일 확률은?

① $\dfrac{1}{9}$ ② $\dfrac{2}{9}$ ③ $\dfrac{1}{3}$
④ $\dfrac{4}{9}$ ⑤ $\dfrac{5}{9}$

28

연극 동아리에는 철수를 포함한 남학생 6명과 영희를 포함한 여학생 4명이 있다. 이 중에서 4명을 선정하여 연극을 한다고 할 때, 철수와 영희를 포함하여 남학생 두 명, 여학생 두 명이 선정될 확률은?

① $\dfrac{1}{21}$ ② $\dfrac{1}{14}$ ③ $\dfrac{1}{7}$
④ $\dfrac{1}{5}$ ⑤ $\dfrac{1}{3}$

29

6명의 탁구 선수 A, B, C, D, E, F를 임의로 2명씩 짝을 지어 3개의 복식조를 편성하려고 한다. A와 B는 같은 조에 편성되고, C와 D는 서로 다른 조에 편성될 확률은?

① $\dfrac{1}{15}$ ② $\dfrac{1}{10}$ ③ $\dfrac{2}{15}$
④ $\dfrac{1}{6}$ ⑤ $\dfrac{1}{5}$

30

좌표평면 위에 6개의 점 A(1, 1), B(1, 2), C(1, 3), D(2, 1), E(2, 2), F(2, 3)이 있다. 이 중에서 임의의 두 점을 택할 때, 두 점 사이의 거리가 1보다 클 확률은?

① $\dfrac{1}{3}$ ② $\dfrac{2}{5}$ ③ $\dfrac{7}{15}$
④ $\dfrac{8}{15}$ ⑤ $\dfrac{3}{5}$

31

주머니에 1부터 6까지의 자연수가 하나씩 적힌 6장의 카드가 들어 있다. 이 주머니에서 임의로 카드를 한 장 뽑아서 적힌 수를 확인하고 다시 넣는다. 이 과정을 4회 반복할 때, 서로 다른 두 수가 각각 2회씩 나올 확률은?

① $\dfrac{5}{72}$ ② $\dfrac{5}{36}$ ③ $\dfrac{15}{72}$
④ $\dfrac{5}{18}$ ⑤ $\dfrac{25}{72}$

07 확률 구하기(2)

💡 출제가능성 ★★★★★

출제경향 ➜ 이 렇 게 출 제 되 었 다

확률 구하기 유형은 거의 매년 출제되므로 2가지 유형으로 구분하여 학습하도록 하자. **유형 07**에서는 여러 가지 경우로 나누어서 경우의 수를 구해야 하는 복잡한 고난도 문항들을 연습한다.
난이도 − 4점짜리

출제핵심 ➜ 이 것 만 은 꼬 ~ 옥

$$P(A) = \frac{(\text{사건 } A\text{가 일어날 경우의 수})}{(\text{일어날 수 있는 모든 경우의 수})}$$

개념 확인

① 수학적 확률

어떤 시행에서 각각의 근원사건이 일어날 가능성이 같은 정도로 기대될 때, 표본공간 S에서 사건 A가 일어날 확률 $P(A)$는

$$P(A) = \frac{n(A)}{n(S)} = \frac{(\text{사건 } A\text{가 일어날 경우의 수})}{(\text{일어날 수 있는 모든 경우의 수})}$$

[참고]

(1) 서로 다른 n개 중에서 r개를 뽑아서 일렬로 나열하는 방법의 수는 $_nP_r$

(2) 서로 다른 n개 중에서 순서를 생각하지 않고 r개를 택하는 방법의 수는 $_nC_r$

(3) 서로 다른 n개에서 중복을 허락하여 r개를 택하는 중복조합의 수는 $_nH_r = {}_{n+r-1}C_r$

② 확률의 덧셈정리

두 사건 A, B에 대하여

$$P(A \cup B) = P(A) + P(B) - P(A \cap B)$$

특히, 두 사건 A, B가 서로 배반사건이면

$$P(A \cup B) = P(A) + P(B)$$

③ 여사건의 확률

사건 A의 여사건 A^c의 확률은

$$P(A^c) = 1 - P(A)$$

기본문제 다지기

기출문제 맛보기

01

흰 공 5개, 빨간 공 4개가 들어 있는 주머니가 있다. 이 주머니에서 임의로 두 개의 공을 동시에 꺼낼 때, 두 개의 공의 색이 서로 같을 확률은?

① $\dfrac{1}{3}$ ② $\dfrac{7}{18}$ ③ $\dfrac{4}{9}$

④ $\dfrac{1}{2}$ ⑤ $\dfrac{5}{9}$

05

2020학년도 모의평가

한 개의 주사위를 세 번 던져서 나오는 눈의 수를 차례로 a, b, c라 할 때, $a>b$이고 $a>c$일 확률은?

① $\dfrac{13}{54}$ ② $\dfrac{55}{216}$ ③ $\dfrac{29}{108}$

④ $\dfrac{61}{216}$ ⑤ $\dfrac{8}{27}$

02

주머니에 1, 2, 3의 숫자가 하나씩 적힌 공이 각각 2개, 3개, 4개가 있다. 이 9개의 공 중에서 임의로 2개를 뽑을 때, 같은 숫자가 나올 확률은?

① $\dfrac{13}{36}$ ② $\dfrac{1}{3}$ ③ $\dfrac{11}{36}$

④ $\dfrac{5}{18}$ ⑤ $\dfrac{1}{4}$

06

2021학년도 수능

한 개의 주사위를 세 번 던져서 나오는 눈의 수를 차례로 a, b, c라 할 때, $a \times b \times c = 4$일 확률은?

① $\dfrac{1}{54}$ ② $\dfrac{1}{36}$ ③ $\dfrac{1}{27}$

④ $\dfrac{5}{108}$ ⑤ $\dfrac{1}{18}$

03

한 개의 주사위를 두 번 던질 때 나오는 눈의 수를 차례로 x, y라 하자. 부등식 $y > 2x - 1$이 성립할 확률은?

① $\dfrac{1}{6}$ ② $\dfrac{1}{5}$ ③ $\dfrac{1}{4}$

④ $\dfrac{1}{3}$ ⑤ $\dfrac{1}{2}$

07

2020학년도 모의평가

한 개의 주사위를 네 번 던질 때 나오는 눈의 수를 차례로 a, b, c, d라 하자. 네 수 a, b, c, d의 곱 $a \times b \times c \times d$가 12일 확률은?

① $\dfrac{1}{36}$ ② $\dfrac{5}{72}$ ③ $\dfrac{1}{9}$

④ $\dfrac{11}{72}$ ⑤ $\dfrac{7}{36}$

04

한 개의 주사위를 두 번 던질 때 나오는 눈의 수를 차례로 a, b라 하자. 두 수 a, b에 대하여 ab가 짝수일 때, a와 b가 모두 짝수일 확률은?

① $\dfrac{1}{5}$ ② $\dfrac{1}{4}$ ③ $\dfrac{1}{3}$

④ $\dfrac{1}{2}$ ⑤ $\dfrac{2}{3}$

08

2020학년도 모의평가

1부터 7까지의 자연수 중에서 임의로 서로 다른 3개의 수를 선택한다. 선택된 3개의 수의 곱을 a, 선택되지 않은 4개의 수의 곱을 b라 할 때, a와 b가 모두 짝수일 확률은?

① $\dfrac{4}{7}$ ② $\dfrac{9}{14}$ ③ $\dfrac{5}{7}$

④ $\dfrac{11}{14}$ ⑤ $\dfrac{6}{7}$

09

세 학생 A, B, C를 포함한 7명의 학생이 원 모양의 탁자에 일정한 간격을 두고 임의로 모두 둘러앉을 때, A가 B 또는 C와 이웃하게 될 확률은?

① $\dfrac{1}{2}$ ② $\dfrac{3}{5}$ ③ $\dfrac{7}{10}$

④ $\dfrac{4}{5}$ ⑤ $\dfrac{9}{10}$

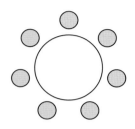

10

숫자 1, 2, 3, 4, 5 중에서 서로 다른 4개를 택해 일렬로 나열하여 만들 수 있는 모든 네 자리의 자연수 중에서 임의로 하나의 수를 택할 때, 택한 수가 5의 배수 또는 3500 이상일 확률은?

① $\dfrac{9}{20}$ ② $\dfrac{1}{2}$ ③ $\dfrac{11}{20}$

④ $\dfrac{3}{5}$ ⑤ $\dfrac{13}{20}$

11

1부터 10까지의 자연수 중에서 임의로 서로 다른 3개의 수를 선택한다. 선택된 세 개의 수의 곱이 5의 배수이고 합은 3의 배수일 확률은?

① $\dfrac{3}{20}$ ② $\dfrac{1}{6}$ ③ $\dfrac{11}{60}$

④ $\dfrac{1}{5}$ ⑤ $\dfrac{13}{60}$

12

어느 지구대에서는 학생들의 안전한 통학을 위한 귀가도우미 프로그램에 참여하기로 하였다. 이 지구대의 경찰관은 모두 9명이고, 각 경찰관은 두 개의 근무조 A, B 중 한 조에 속해 있다. 이 지구대의 근무조 A는 5명, 근무조 B는 4명의 경찰관으로 구성되어 있다. 이 지구대의 경찰관 9명 중에서 임의로 3명을 동시에 귀가도우미로 선택할 때, 근무조 A와 근무조 B에서 적어도 1명씩 선택될 확률은?

① $\dfrac{1}{2}$ ② $\dfrac{7}{12}$ ③ $\dfrac{2}{3}$

④ $\dfrac{3}{4}$ ⑤ $\dfrac{5}{6}$

13

그림과 같이 1, 2, 3, 4의 숫자가 하나씩 적혀 있는 카드가 각각 3장씩 12장이 있다. 이 12장의 카드 중에서 임의로 3장의 카드를 선택할 때, 선택한 카드 중에 같은 숫자가 적혀 있는 카드가 2장 이상일 확률은?

$$\boxed{1}\boxed{1}\boxed{1}\boxed{2}\boxed{2}\boxed{2}\boxed{3}\boxed{3}\boxed{3}\boxed{4}\boxed{4}\boxed{4}$$

① $\dfrac{12}{55}$ ② $\dfrac{16}{55}$ ③ $\dfrac{4}{11}$ ④ $\dfrac{24}{55}$ ⑤ $\dfrac{28}{55}$

14

주사위를 1개 던져서 나오는 눈의 수가 6의 약수이면 동전을 3개 동시에 던지고, 6의 약수가 아니면 동전을 2개 동시에 던진다. 1개의 주사위를 1번 던진 후 그 결과에 따라 동전을 던질 때, 앞면이 나오는 동전의 개수가 1일 확률은?

① $\dfrac{1}{3}$ ② $\dfrac{3}{8}$ ③ $\dfrac{5}{12}$

④ $\dfrac{11}{24}$ ⑤ $\dfrac{1}{2}$

15
2017학년도 수능

두 주머니 A와 B에는 숫자 1, 2, 3, 4가 하나씩 적혀 있는 4장의 카드가 각각 들어 있다. 갑은 주머니 A에서, 을은 주머니 B에서 각자 임의로 두 장의 카드를 꺼내어 가진다. 갑이 가진 두 장의 카드에 적힌 수의 합과 을이 가진 두 장의 카드에 적힌 수의 합이 같을 확률은 $\frac{q}{p}$이다. $p+q$의 값을 구하시오.

(단, p, q는 서로소인 자연수이다.)

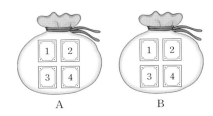

16
2024학년도 모의평가

두 집합 $X=\{1, 2, 3, 4\}$, $Y=\{1, 2, 3, 4, 5, 6, 7\}$에 대하여 X에서 Y로의 모든 일대일함수 f 중에서 임의로 하나를 선택할 때, 이 함수가 다음 조건을 만족시킬 확률은?

> (가) $f(2)=2$
> (나) $f(1) \times f(2) \times f(3) \times f(4)$는 4의 배수이다.

① $\frac{1}{14}$　　　② $\frac{3}{35}$　　　③ $\frac{1}{10}$

④ $\frac{4}{35}$　　　⑤ $\frac{9}{70}$

17
2025학년도 모의평가

집합 $X=\{1, 2, 3, 4\}$에 대하여 $f : X \longrightarrow X$인 모든 함수 f 중에서 임의로 하나를 선택하는 시행을 한다. 이 시행에서 선택한 함수 f가 다음 조건을 만족시킬 때, $f(4)$가 짝수일 확률은?

> $a \in X$, $b \in X$에 대하여
> a가 b의 약수이면 $f(a)$는 $f(b)$의 약수이다.

① $\frac{9}{19}$　　　② $\frac{8}{15}$　　　③ $\frac{3}{5}$

④ $\frac{27}{40}$　　　⑤ $\frac{19}{25}$

18
2019학년도 모의평가

한 개의 주사위를 세 번 던질 때 나오는 눈의 수를 차례로 a, b, c라 하자. 세 수 a, b, c가 $a<b-2 \leq c$를 만족시킬 확률은?

① $\frac{2}{27}$　　　② $\frac{1}{12}$　　　③ $\frac{5}{54}$

④ $\frac{11}{108}$　　　⑤ $\frac{1}{9}$

19
2020학년도 수능

한 개의 동전을 7번 던질 때, 다음 조건을 만족시킬 확률은?

> (가) 앞면이 3번 이상 나온다.
> (나) 앞면이 연속해서 나오는 경우가 있다.

① $\frac{11}{16}$　　　② $\frac{23}{32}$　　　③ $\frac{3}{4}$

④ $\frac{25}{32}$　　　⑤ $\frac{13}{16}$

20
2021학년도 모의평가

집합 $X=\{1, 2, 3, 4\}$의 공집합이 아닌 모든 부분집합 15개 중에서 임의로 서로 다른 세 부분집합을 뽑아 임의로 일렬로 나열하고, 나열된 순서대로 A, B, C라 할 때, $A \subset B \subset C$일 확률은?

① $\frac{1}{91}$　　　② $\frac{2}{91}$　　　③ $\frac{3}{91}$

④ $\frac{4}{91}$　　　⑤ $\frac{5}{91}$

21
2019학년도 모의평가

방정식 $a+b+c=9$를 만족시키는 음이 아닌 정수 a, b, c의 모든 순서쌍 (a, b, c) 중에서 임의로 한 개를 선택할 때, 선택한 순서쌍 (a, b, c)가

$$a<2 \text{ 또는 } b<2$$

를 만족시킬 확률은 $\frac{q}{p}$이다. $p+q$의 값을 구하시오.

(단, p와 q는 서로소인 자연수이다.)

22

2025학년도 수능

탁자 위에 5개의 동전이 일렬로 놓여 있다. 이 5개의 동전 중 1번째 자리와 2번째 자리의 동전은 앞면이 보이도록 놓여 있고, 나머지 자리의 3개의 동전은 뒷면이 보이도록 놓여 있다. 이 5개의 동전과 한 개의 주사위를 사용하여 다음 시행을 한다.

> 주사위를 한 번 던져 나온 눈의 수가 k일 때,
> $k \le 5$이면 k번째 자리의 동전을 한 번 뒤집어 제자리에 놓고,
> $k = 6$이면 모든 동전을 한 번씩 뒤집어 제자리에 놓는다.

위의 시행을 3번 반복한 후 이 5개의 동전이 모두 앞면이 보이도록 놓여 있을 확률은 $\dfrac{q}{p}$이다. $p+q$의 값을 구하시오.

(단, p와 q는 서로소인 자연수이다.)

앞면	앞면	뒷면	뒷면	뒷면
1번째 자리	2번째 자리	3번째 자리	4번째 자리	5번째 자리

23

2020학년도 모의평가

숫자 1, 1, 2, 2, 3, 3이 하나씩 적혀 있는 6개의 공이 들어 있는 주머니가 있다. 이 주머니에서 한 개의 공을 임의로 꺼내어 공에 적힌 수를 확인한 후 다시 넣지 않는다. 이와 같은 시행을 6번 반복할 때, k $(1 \le k \le 6)$번째 꺼낸 공에 적힌 수를 a_k라 하자. 두 자연수 m, n을

$$m = a_1 \times 100 + a_2 \times 10 + a_3,$$
$$n = a_4 \times 100 + a_5 \times 10 + a_6$$

이라 할 때, $m > n$일 확률은 $\dfrac{q}{p}$이다. $p+q$의 값을 구하시오.

(단, p와 q는 서로소인 자연수이다.)

예상문제 도전하기

24

한 개의 주사위를 두 번 던질 때, 나오는 눈의 수를 차례로 a, b라 하자. 이차함수 $y = x^2 + ax + b$의 그래프가 x축과 만날 확률은?

① $\dfrac{11}{36}$ ② $\dfrac{13}{36}$ ③ $\dfrac{5}{12}$

④ $\dfrac{17}{36}$ ⑤ $\dfrac{19}{36}$

25

주머니에 1부터 5까지 숫자가 각각 적혀 있는 5개의 공이 들어 있다. 공을 한 개 뽑아 적혀 있는 숫자가 홀수이면 주머니에 다시 넣고 짝수이면 넣지 않는 과정을 반복한다. 3회 시행 후 처음으로 주머니에 홀수만 남아 있을 확률은?

① $\dfrac{27}{200}$ ② $\dfrac{29}{200}$ ③ $\dfrac{31}{200}$

④ $\dfrac{33}{200}$ ⑤ $\dfrac{37}{200}$

26

각 면에 다음과 같이 6개의 수가 각각 적혀 있는 주사위 A, B, C가 있다.

> A : 1, 1, 2, 2, 2, 2
> B : 1, 1, 1, 3, 3, 5
> C : 1, 2, 3, 4, 5, 6

주사위 A를 던져서 나온 수가 1이면 주사위 B를, 나온 수가 2이면 주사위 C를 던지는 시행을 한다. 첫 번째 시행에서 3이 나오고, 두 번째 시행에서 5가 나올 확률은?

① $\dfrac{1}{64}$ ② $\dfrac{1}{54}$ ③ $\dfrac{1}{36}$

④ $\dfrac{1}{27}$ ⑤ $\dfrac{1}{18}$

정답 및 풀이 30쪽

27

1부터 9까지의 자연수가 하나씩 적혀 있는 9개의 공이 주머니에 들어 있다. 이 주머니에서 임의로 4개의 공을 동시에 꺼낼 때, 꺼낸 공에 적혀 있는 수 중에서 가장 큰 수와 가장 작은 수의 합이 7 또는 8일 확률은 $\dfrac{q}{p}$이다. $p+q$의 값을 구하시오.

(단, p와 q는 서로소인 자연수이다.)

29

다음 조건을 만족시키는 좌표평면 위의 점 (a, b) 중에서 임의로 서로 다른 세 점을 선택하여 삼각형을 만들 때, 삼각형의 넓이가 정수일 확률은?

(가) a, b는 자연수이다.
(나) $1 \le a \le 6$, $1 \le b \le 2$

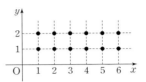

① $\dfrac{1}{10}$　　② $\dfrac{1}{5}$　　③ $\dfrac{3}{10}$

④ $\dfrac{2}{5}$　　⑤ $\dfrac{1}{2}$

28

주머니 A에는 흰 공 2개와 검은 공 3개가 들어 있고, 주머니 B에는 흰 공 3개와 검은 공 4개가 들어 있다. 주머니 A에서 임의로 1개의 공을 꺼내어 흰 공이면 주머니 B에서 2개의 공을 뽑고, 검은 공이면 주머니 B에서 3개의 공을 뽑는다고 할 때, 주머니 B에서 꺼낸 공이 모두 검은 공일 확률은?

① $\dfrac{24}{175}$　　② $\dfrac{26}{175}$　　③ $\dfrac{4}{25}$

④ $\dfrac{6}{35}$　　⑤ $\dfrac{32}{175}$

30

그림은 P지점에서 구슬을 굴릴 때, 구슬이 지나가는 관과 도착 지점 $P_i (i=1, 2, 3, 4)$를 나타낸 것이다. 1개의 구슬을 굴릴 때, P_1 또는 P_3에 도착할 확률은? (단, 관이 두 갈래로 나누어지는 지점에서 구슬이 양쪽 방향으로 지나갈 확률은 서로 같다.)

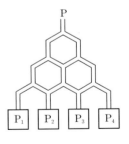

① $\dfrac{1}{8}$　　② $\dfrac{1}{4}$　　③ $\dfrac{3}{8}$

④ $\dfrac{1}{2}$　　⑤ $\dfrac{5}{8}$

유형 08 조건부확률

2, 3등급 유형

🔆 출제가능성 ★★★★☆

출제경향 🔘 이 렇 게 출 제 되 었 다

조건부확률 문제는 학생들은 어렵다하고 선생님들은 쉽다고 말하는 대표적인 유형이다. 이 유형은 풀이 방법이 고정되어 있어서 지문은 길지만 핵심 내용을 파악하고 경우의 수를 구하는 것이 핵심이다. 문제 소재는 다양하지만 풀이 패턴이 정해져 있으므로 반복 연습으로 충분히 해결할 수 있는 유형이다. 이 유형은 자신감을 갖는 것이 중요하다.

난이도 – 4점짜리

출제핵심 ➡ 이 것 만 은 꼬 ~ 옥

$$P(B|A) = \frac{P(A \cap B)}{P(A)} \ (단, P(A) \neq 0)$$

개념 확인

① 조건부확률

확률이 0이 아닌 두 사건 A, B에 대하여 사건 A가 일어났다고 가정할 때, 사건 B가 일어날 확률을 사건 A가 일어났을 때의 사건 B의 조건부확률이라 하고, 기호로 $P(B|A)$와 같이 나타낸다.

$$P(B|A) = \frac{P(A \cap B)}{P(A)} \ (단, P(A) \neq 0)$$

[참고]

(1) 두 사건 A, B에 대하여 두 사건이 동시에 일어날 확률은

$$P(A \cap B) = P(A)P(B|A)$$
$$= P(B)P(A|B)$$
$$(단, P(A) > 0, P(B) > 0)$$

(2) 사건 E가 일어났다는 조건 하에 사건 A가 일어날 확률은

$$P(A|E) = \frac{P(A \cap E)}{P(E)}$$
$$= \frac{P(A \cap E)}{P(A \cap E) + P(A^c \cap E)}$$

[참고]

실생활 관련 문제에서 조건부확률을 구하는 방법은 다음과 같다.
① 문제 속에서 두 사건 A, B를 찾아 정한다.
② 주어진 조건에서 $n(A)$, $n(B)$, $n(A \cap B)$ 등을 구한다.
③ 벤다이어그램이나 표에 ②의 값을 대입한다.
④ 조건부확률 $P(B|A)$ 또는 $P(A|B)$를 구한다.

기본문제 다지기

01

주사위를 한 번 던질 때, 3의 배수의 눈이 나오는 사건을 A, 홀수의 눈이 나오는 사건을 B라 한다. 이때, $P(A|B)$의 값은?

① $\dfrac{1}{6}$ ② $\dfrac{1}{3}$ ③ $\dfrac{1}{2}$

④ $\dfrac{2}{3}$ ⑤ $\dfrac{3}{4}$

02

주사위를 한 번 던져서 나온 눈의 수가 짝수일 사건을 A, 6의 약수일 사건을 B라 하면 나온 눈의 수가 6의 약수일 때, 그 수가 짝수일 확률은?

① $\dfrac{1}{4}$ ② $\dfrac{1}{3}$ ③ $\dfrac{1}{2}$

④ $\dfrac{2}{3}$ ⑤ 1

03

어느 학교에서 수학 여행지를 결정하기 위해 A반 25명, B반 22명의 학생을 대상으로 제주도, 경주 중 반드시 한 곳만을 선택하도록 하는 설문조사를 실시하였다. 그 결과 A반에서는 제주도를 10명, 경주를 15명, B반에서는 제주도를 12명, 경주를 10명이 선택하였다. A, B 두 학급 학생들 중에서 임의로 뽑힌 한 명의 학생이 경주를 선택한 학생일 때, 이 학생이 B반 학생일 확률은?

① $\dfrac{2}{5}$ ② $\dfrac{3}{5}$ ③ $\dfrac{5}{7}$

④ $\dfrac{4}{5}$ ⑤ $\dfrac{6}{7}$

04

아샘고등학교의 학생들은 점심 식사를 하기 위하여 학생증과 휴대 전화 중 하나의 인증도구를 이용하여 컴퓨터에 연결된 인증 시스템을 거쳐야 한다. 어느 날 점심 식사를 마친 학생 1200명에 대한 인증도구별 인원 현황은 다음과 같다.

(단위: 명)

학년 \ 인증도구	학생증	휴대 전화
1학년	386	14
2학년	358	42
3학년	316	84

점심 식사를 마친 1200명의 학생 중에서 임의로 택한 1명이 휴대 전화로 인증을 받아 점심 식사를 한 학생일 때, 이 학생이 3학년일 확률은?

① $\dfrac{1}{10}$ ② $\dfrac{3}{10}$ ③ $\dfrac{2}{5}$

④ $\dfrac{3}{5}$ ⑤ $\dfrac{7}{10}$

05

다음은 남학생 20명, 여학생 15명으로 이루어진 어느 학급에서 A자격증이 있는지, 없는지를 조사한 후 그 결과를 표로 나타낸 것이다.

(단위: 명)

학생 \ A자격증	있다	없다	합계
남학생	5	15	20
여학생	8	7	15
합계	13	22	35

이 학급 학생 중에서 임의로 뽑은 한 명이 남학생일 때, 이 학생에게 A자격증이 있을 확률은?

① $\dfrac{1}{7}$ ② $\dfrac{1}{4}$ ③ $\dfrac{13}{35}$

④ $\dfrac{5}{13}$ ⑤ $\dfrac{22}{35}$

기출문제 맛보기

06
2017학년도 수능

어느 학교의 전체 학생은 360명이고, 각 학생은 체험 학습 A, 체험 학습 B 중 하나를 선택하였다. 이 학교의 학생 중 체험 학습 A를 선택한 학생은 남학생 90명과 여학생 70명이다. 이 학교의 학생 중 임의로 뽑은 1명의 학생이 체험 학습 B를 선택한 학생일 때, 이 학생이 남학생일 확률은 $\frac{2}{5}$이다. 이 학교의 여학생의 수는?

① 180   ② 185   ③ 190

④ 195   ⑤ 200

07
2019학년도 모의평가

여학생이 40명이고 남학생이 60명인 어느 학교 전체 학생을 대상으로 축구와 야구에 대한 선호도를 조사하였다. 이 학교 학생의 70 %가 축구를 선택하였으며, 나머지 30 %는 야구를 선택하였다. 이 학교의 학생 중 임의로 뽑은 1명이 축구를 선택한 남학생일 확률은 $\frac{2}{5}$이다. 이 학교의 학생 중 임의로 뽑은 1명이 야구를 선택한 학생일 때, 이 학생이 여학생일 확률은? (단, 조사에서 모든 학생들은 축구와 야구 중 한 가지만 선택하였다.)

① $\frac{1}{4}$ ② $\frac{1}{3}$ ③ $\frac{5}{12}$

④ $\frac{1}{2}$ ⑤ $\frac{7}{12}$

08
2018학년도 수능

한 개의 주사위를 두 번 던진다. 6의 눈이 한 번도 나오지 않을 때, 나온 두 눈의 수의 합이 4의 배수일 확률은?

① $\frac{4}{25}$ ② $\frac{1}{5}$ ③ $\frac{6}{25}$ ④ $\frac{7}{25}$ ⑤ $\frac{8}{25}$

09
2024학년도 모의평가

한 개의 주사위를 두 번 던질 때 나오는 눈의 수를 차례로 a, b라 하자. $a \times b$가 4의 배수일 때, $a+b \leq 7$일 확률은?

① $\frac{2}{5}$ ② $\frac{7}{15}$ ③ $\frac{8}{15}$

④ $\frac{3}{5}$ ⑤ $\frac{2}{3}$

10
2022학년도 모의평가

주머니 A에는 흰 공 2개, 검은 공 4개가 들어 있고, 주머니 B에는 흰 공 3개, 검은 공 3개가 들어 있다. 두 주머니 A, B와 한 개의 주사위를 사용하여 다음 시행을 한다.

> 주사위를 한 번 던져 나온 눈의 수가 5 이상이면
> 주머니 A에서 임의로 2개의 공을 동시에 꺼내고,
> 나온 눈의 수가 4 이하이면
> 주머니 B에서 임의로 2개의 공을 동시에 꺼낸다.

이 시행을 한 번 하여 주머니에서 꺼낸 2개의 공이 모두 흰색일 때, 나온 눈의 수가 5 이상일 확률은?

① $\frac{1}{7}$ ② $\frac{3}{14}$ ③ $\frac{2}{7}$ ④ $\frac{5}{14}$ ⑤ $\frac{3}{7}$

A   B

11
2021학년도 모의평가

주머니에 숫자 1, 2, 3, 4가 하나씩 적혀 있는 흰 공 4개와 숫자 3, 4, 5, 6이 하나씩 적혀 있는 검은 공 4개가 들어 있다. 이 주머니에서 임의로 4개의 공을 동시에 꺼내는 시행을 한다. 이 시행에서 꺼낸 공에 적혀 있는 수가 같은 것이 있을 때, 꺼낸 공 중 검은 공이 2개일 확률은?

① $\frac{13}{29}$ ② $\frac{15}{29}$ ③ $\frac{17}{29}$

④ $\frac{19}{29}$ ⑤ $\frac{21}{29}$

12
2023학년도 수능

앞면에는 1부터 6까지의 자연수가 하나씩 적혀 있고 뒷면에는 모두 0이 하나씩 적혀 있는 6장의 카드가 있다. 이 6장의 카드가 그림과 같이 6 이하의 자연수 k에 대하여 k번째 자리에 자연수 k가 보이도록 놓여 있다.

이 6장의 카드와 한 개의 주사위를 사용하여 다음 시행을 한다.

> 주사위를 한 번 던져 나온 눈의 수가 k이면 k번째 자리에 놓여 있는 카드를 한 번 뒤집어 제자리에 놓는다.

위의 시행을 3번 반복한 후 6장의 카드에 보이는 모든 수의 합이 짝수일 때, 주사위의 1의 눈이 한 번만 나왔을 확률은 $\dfrac{q}{p}$이다. $p+q$의 값을 구하시오. (단, p와 q는 서로소인 자연수이다.)

13
2022학년도 수능

흰 공과 검은 공이 각각 10개 이상 들어 있는 바구니와 비어 있는 주머니가 있다. 한 개의 주사위를 사용하여 다음 시행을 한다.

> 주사위를 한 번 던져 나온 눈의 수가 5 이상이면
> 바구니에 있는 흰 공 2개를 주머니에 넣고,
> 나온 눈의 수가 4 이하이면
> 바구니에 있는 검은 공 1개를 주머니에 넣는다.

위의 시행을 5번 반복할 때, n ($1 \le n \le 5$)번째 시행 후 주머니에 들어 있는 흰 공과 검은 공의 개수를 각각 a_n, b_n이라 하자. $a_5 + b_5 \ge 7$일 때, $a_k = b_k$인 자연수 k ($1 \le k \le 5$)가 존재할 확률은 $\dfrac{q}{p}$이다. $p+q$의 값을 구하시오. (단, p와 q는 서로소인 자연수이다.)

14
2018학년도 모의평가

그림과 같이 주머니 A에는 1부터 6까지의 자연수가 하나씩 적힌 6장의 카드가 들어 있고 주머니 B와 C에는 1부터 3까지의 자연수가 하나씩 적힌 3장의 카드가 각각 들어 있다. 갑은 주머니 A에서, 을은 주머니 B에서, 병은 주머니 C에서 각자 임의로 1장의 카드를 꺼낸다. 이 시행에서 갑이 꺼낸 카드에 적힌 수가 을이 꺼낸 카드에 적힌 수보다 클 때, 갑이 꺼낸 카드에 적힌 수가 을과 병이 꺼낸 카드에 적힌 수의 합보다 클 확률이 k이다. $100k$의 값을 구하시오.

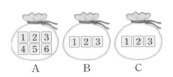

15
2018학년도 모의평가

흰 공 3개, 검은 공 4개가 들어 있는 주머니가 있다. 이 주머니에서 임의로 3개의 공을 동시에 꺼내어, 꺼낸 흰 공과 검은 공의 개수를 각각 m, n이라 하자.
이 시행에서 $2m \ge n$일 때, 꺼낸 흰 공의 개수가 2일 확률은 $\dfrac{q}{p}$이다. $p+q$의 값을 구하시오.

(단, p와 q는 서로소인 자연수이다.)

16
2023학년도 모의평가

주머니에 1부터 12까지의 자연수가 각각 하나씩 적혀 있는 12개의 공이 들어 있다. 이 주머니에서 임의로 3개의 공을 동시에 꺼내어 공에 적혀 있는 수를 작은 수부터 크기 순서대로 a, b, c라 하자. $b-a \ge 5$일 때, $c-a \ge 10$일 확률은 $\dfrac{q}{p}$이다. $p+q$의 값을 구하시오. (단, p와 q는 서로소인 자연수이다.)

17

탁자 위에 놓인 4개의 동전에 대하여 다음 시행을 한다.

> 4개의 동전 중 임의로 한 개의 동전을 택하여 한 번 뒤집는다.

처음에 3개의 동전은 앞면이 보이도록, 1개의 동전은 뒷면이 보이도록 놓여 있다. 위의 시행을 5번 반복한 후 4개의 동전이 모두 같은 면이 보이도록 놓여 있을 때, 모두 앞면이 보이도록 놓여 있을 확률은?

① $\dfrac{17}{32}$ ② $\dfrac{35}{64}$ ③ $\dfrac{9}{16}$

④ $\dfrac{37}{64}$ ⑤ $\dfrac{19}{32}$

앞면   앞면   앞면   뒷면

18

하나의 주머니와 두 상자 A, B가 있다. 주머니에는 숫자 1, 2, 3, 4가 하나씩 적힌 4장의 카드가 들어 있고, 상자 A에는 흰 공과 검은 공이 각각 8개 이상 들어 있고, 상자 B는 비어 있다. 이 주머니와 두 상자 A, B를 사용하여 다음 시행을 한다.

> 주머니에서 임의로 한 장의 카드를 꺼내어
> 카드에 적힌 수를 확인한 후 다시 주머니에 넣는다.
> 확인한 수가 1이면
> 상자 A에 있는 흰 공 1개를 상자 B에 넣고,
> 확인한 수가 2 또는 3이면
> 상자 A에 있는 흰 공 1개와 검은 공 1개를 상자 B에 넣고,
> 확인한 수가 4이면
> 상자 A에 있는 흰 공 2개와 검은 공 1개를 상자 B에 넣는다.

이 시행을 4번 반복한 후 상자 B에 들어 있는 공의 개수가 8일 때, 상자 B에 들어 있는 검은 공의 개수가 2일 확률은?

① $\dfrac{3}{70}$ ② $\dfrac{2}{35}$ ③ $\dfrac{1}{14}$

④ $\dfrac{3}{35}$ ⑤ $\dfrac{1}{10}$

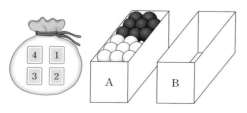

예상문제 도전하기

19

어느 회사의 경품 행사에는 핸드폰 또는 컴퓨터를 이용해서 응모할 수 있다. 응모한 600명의 남성과 여성의 수는 다음과 같다.

(단위: 명)

구분	남성	여성
핸드폰	160	120
컴퓨터	180	140

이 행사에 참가한 사람 중에서 임의로 선택한 1명이 여성일 때, 이 사람이 컴퓨터를 이용하여 응모했을 확률은?

① $\dfrac{3}{13}$ ② $\dfrac{5}{13}$ ③ $\dfrac{7}{13}$

④ $\dfrac{9}{13}$ ⑤ $\dfrac{11}{13}$

20

어느 전자 회사는 전자 제품 총 생산량의 40 %를 해외에 수출하고 있는데, 해외로 수출하는 휴대폰이 전자 제품 총 생산량의 12 %라 한다. 이 회사에서 생산하는 전자 제품 중에서 임의로 하나를 택하였더니 수출하는 제품이었을 때, 이 제품이 휴대폰일 확률은?

① 0.12   ② 0.28   ③ 0.3

④ 0.36   ⑤ 0.4

21

어느 고등학교의 3학년 전체 학생에 대한 남학생의 비율은 48 %이다. 이 학교 3학년 전체 학생을 대상으로 우유 급식 신청 여부를 조사한 결과 급식을 신청한 남학생은 3학년 전체 학생의 30 %이었다. 이 학교 3학년 전체 학생 중에서 임의로 한 학생을 뽑았더니 남학생이었을 때, 이 학생이 우유 급식을 신청했을 확률은?

① $\dfrac{1}{16}$　　　② $\dfrac{1}{8}$　　　③ $\dfrac{3}{16}$

④ $\dfrac{3}{8}$　　　⑤ $\dfrac{5}{8}$

22

어느 제약 회사가 개발한 약품 A의 섭취량에 따른 반응을 알아보기 위해 150명을 조사하여 다음과 같은 결과를 얻었다.

(단위: 명)

	양성	음성	합계
1g을 섭취한 사람	11	14	25
5g을 섭취한 사람	12	113	125
합계	23	127	150

조사 대상 150명 중에서 임의로 선택된 사람이 1 g을 섭취한 사람일 때 이 사람이 양성 반응일 확률을 p_1, 5 g을 섭취한 사람일 때 이 사람이 양성 반응일 확률을 p_2라 하자. $\dfrac{p_1}{p_2}$의 값은?

① $\dfrac{11}{3}$　　　② $\dfrac{25}{6}$　　　③ $\dfrac{55}{12}$

④ $\dfrac{21}{4}$　　　⑤ $\dfrac{35}{6}$

23

A역에서 출발하여 다른 역을 거치지 않고 B역만을 거쳐 C역으로 가는 기차가 있다. A역에서 비어 있는 기차에 남자 135명, 여자 90명의 승객이 승차하였다. B역에서는 남자 27명, 여자 18명의 승객이 하차하고 남자 90명, 여자 90명의 승객이 승차하여 C역으로 이동하였다. B역에서 C역으로 가는 도중에 임의로 선택된 한 승객이 여자였을 때, 이 승객이 A역에서 승차한 승객일 확률은? (단, 하차한 승객이 하차한 역에서 다시 승차하는 경우는 없다.)

① $\dfrac{1}{9}$　　　② $\dfrac{2}{9}$　　　③ $\dfrac{1}{3}$

④ $\dfrac{4}{9}$　　　⑤ $\dfrac{5}{9}$

24

상자 A에는 검은 공 2개와 흰 공 2개, 상자 B에는 검은 공 1개와 흰 공 2개가 들어 있다. 두 상자 A, B 중에서 임의로 선택한 하나의 상자에서 공을 1개 꺼냈더니 검은 공이 나왔을 때, 그 상자에 남은 공이 모두 흰 공일 확률은?

(단, 모든 공의 크기와 모양은 같다.)

① $\dfrac{3}{10}$　　　② $\dfrac{2}{5}$　　　③ $\dfrac{1}{2}$

④ $\dfrac{3}{5}$　　　⑤ $\dfrac{7}{10}$

25

1, 2, 3, 4, 5, 6의 숫자가 하나씩 적혀 있는 6개의 주머니에 각각 6개의 공이 들어 있다. 각 주머니에 들어 있는 흰 공의 개수는 주머니에 적혀 있는 숫자와 같다. 6개의 주머니 중에서 임의로 하나를 택하여 한 개의 공을 꺼냈더니 흰 공이 나왔을 때, 이 공이 짝수가 적혀 있는 주머니에서 나왔을 확률은? (단, 주머니 안에 들어 있는 공의 색깔은 흰 색이거나 검은 색이다.)

① $\dfrac{5}{14}$　　　② $\dfrac{3}{7}$　　　③ $\dfrac{1}{2}$

④ $\dfrac{4}{7}$　　　⑤ $\dfrac{9}{14}$

26

어느 고등학교의 1학년 남학생 600명과 여학생 400명에게 2학년으로 진학할 때 인문사회계열과 자연이공계열 중에서 하나만 선택하도록 하였더니 남학생의 55 %와 여학생의 65 %가 인문사회계열을 선택하였다. 이 1000명의 학생 중에서 임의로 한 명을 뽑았더니 인문사회계열을 선택한 학생이었을 때, 이 학생이 여학생일 확률은?

① $\dfrac{20}{59}$　　　② $\dfrac{22}{59}$　　　③ $\dfrac{24}{59}$

④ $\dfrac{26}{59}$　　　⑤ $\dfrac{28}{59}$

유형 09 독립시행의 확률

2, 3등급 유형

출제가능성 ★★☆☆☆

출제경향 ○ 이 렇 게 출 제 되 었 다

출제 빈도가 줄어드는 유형이다. 다양한 실제 상황이 지문으로 주어질 수 있는 이 유형은 문제의 내용이 독립시행인 것을 알아내는 것이 핵심이다. 한편, 풀이 과정에서 빼먹고 계산하는 경우 때문에 실수가 많은 유형이므로 조심하자. 특히, 최근 수능과 같이 간단한 이해력 문항이 출제될 수도 있다.
난이도 – 3, 4점짜리

출제핵심 ○ 이 것 만 은 꼬 ~ 옥

1. 매회의 시행에서 사건 A가 일어날 확률이 p로 일정할 때, 이 시행을 n회 반복하는 독립시행에서 사건 A가 r회 일어날 확률은

$${}_n\mathrm{C}_r p^r q^{n-r} \text{ (단, } r=0, 1, 2, \cdots, n, p+q=1)$$

2. 동전이나 주사위를 여러 번 던지는 문제는 독립시행의 확률 유형인 경우가 많다.

개념 확인

① 독립시행의 확률

(1) **독립시행**: 동일한 시행을 반복할 때, 각 시행에서 일어나는 사건이 서로 독립이면 이런 시행을 독립시행이라고 한다.

(2) **독립시행의 확률**

매회의 시행에서 사건 A가 일어날 확률이 p로 일정할 때, 이 시행을 n회 반복하는 독립시행에서 사건 A가 r회 일어날 확률은

$${}_n\mathrm{C}_r p^r q^{n-r} \text{ (단, } r=0, 1, 2, \cdots, n, p+q=1)$$

[참고]

독립시행의 문제는 '시행'과 '사건'을 찾으면 된다.

기본문제 다지기

01

한 개의 주사위를 3번 던질 때, 5의 눈이 2번 나올 확률은?

① $\dfrac{2}{36}$　　　　② $\dfrac{5}{72}$　　　　③ $\dfrac{7}{72}$

④ $\dfrac{5}{36}$　　　　⑤ $\dfrac{11}{72}$

02

축구 선수 이정복 군이 한 경기에 출전해서 골을 넣을 확률이 $\dfrac{3}{5}$ 일 때, 이정복 선수가 7경기에 출전하여 4경기에서 골을 넣을 확률은? (단, 한 경기당 출전 시간은 모두 같다.)

① $\dfrac{58 \times 3^4}{5^6}$　　　② $\dfrac{19 \times 3^5}{5^6}$　　　③ $\dfrac{56 \times 3^4}{5^6}$

④ $\dfrac{11 \times 3^4}{5^5}$　　　⑤ $\dfrac{2 \times 3^7}{5^6}$

03

한 개의 주사위를 8번 던질 때, 짝수의 눈이 7번 이상 나올 확률은?

① $\dfrac{5}{256}$　　　　② $\dfrac{7}{256}$　　　　③ $\dfrac{9}{256}$

④ $\dfrac{11}{256}$　　　　⑤ $\dfrac{13}{256}$

04

어느 시험에서 옳은 것에는 ○표, 옳지 않은 것에는 ×표를 하는 문제가 6문제 출제되었다. 임의로 ○표 또는 ×표를 할 때, 적어도 3문제를 맞힐 확률은?

① $\dfrac{17}{32}$　　　　② $\dfrac{9}{16}$　　　　③ $\dfrac{19}{32}$

④ $\dfrac{5}{8}$　　　　⑤ $\dfrac{21}{32}$

05

한 번의 시합에서 이길 확률이 각각 50 %인 두 팀 A, B가 7번의 시합에서 먼저 4번을 이기면 우승한다고 할 때, A팀이 6번째 시합에서 우승할 확률은? (단, 비기는 경우는 없다.)

① $_5C_3 \left(\dfrac{1}{2}\right)^6$　　② $_5C_3 \left(\dfrac{1}{2}\right)^5$　　③ $_5C_3 \left(\dfrac{1}{2}\right)^4$

④ $_6C_4 \left(\dfrac{1}{2}\right)^6$　　⑤ $_6C_4 \left(\dfrac{1}{2}\right)^5$

06

그림과 같은 도로망이 있다. 교차점에서는 한 개의 동전을 던져서 앞면이 나오면 북쪽으로 한 칸 가고, 뒷면이 나오면 동쪽으로 한 칸 간다. 점 O에서 출발할 때, 동전을 7번 던진 후 점 A에 도착할 확률은?

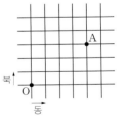

① $\dfrac{15}{128}$　　　　② $\dfrac{27}{128}$　　　　③ $\dfrac{35}{128}$

④ $\dfrac{39}{128}$　　　　⑤ $\dfrac{45}{128}$

기출문제 맛보기

07
2017학년도 수능

한 개의 주사위를 3번 던질 때, 4의 눈이 한 번만 나올 확률은?

① $\dfrac{25}{72}$　　② $\dfrac{13}{36}$　　③ $\dfrac{3}{8}$

④ $\dfrac{7}{18}$　　⑤ $\dfrac{29}{72}$

08
2016학년도 수능

한 개의 동전을 5번 던질 때, 앞면이 나오는 횟수와 뒷면이 나오는 횟수의 곱이 6일 확률은?

① $\dfrac{5}{8}$　　② $\dfrac{9}{16}$　　③ $\dfrac{1}{2}$

④ $\dfrac{7}{16}$　　⑤ $\dfrac{3}{8}$

09
2011학년도 모의평가

어느 인터넷 사이트에서 회원을 대상으로 행운권 추첨 행사를 하고 있다. 행운권이 당첨될 확률은 $\dfrac{1}{3}$이고, 당첨되는 경우에는 회원 점수가 5점, 당첨되지 않는 경우에는 1점 올라간다. 행운권 추첨에 4회 참여하여 회원 점수가 16점 올라갈 확률은? (단, 행운권을 추첨하는 시행은 서로 독립이다.)

① $\dfrac{8}{81}$　　② $\dfrac{10}{81}$　　③ $\dfrac{4}{27}$

④ $\dfrac{14}{81}$　　⑤ $\dfrac{16}{81}$

10
2018학년도 수능

한 개의 동전을 6번 던질 때, 앞면이 나오는 횟수가 뒷면이 나오는 횟수보다 클 확률은 $\dfrac{q}{p}$이다. $p+q$의 값을 구하시오.

(단, p와 q는 서로소인 자연수이다.)

11
2014학년도 모의평가

한 개의 주사위를 A는 4번 던지고 B는 3번 던질 때, 3의 배수의 눈이 나오는 횟수를 각각 a, b라 하자. $a+b$의 값이 6일 확률은?

① $\dfrac{10}{3^7}$　　② $\dfrac{11}{3^7}$　　③ $\dfrac{4}{3^6}$

④ $\dfrac{13}{3^7}$　　⑤ $\dfrac{14}{3^7}$

12
2020학년도 수능

한 개의 주사위를 5번 던질 때 홀수의 눈이 나오는 횟수를 a라 하고, 한 개의 동전을 4번 던질 때 앞면이 나오는 횟수를 b라 하자. $a-b$의 값이 3일 확률을 $\dfrac{q}{p}$라 할 때, $p+q$의 값을 구하시오. (단, p와 q는 서로소인 자연수이다.)

13

2017학년도 모의평가

각 면에 1, 2, 3, 4의 숫자가 하나씩 적혀 있는 정사면체 모양의 상자를 던져 밑면에 적힌 숫자를 읽기로 한다. 이 상자를 3번 던져 2가 나오는 횟수를 m, 2가 아닌 숫자가 나오는 횟수를 n이라 할 때, $i^{|m-n|}=-i$일 확률은? (단, $i=\sqrt{-1}$)

① $\dfrac{3}{8}$ ② $\dfrac{7}{16}$ ③ $\dfrac{1}{2}$

④ $\dfrac{9}{16}$ ⑤ $\dfrac{5}{8}$

14

2019학년도 모의평가

동전 A의 앞면과 뒷면에는 각각 1과 2가 적혀 있고 동전 B의 앞면과 뒷면에는 각각 3과 4가 적혀 있다. 동전 A를 세 번, 동전 B를 네 번 던져 나온 7개의 수의 합이 19 또는 20일 확률은?

① $\dfrac{7}{16}$ ② $\dfrac{15}{32}$ ③ $\dfrac{1}{2}$

④ $\dfrac{17}{32}$ ⑤ $\dfrac{9}{16}$

15

2013학년도 수능

흰 공 4개, 검은 공 3개가 들어 있는 주머니가 있다. 이 주머니에서 임의로 2개의 공을 동시에 꺼내어, 꺼낸 2개의 공의 색이 서로 다르면 1개의 동전을 3번 던지고, 꺼낸 2개의 공의 색이 서로 같으면 1개의 동전을 2번 던진다. 이 시행에서 동전의 앞면이 2번 나올 확률은?

① $\dfrac{9}{28}$ ② $\dfrac{19}{56}$ ③ $\dfrac{5}{14}$ ④ $\dfrac{3}{8}$ ⑤ $\dfrac{11}{28}$

16

2019학년도 수능

좌표평면의 원점에 점 A가 있다. 한 개의 동전을 사용하여 다음 시행을 한다.

> 동전을 한 번 던져
> 앞면이 나오면 점 A를 x축의 양의 방향으로 1만큼,
> 뒷면이 나오면 점 A를 y축의 양의 방향으로 1만큼
> 이동시킨다.

위의 시행을 반복하여 점 A의 x좌표 또는 y좌표가 처음으로 3이 되면 이 시행을 멈춘다. 점 A의 y좌표가 처음으로 3이 되었을 때, 점 A의 x좌표가 1일 확률은?

① $\dfrac{1}{4}$ ② $\dfrac{5}{16}$ ③ $\dfrac{3}{8}$ ④ $\dfrac{7}{16}$ ⑤ $\dfrac{1}{2}$

17

2023학년도 모의평가

수직선의 원점에 점 P가 있다. 한 개의 주사위를 사용하여 다음 시행을 한다.

> 주사위를 한 번 던져 나온 눈의 수가
> 6의 약수이면 점 P를 양의 방향으로 1만큼 이동시키고,
> 6의 약수가 아니면 점 P를 이동시키지 않는다.

이 시행을 4번 반복할 때, 4번째 시행 후 점 P의 좌표가 2 이상일 확률은?

① $\dfrac{13}{18}$ ② $\dfrac{7}{9}$ ③ $\dfrac{5}{6}$

④ $\dfrac{8}{9}$ ⑤ $\dfrac{17}{18}$

18

2021학년도 수능

숫자 3, 3, 4, 4, 4가 하나씩 적힌 5개의 공이 들어 있는 주머니가 있다. 이 주머니와 한 개의 주사위를 사용하여 다음 규칙에 따라 점수를 얻는 시행을 한다.

> 주머니에서 임의로 한 개의 공을 꺼내어 꺼낸 공에 적힌 수가 3이면 주사위를 3번 던져서 나오는 세 눈의 수의 합을 점수로 하고, 꺼낸 공에 적힌 수가 4이면 주사위를 4번 던져서 나오는 네 눈의 수의 합을 점수로 한다.

이 시행을 한 번 하여 얻은 점수가 10점일 확률은 $\dfrac{q}{p}$ 이다. $p+q$의 값을 구하시오. (단, p와 q는 서로소인 자연수이다.)

19

2018학년도 모의평가

서로 다른 2개의 주사위를 동시에 던져 나온 눈의 수가 같으면 한 개의 동전을 4번 던지고, 나온 눈의 수가 다르면 한 개의 동전을 2번 던진다. 이 시행에서 동전의 앞면이 나온 횟수와 뒷면이 나온 횟수가 같을 때, 동전을 4번 던졌을 확률은?

① $\dfrac{3}{23}$ 　　② $\dfrac{5}{23}$ 　　③ $\dfrac{7}{23}$

④ $\dfrac{9}{23}$ 　　⑤ $\dfrac{11}{23}$

20

2019학년도 모의평가

상자 A와 상자 B에 각각 6개의 공이 들어 있다. 동전 1개를 사용하여 다음 시행을 한다.

> 동전을 한 번 던져
> 앞면이 나오면 상자 A에서 공 1개를 꺼내어 상자 B에 넣고,
> 뒷면이 나오면 상자 B에서 공 1개를 꺼내어 상자 A에 넣는다.

위의 시행을 6번 반복할 때, 상자 B에 들어 있는 공의 개수가 6번째 시행 후 처음으로 8이 될 확률은?

① $\dfrac{1}{64}$ 　　② $\dfrac{3}{64}$ 　　③ $\dfrac{5}{64}$

④ $\dfrac{7}{64}$ 　　⑤ $\dfrac{9}{64}$

21

2024학년도 모의평가

앞면에는 문자 A, 뒷면에는 문자 B가 적힌 한 장의 카드가 있다. 이 카드와 한 개의 동전을 사용하여 다음 시행을 한다.

> 동전을 두 번 던져
> 앞면이 나온 횟수가 2이면 카드를 한 번 뒤집고,
> 앞면이 나온 횟수가 0 또는 1이면 카드를 그대로 둔다.

처음에 문자 A가 보이도록 카드가 놓여 있을 때, 이 시행을 5번 반복한 후 문자 B가 보이도록 카드가 놓일 확률은 p이다. $128 \times p$의 값을 구하시오.

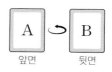

앞면 　　 뒷면

예상문제 도전하기

22

어느 농구 경기에서는 3점 라인 밖의 슛 동작에서 반칙을 당하면 세 번의 자유투가 주어지고, 한 번의 자유투를 성공할 때마다 1점씩을 준다. 자유투 성공률이 75 %인 선수가 3점 라인 밖의 슛 동작에서 반칙을 당하였을 때, 주어진 자유투에서 2점을 얻을 확률은 $\dfrac{q}{p}$이다. 이때, $p+q$의 값을 구하시오.

(단, p, q는 서로소인 자연수이다.)

23

아샘이는 3개의 예선 문제와 그 결과에 따라 1개의 찬스 문제가 주어지는 퀴즈대회에 참가하려고 한다. 찬스 문제는 예선 문제를 2개 맞히고 1개 틀린 경우에만 주어지고, 3개의 예선 문제를 모두 맞히거나 찬스 문제를 맞혀야 본선에 진출한다. 아샘이가 각각의 예선 문제를 맞힐 확률이 $\dfrac{1}{3}$이고, 찬스문제를 맞힐 확률이 $\dfrac{1}{4}$일 때, 본선에 진출할 확률은?

① $\dfrac{5}{54}$ 　　② $\dfrac{7}{54}$ 　　③ $\dfrac{1}{6}$

④ $\dfrac{11}{54}$ 　　⑤ $\dfrac{13}{54}$

24

서로 다른 두 개의 주사위를 던져서 나온 두 눈의 수의 곱이 홀수이면 3개의 동전을 던지고, 짝수이면 4개의 동전을 던진다. 이 시행에서 뒷면이 나온 동전이 2개일 확률은 $\dfrac{q}{p}$일 때, $p+q$의 값을 구하시오. (단, p, q는 서로소인 자연수이다.)

25

보석이와 주원이가 한 개의 주사위를 던져 1 또는 5의 눈이 나오면 보석이가 1점을 얻고, 1 또는 5 이외의 눈이 나오면 주원이가 1점을 얻는 주사위 게임을 하고 있다. 현재 보석이의 점수가 2점, 주원이의 점수가 3점이다. 먼저 5점을 얻은 사람이 이긴다고 할 때, 주원이가 이길 확률은?

① $\dfrac{4}{9}$　　　② $\dfrac{5}{9}$　　　③ $\dfrac{2}{3}$

④ $\dfrac{7}{9}$　　　⑤ $\dfrac{8}{9}$

26

빨간색 구슬 3개, 노란색 구슬 2개, 파란색 구슬 1개가 들어 있는 주머니에서 한 개의 구슬을 임의로 꺼내어 색을 확인한 후 다시 넣는다. 이때, 꺼낸 구슬의 색이 빨간색이면 1점, 노란색이면 2점, 파란색이면 3점의 점수를 얻는다. 이 시행을 3번 할 때, 얻은 점수의 합이 5점일 확률은?

① $\dfrac{1}{24}$　　　② $\dfrac{1}{8}$　　　③ $\dfrac{5}{24}$

④ $\dfrac{7}{24}$　　　⑤ $\dfrac{3}{8}$

27

1부터 9까지의 숫자가 하나씩 적혀 있는 9장의 카드가 들어 있는 주머니에서 임의로 1장의 카드를 꺼내어 적혀 있는 숫자를 확인하고 다시 넣는 시행을 할 때, 꺼낸 카드의 숫자가 9의 약수이면 10점을 얻고, 그 이외의 숫자가 나오면 5점을 감점한다고 한다. 이와 같은 시행을 5번 반복했을 때, 얻은 점수가 30점 이상이 될 확률은?

① $\dfrac{8}{3^5}$　　　② $\dfrac{10}{3^5}$　　　③ $\dfrac{11}{3^5}$

④ $\dfrac{13}{3^5}$　　　⑤ $\dfrac{14}{3^5}$

28

좌표평면의 원점에 점 P가 있다. 한 개의 동전을 1번 던질 때마다 다음 규칙에 따라 점 P를 이동시키는 시행을 한다.

> (가) 앞면이 나오면 x축의 양의 방향으로 1만큼 평행이동한다.
> (나) 뒷면이 나오면 y축의 양의 방향으로 1만큼 평행이동한다.

시행을 5번 한 후 점 P가 직선 $x-y=3$ 위에 있을 확률은?

① $\dfrac{1}{8}$　　　② $\dfrac{5}{32}$　　　③ $\dfrac{3}{16}$

④ $\dfrac{7}{32}$　　　⑤ $\dfrac{1}{4}$

29

좌표평면 위의 점 P가 다음 규칙에 따라 이동한다.

> (가) 원점에서 출발한다.
> (나) 동전을 1개 던져서 앞면이 나오면 x축의 양의 방향으로 1만큼 평행이동한다.
> (다) 동전을 1개 던져서 뒷면이 나오면 x축의 양의 방향으로 1만큼, y축의 양의 방향으로 1만큼 평행이동한다.

1개의 동전을 6번 던져서 점 P가 (a, b)로 이동하였다. $a+b$가 3의 배수가 될 확률이 $\dfrac{q}{p}$일 때, $p+q$의 값을 구하시오.

(단, p, q는 서로소인 자연수이다.)

유형
10 이산확률분포

3 등급 유형

💡 출제가능성 ★★★☆☆

출제경향 ● 이 렇 게 출 제 되 었 다

예전에는 주로 이산확률분포표를 제시해 주는 유형이 나왔지만, 앞으로는 학생들이 직접 확률변수 X의 값을 구하는 유형의 출제도 예상된다. 특히, $aX+b$ 꼴의 평균과 분산을 구하는 유형과 두 개의 확률변수의 관계를 이해하는 유형도 준비하자.
난이도 -3, 4점짜리

출제핵심 ● 이 것 만 은 꼬 ~ 옥

이산확률변수 X의 확률질량함수가 $P(X=x_i)=p_i$ $(i=1, 2, 3, \cdots, n)$에 대하여

(1) $p_1+p_2+p_3+\cdots+p_n=1$

(2) $E(X)=m=\sum_{i=1}^{n} x_i p_i$

(3) $V(X)=\sum_{i=1}^{n} (x_i-m)^2 p_i=E(X^2)-\{E(X)\}^2$

(4) $\sigma(X)=\sqrt{V(X)}$

개념 확인

① 이산확률변수

(1) 이산확률변수: 확률변수 X가 유한개의 값을 갖거나 자연수와 같이 셀 수 있을 때, X를 이산확률변수라고 한다.

(2) 확률질량함수: 이산확률변수 X가 가질 수 있는 모든 값 $x_1, x_2, x_3, \cdots, x_n$에 대하여 이 값을 가질 확률 $p_1, p_2, p_3, \cdots, p_n$을 대응시키는 함수
$$P(X=x_i)=p_i \ (i=1, 2, 3, \cdots, n)$$
를 이산확률변수 X의 확률질량함수라고 한다.

② 이산확률분포

이산확률변수 X에 대한 확률분포를 표로 나타내면 다음과 같을 때

X	x_1	x_2	x_3	$\cdots$	x_n	계
$P(X=x_i)$	p_1	p_2	p_3	$\cdots$	p_n	1

(1) $p_1+p_2+p_3+\cdots+p_n=1$

(2) $P(x_a \leq X \leq x_b)=\sum_{i=a}^{b} p_i$

(3) $E(X)=m=\sum_{i=1}^{n} x_i p_i$

(4) $V(X)=\sum_{i=1}^{n} (x_i-m)^2 p_i=E(X^2)-\{E(X)\}^2$

(5) $\sigma(X)=\sqrt{V(X)}$

③ 확률변수 $aX+b$의 평균, 분산, 표준편차

이산확률변수 X와 임의의 두 상수 a, $b(a \neq 0)$에 대하여

(1) $E(aX+b)=aE(X)+b$

(2) $V(aX+b)=a^2 V(X)$

(3) $\sigma(aX+b)=|a|\sigma(X)$

기본문제 다지기

01

확률변수 X의 확률분포를 표로 나타내면 다음과 같고 $\mathrm{E}(X)=\dfrac{7}{5}$일 때, $\dfrac{b}{a}$의 값은? (단, a, b는 상수이다.)

X	0	1	2	3	계
$\mathrm{P}(X=x)$	$\dfrac{1}{5}$	a	$\dfrac{3}{10}$	b	1

① $\dfrac{1}{7}$ ② $\dfrac{2}{7}$ ③ $\dfrac{3}{7}$

④ $\dfrac{4}{7}$ ⑤ $\dfrac{5}{7}$

02

다음 표와 같은 확률분포를 가진 확률변수 X에 대하여 $\mathrm{E}(X)+\sigma(X)$의 값은?

X	1	2	3	4	계
$\mathrm{P}(X=x)$	$\dfrac{1}{10}$	$\dfrac{2}{10}$	$\dfrac{3}{10}$	a	1

① 1   ② 2   ③ 3

④ 4   ⑤ 5

03

두 이산확률변수 X, Y의 확률분포를 표로 나타내면 다음과 같다.

X	1	2	4	계
$\mathrm{P}(X=x)$	a	b	$\dfrac{1}{4}$	1

Y	1	2	4	계
$\mathrm{P}(Y=y)$	a	$\dfrac{1}{4}$	b	1

$\mathrm{E}(X)=\dfrac{7}{3}$일 때, $\mathrm{V}(Y)$의 값은?

① $\dfrac{3}{2}$ ② $\dfrac{5}{2}$ ③ $\dfrac{7}{3}$

④ $\dfrac{11}{3}$ ⑤ $\dfrac{23}{6}$

04

이산확률변수 X의 확률질량함수가

$$\mathrm{P}(X=x)=\begin{cases}\dfrac{1}{5} & (x=1,\,3) \\[2mm] \dfrac{3}{5} & (x=2)\end{cases}$$

으로 주어질 때, 확률변수 X의 분산은?

① $\dfrac{1}{5}$ ② $\dfrac{2}{5}$ ③ $\dfrac{3}{5}$

④ $\dfrac{4}{5}$ ⑤ 1

05

이산확률변수 X에 대하여 $\mathrm{E}(X)=5$, $\mathrm{V}(X)=3$일 때, $\mathrm{E}(X^2)$의 값을 구하시오.

06

1이 적혀 있는 카드가 1장, 2가 적혀 있는 카드가 2장, 3이 적혀 있는 카드가 3장 있다. 이 6장의 카드 중에서 한 장의 카드를 뽑을 때, 뽑힌 카드에 적힌 수를 확률변수 X라 하자. $\mathrm{V}(X)$의 값은?

① $\dfrac{1}{9}$ ② $\dfrac{2}{9}$ ③ $\dfrac{1}{3}$

④ $\dfrac{4}{9}$ ⑤ $\dfrac{5}{9}$

기출문제 맛보기

07
2016학년도 수능

이산확률변수 X의 확률분포를 표로 나타내면 다음과 같다.

X	-5	0	5	계
$\mathrm{P}(X=x)$	$\dfrac{1}{5}$	$\dfrac{1}{5}$	$\dfrac{3}{5}$	1

$\mathrm{E}(4X+3)$의 값을 구하시오.

08
2011학년도 수능

확률변수 X의 확률분포표는 다음과 같다.

X	-1	0	1	2	계
$\mathrm{P}(X=x)$	$\dfrac{3-a}{8}$	$\dfrac{1}{8}$	$\dfrac{3+a}{8}$	$\dfrac{1}{8}$	1

$\mathrm{P}(0 \leq X \leq 2) = \dfrac{7}{8}$일 때, 확률변수 X의 평균 $\mathrm{E}(X)$의 값은?

① $\dfrac{1}{4}$ ② $\dfrac{3}{8}$ ③ $\dfrac{1}{2}$

④ $\dfrac{5}{8}$ ⑤ $\dfrac{3}{4}$

09
2023학년도 모의평가

이산확률변수 X의 확률분포를 표로 나타내면 다음과 같다.

X	0	1	a	합계
$\mathrm{P}(X=x)$	$\dfrac{1}{10}$	$\dfrac{1}{2}$	$\dfrac{2}{5}$	1

$\sigma(X) = \mathrm{E}(X)$일 때, $\mathrm{E}(X^2) + \mathrm{E}(X)$의 값은? (단, $a > 1$)

① 29 ② 33 ③ 37

④ 41 ⑤ 45

10
2022학년도 모의평가

두 이산확률변수 X, Y의 확률분포를 표로 나타내면 각각 다음과 같다.

X	1	3	5	7	9	합계
$\mathrm{P}(X=x)$	a	b	c	b	a	1

Y	1	3	5	7	9	합계
$\mathrm{P}(Y=y)$	$a+\dfrac{1}{20}$	b	$c-\dfrac{1}{10}$	b	$a+\dfrac{1}{20}$	1

$\mathrm{V}(X) = \dfrac{31}{5}$일 때, $10 \times \mathrm{V}(Y)$의 값을 구하시오.

11
2021학년도 모의평가

두 이산확률변수 X, Y의 확률분포를 표로 나타내면 각각 다음과 같다.

X	1	2	3	4	계
$\mathrm{P}(X=x)$	a	b	c	d	1

Y	11	21	31	41	계
$\mathrm{P}(Y=y)$	a	b	c	d	1

$\mathrm{E}(X)=2$, $\mathrm{E}(X^2)=5$일 때, $\mathrm{E}(Y)+\mathrm{V}(Y)$의 값을 구하시오.

12
2011학년도 수능

이산확률변수 X의 확률질량함수가

$$\mathrm{P}(X=x) = \frac{ax+2}{10} \quad (x=-1, 0, 1, 2)$$

일 때, 확률변수 $3X+2$의 분산 $\mathrm{V}(3X+2)$의 값은?

(단, a는 상수이다.)

① 9 ② 18 ③ 27

④ 36 ⑤ 45

13
2025학년도 모의평가

이산확률변수 X가 가지는 값이 0부터 4까지의 정수이고

$$\text{P}(X=k)=\text{P}(X=k+2) \ (k=0, 1, 2)$$

이다. $\text{E}(X^2)=\dfrac{35}{6}$일 때, $\text{P}(X=0)$의 값은?

① $\dfrac{1}{24}$　　　② $\dfrac{1}{12}$　　　③ $\dfrac{1}{8}$

④ $\dfrac{1}{6}$　　　⑤ $\dfrac{5}{24}$

14
2018학년도 모의평가

두 이산확률변수 X와 Y가 가지는 값이 각각 1부터 5까지의 자연수이고

$$\text{P}(Y=k)=\dfrac{1}{2}\text{P}(X=k)+\dfrac{1}{10} \ (k=1, 2, 3, 4, 5)$$

이다. $\text{E}(X)=4$일 때, $\text{E}(Y)=a$이다. $8a$의 값을 구하시오.

15
2000학년도 수능

주사위를 한 번 던져 나오는 눈의 수를 4로 나눈 나머지를 확률변수 X라 하자. X의 평균은?

(단, 주사위의 각 눈이 나올 확률은 모두 같다.)

① 2　　　② $\dfrac{5}{3}$　　　③ $\dfrac{3}{2}$

④ $\dfrac{4}{3}$　　　⑤ 1

16
2014학년도 수능

1부터 5까지의 자연수가 각각 하나씩 적혀 있는 5개의 서랍이 있다. 5개의 서랍 중 영희에게 임의로 2개를 배정해 주려고 한다. 영희에게 배정되는 서랍에 적혀 있는 자연수 중 작은 수를 확률변수 X라 할 때, $\text{E}(10X)$의 값을 구하시오.

17
2024학년도 수능

4개의 동전을 동시에 던져서 앞면이 나오는 동전의 개수를 확률변수 X라 하고, 이산확률변수 Y를

$$Y=\begin{cases} X & (X\text{가 }0\text{ 또는 }1\text{의 값을 가지는 경우}) \\ 2 & (X\text{가 }2\text{ 이상의 값을 가지는 경우}) \end{cases}$$

라 하자. $\text{E}(Y)$의 값은?

① $\dfrac{25}{16}$　　　② $\dfrac{13}{8}$　　　③ $\dfrac{27}{16}$

④ $\dfrac{7}{4}$　　　⑤ $\dfrac{29}{16}$

예상문제 도전하기

18

확률변수 X의 확률분포를 표로 나타내면 다음과 같고 $\text{P}(X\geq1)=\dfrac{4}{5}$일 때, $\text{E}(10X-2)$의 값은?

X	0	1	2	계
$\text{P}(X=x)$	a	$2a$	b	1

① 8　　　② 9　　　③ 10

④ 11　　　⑤ 12

19

확률변수 X의 확률분포를 표로 나타내면 다음과 같다.

X	1	2	3	계
$P(X=x)$	a	b	$3a-\dfrac{1}{2}$	1

$E(X)=2$일 때, 확률변수 $1-4X$의 분산 $V(1-4X)$의 값은?

① 2   ② 4   ③ 6

④ 8   ⑤ 10

20

두 이산확률변수 X, Y의 확률분포를 표로 나타내면 다음과 같다.

X	-1	0	1	계
$P(X=x)$	a	$\dfrac{1}{3}$	b	1

Y	-1	0	1	계
$P(Y=y)$	$\dfrac{1}{3}$	a	b	1

$V(X)=\dfrac{5}{12}$일 때, $E(-12Y+10)$의 값을 구하시오.

(단, $a>b$이다.)

21

이산확률변수 X의 확률질량함수가

$$P(X=x)=\frac{x^2}{a} \ (x=1, 2, 3, 4, 5)$$

일 때, $P(2 \le X \le 3)$의 값은? (단, a는 상수이다.)

① $\dfrac{1}{5}$ ② $\dfrac{13}{55}$ ③ $\dfrac{3}{11}$

④ $\dfrac{17}{55}$ ⑤ $\dfrac{19}{55}$

22

이산확률변수 X의 확률질량함수가

$$P(X=x)=\frac{a-x}{10} \ (x=0, 1, 2, 3)$$

일 때, 확률변수 X의 분산 $V(X)$의 값을 구하시오.

(단, a는 상수이다.)

23

3개의 흰 공과 2개의 검은 공이 들어 있는 주머니에서 검은 공이 나올 때까지 임의로 공을 1개씩 꺼낸다. 처음으로 검은 공이 나올 때까지 꺼낸 흰 공의 개수를 확률변수 X라 할 때, X의 평균 $E(X)$의 값은? (단, 한 번 꺼낸 공은 다시 넣지 않고, 공의 크기와 모양은 구분하지 않는다.)

① $\dfrac{1}{2}$ ② 1   ③ $\dfrac{3}{2}$

④ 2   ⑤ $\dfrac{5}{2}$

24

1개의 주사위를 2번 던질 때, 확률변수 X를 다음과 같이 정의하자.

㉮ 나온 두 눈의 수가 서로 같으면 $X=0$이다.

㉯ 나온 두 눈의 수가 서로 다르면 두 수 중 큰 수를 X의 값으로 정한다.

확률변수 X의 평균 $E(X)$의 값은?

① $\dfrac{5}{2}$ ② $\dfrac{17}{6}$ ③ $\dfrac{19}{6}$

④ $\dfrac{7}{2}$ ⑤ $\dfrac{35}{9}$

로또에 당첨될 확률 vs 벼락 맞을 확률

매주 TV에서는 어김없이 로또에 당첨된 사람들이 생겨난다. 그들의 모습을 보면서 나도 한번 복권을 사볼까 하는 생각을 한 번쯤은 해봤을 것이다. 그러나 대부분의 사람들은 그런 기대감이 금방 실망감으로 바뀌게 된다. 흔히들 로또에 당첨될 확률이 벼락 맞을 확률보다 낮다고 한다. 과연 그 말이 사실일까?

우리나라의 로또는 1에서 45까지의 숫자 중에서 추첨된 6개의 숫자를 모두 맞히면 당첨되는 방식이다. 따라서 처음 45개의 숫자 중에서 하나를 선택했을 때 그것이 6개의 당첨 번호 중 하나일 확률은 $\frac{6}{45}$이다. 마찬가지로 두 번째 선택을 할 때 남은 44개의 번호 안에 있는 5개의 번호 중 하나를 선택하면 되기 때문에 그 확률은 $\frac{5}{44}$이다. 이런 식으로 계산하면 각각 6번의 선택 확률이 구해진다. 물론, 이 모든 것이 한 번에 이루어져야 하기 때문에 각각에 구해진 확률들을 곱하면 로또 1등에 당첨될 확률을 구할 수 있다. 따라서 당첨될 확률은

$$\frac{6}{45} \times \frac{5}{44} \times \frac{4}{43} \times \frac{3}{42} \times \frac{2}{41} \times \frac{1}{40} = \frac{720}{5,864,443,200}$$ 이다.

약분해서 814만 5060분의 1이라는 확률이 나온다.

한편, 과학자들은 매년 1천 명 정도의 사람들이 벼락에 맞아 죽는다고 한다. 따라서 세계의 인구를 60억 명 정도라 하면 벼락에 맞아 죽을 확률은 600만 분의 1이라는 확률이 나온다.

하지만 이 확률들은 정확하지 않다. 왜냐하면 벼락에 맞을 확률은 장소마다 혹은 기후 조건에 따라 달라지기 때문이다. 밖에 나가지 않고 집에만 머문다면 벼락 맞을 확률은 더욱 낮아질 것이다. 반면 로또의 추첨은 일주일에 한 번씩 이루어지기 때문에 로또를 매주 산다면, 또 한 번에 여러 장을 산다면 그 확률은 높아질 것이다.

따라서 로또에 당첨될 확률과 벼락 맞을 확률을 단순 비교하기는 어렵다.

다만 814만 5060분의 1의 확률은 엄청난 것이어서 어떤 사람이 1천 원짜리 로또 복권을 매주 5만 원씩 구입한다면 3,120년 동안 복권을 사야 그 사이에 한 번 1등에 당첨될 수 있다고 한다.

3, 4등급 유형

💡출제가능성 ★★☆☆☆

출제경향 ➡️ 이 렇 게 출 제 되 었 다

이항분포는 최근까지 쉬운 수준의 3점짜리 문제가 출제되었으나 까다로운 문제가 출제되기도 했다. 현재까지의 출제 경향으로 볼 때 이항분포만 이해하고 간단한 공식만 적용하는 쉬운 유형의 출제도 예상되지만 주어진 상황이 이항분포임을 찾아내야 하는 약간 까다로운 유형이 출제될 수도 있다.
난이도 – 3점짜리

출제핵심 ➡️ 이 것 만 은 꼬 ~ 옥

확률변수 X가 이항분포 $B(n, p)$를 따를 때,
$$E(X)=np, V(X)=npq, \sigma(X)=\sqrt{npq} \ (단, q=1-p)$$

개념 확인

1 **이항분포**
어떤 사건 A가 일어날 확률이 p인 독립시행을 n번 반복할 때, 사건 A가 일어나는 횟수를 확률변수 X라 하면 X의 확률질량함수는
$$P(X=x)={}_n C_x p^x q^{n-x} \ (q=1-p, x=0, 1, 2, \cdots, n)$$
이다. 이때 이 확률분포를 이항분포라 하고, 기호로 $B(n, p)$와 같이 나타낸다.

2 **이항분포의 평균, 분산, 표준편차**
확률변수 X가 이항분포 $B(n, p)$를 따를 때,
(1) $E(X)=np$
(2) $V(X)=npq$ (단, $q=1-p$)
(3) $\sigma(X)=\sqrt{npq}$

[참고]
확률변수 X의 확률분포가 독립시행의 확률을 따르면 X는 이항분포를 따른다. 이때 시행 횟수 n과 1회의 시행에서 사건이 일어날 확률 p를 구하여 이항분포 $B(n, p)$로 나타내면 이항분포의 평균, 분산, 표준편차를 구할 수 있다.

3 **확률변수 $aX+b$의 평균, 분산, 표준편차**
이산확률변수 X와 임의의 두 상수 $a, b(a \neq 0)$에 대하여
(1) $E(aX+b)=aE(X)+b$
(2) $V(aX+b)=a^2 V(X)$
(3) $\sigma(aX+b)=|a|\sigma(X)$

기본문제 다지기

01

이항분포 $B\left(n, \dfrac{1}{3}\right)$을 따르는 확률변수 X의 분산이 30일 때, n의 값은?

① 105 ② 120 ③ 135
④ 150 ⑤ 165

02

이항분포 $B(n, p)$를 따르는 확률변수 X의 평균과 표준편차가 모두 $\dfrac{7}{8}$일 때, p의 값은?

① $\dfrac{1}{8}$ ② $\dfrac{1}{4}$ ③ $\dfrac{3}{8}$
④ $\dfrac{3}{4}$ ⑤ $\dfrac{7}{8}$

03

확률변수 X의 확률질량함수가

$$P(X=x) = {}_{100}C_x\left(\dfrac{1}{4}\right)^x\left(\dfrac{3}{4}\right)^{100-x} \ (x=0, 1, 2, \cdots, 100)$$

일 때, 확률변수 X의 평균은?

① 16 ② 25 ③ 36
④ 49 ⑤ 64

04

이산확률변수 X의 확률질량함수가

$$P(X=x) = {}_{36}C_x\left(\dfrac{1}{6}\right)^x\left(\dfrac{5}{6}\right)^{36-x} \ (x=0, 1, 2, \cdots, 36)$$

일 때, $\displaystyle\sum_{x=0}^{36} x^2 P(X=x)$의 값은?

① 41 ② 42 ③ 43
④ 44 ⑤ 45

05

주사위 n개를 동시에 던질 때 짝수의 눈이 나오는 주사위의 개수를 확률변수 X라 하자. $V(X)=25$일 때, $E(X)$의 값은?

① 50 ② 100 ③ 150
④ 200 ⑤ 250

06

정육면체 모양의 주사위 한 개를 90번 던져 3의 배수의 눈이 나오는 횟수를 확률변수 X라 할 때, 확률변수 X^2의 평균 $E(X^2)$의 값을 구하시오.

기출문제 맛보기

07
2024학년도 모의평가

확률변수 X가 이항분포 $\mathrm{B}\left(30, \dfrac{1}{5}\right)$을 따를 때, $\mathrm{E}(X)$의 값은?

① 6   ② 7   ③ 8

④ 9   ⑤ 10

08
2020학년도 수능

확률변수 X가 이항분포 $\mathrm{B}(80,\ p)$를 따르고 $\mathrm{E}(X)=20$일 때, $\mathrm{V}(X)$의 값을 구하시오.

09
2020학년도 모의평가

확률변수 X가 이항분포 $\mathrm{B}\left(n,\ \dfrac{1}{4}\right)$을 따르고 $\mathrm{V}(X)=6$일 때, n의 값을 구하시오.

10
2015학년도 수능

확률변수 X가 이항분포 $\mathrm{B}\left(n,\ \dfrac{1}{3}\right)$을 따르고 $\mathrm{V}(3X)=40$일 때, n의 값을 구하시오.

11
2022학년도 수능

확률변수 X가 이항분포 $\mathrm{B}\left(n,\ \dfrac{1}{3}\right)$을 따르고 $\mathrm{V}(2X)=40$일 때, n의 값은?

① 30   ② 35   ③ 40

④ 45   ⑤ 50

12
2019학년도 모의평가

이항분포 $\mathrm{B}\left(n,\ \dfrac{1}{2}\right)$을 따르는 확률변수 X에 대하여 $\mathrm{V}\left(\dfrac{1}{2}X+1\right)=5$일 때, n의 값을 구하시오.

정답 및 풀이 44쪽

13
2019학년도 수능

확률변수 X가 이항분포 $B\left(n, \dfrac{1}{2}\right)$을 따르고
$E(X^2) = V(X) + 25$를 만족시킬 때, n의 값은?

① 10   ② 12   ③ 14
④ 16   ⑤ 18

14
2014학년도 수능

확률변수 X가 이항분포 $B(9, p)$를 따르고 $\{E(X)\}^2 = V(X)$
일 때, p의 값은? (단, $0 < p < 1$)

① $\dfrac{1}{13}$ ② $\dfrac{1}{12}$ ③ $\dfrac{1}{11}$
④ $\dfrac{1}{10}$ ⑤ $\dfrac{1}{9}$

15
2010학년도 모의평가

확률변수 X가 이항분포 $B(10, p)$를 따르고,
$$P(X=4) = \dfrac{1}{3}P(X=5)$$
일 때, $E(7X)$의 값을 구하시오. (단, $0 < p < 1$)

16
2007학년도 모의평가

이산확률변수 X가 값 x를 가질 확률이
$$P(X=x) = {}_nC_x\, p^x(1-p)^{n-x}$$
$$(\text{단, } x=0, 1, 2, \cdots, n \text{이고 } 0<p<1)$$
이다. $E(X)=1$, $V(X)=\dfrac{9}{10}$일 때, $P(X<2)$의 값은?

① $\dfrac{19}{10}\left(\dfrac{9}{10}\right)^9$ ② $\dfrac{17}{9}\left(\dfrac{8}{9}\right)^8$ ③ $\dfrac{15}{8}\left(\dfrac{7}{8}\right)^7$
④ $\dfrac{13}{7}\left(\dfrac{6}{7}\right)^6$ ⑤ $\dfrac{11}{6}\left(\dfrac{5}{6}\right)^5$

17
2011학년도 수능

동전 2개를 동시에 던지는 시행을 10회 반복할 때, 동전 2개 모두 앞면이 나오는 횟수를 확률변수 X라 하자. 확률변수 $4X+1$의 분산 $V(4X+1)$의 값을 구하시오.

18
2010학년도 수능

어느 수학반에 남학생 3명, 여학생 2명으로 구성된 모둠이 10개 있다. 각 모둠에서 임의로 2명씩 선택할 때, 남학생들만 선택된 모둠의 수를 확률변수 X라 하자. X의 평균 $E(X)$의 값은?
(단, 두 모둠 이상 속한 학생은 없다.)

① 6   ② 5   ③ 4
④ 3   ⑤ 2

19

2021학년도 수능

좌표평면의 원점에 점 P가 있다. 한 개의 주사위를 사용하여 다음 시행을 한다.

> 주사위를 한 번 던져 나온 눈의 수가
> 2 이하이면 점 P를 x축의 양의 방향으로 3만큼,
> 3 이상이면 점 P를 y축의 양의 방향으로 1만큼
> 이동시킨다.

이 시행을 15번 반복하여 이동된 점 P와 직선 $3x+4y=0$ 사이의 거리를 확률변수 X라 하자. $E(X)$의 값은?

① 13   ② 15   ③ 17

④ 19   ⑤ 21

20

2015학년도 모의평가

이차함수 $y=f(x)$의 그래프는 그림과 같고, $f(0)=f(3)=0$이다.
한 개의 주사위를 던져 나온 눈의 수 m에 대하여 $f(m)$이 0보다 큰 사건을 A라 하자. 한 개의 주사위를 15회 던지는 독립시행에서 사건 A가 일어나는 횟수를 확률변수 X라 할 때, $E(X)$의 값은?

① 3   ② $\dfrac{7}{2}$ ③ 4

④ $\dfrac{9}{2}$ ⑤ 5

예상문제 도전하기

21

확률변수 X가 이항분포 $B\left(n, \dfrac{1}{4}\right)$을 따르고 $E(X)+V(X)=56$일 때, n의 값을 구하시오.

22

확률변수 X가 이항분포 $B\left(n, \dfrac{1}{6}\right)$을 따르고 $V(2X+5)=40$일 때, $E(X^2)$의 값은?

① 150   ② 152   ③ 154

④ 156   ⑤ 158

23

확률변수 X가 이항분포 $B(n, p)$를 따르고 $E(3X+1)=11$, $V(3X+1)=20$이다. $n+p$의 값은?

① $\dfrac{25}{3}$ ② $\dfrac{28}{3}$ ③ $\dfrac{31}{3}$

④ $\dfrac{34}{3}$ ⑤ $\dfrac{37}{3}$

24

확률변수 X가 이항분포 $\mathrm{B}\left(n, \dfrac{1}{2}\right)$을 따른다.

$\mathrm{P}(X=2)=10\mathrm{P}(X=1)$일 때, n의 값을 구하시오.

25

확률변수 X가 이항분포 $\mathrm{B}(n, p)$를 따르고 $\mathrm{E}(X^2)=40$,

$\mathrm{E}(2X+3)=15$일 때, $\dfrac{\mathrm{P}(X=2)}{\mathrm{P}(X=1)}=a$이다. $a\mathrm{V}(X)$의 값은?

① 16   ② 17   ③ 18
④ 19   ⑤ 20

26

동전 2개를 동시에 100번 던질 때, 동전 2개 모두 뒷면이 나오는 횟수를 확률변수 X라 하자. 확률변수 $2X+3$의 평균은?

① 51   ② 53   ③ 55
④ 57   ⑤ 59

27

흰 공 4개, 검은 공 6개가 들어 있는 주머니에서 임의로 2개의 공을 동시에 꺼내어 색을 확인하고 다시 넣는 시행을 30번 반복할 때, 같은 색의 공이 나오면 4점, 다른 색의 공이 나오면 2점을 얻는다고 한다. 얻을 수 있는 점수의 기댓값은?

① 84   ② 88   ③ 92
④ 96   ⑤ 100

28

흰 공 4개, 검은 공 k개가 들어 있는 주머니에서 한 개의 공을 꺼내어 색을 확인하고 다시 넣는 시행을 72회 반복할 때, 흰 공이 나오는 횟수를 확률변수 X라 하자. $\mathrm{E}(X)=48$일 때, $\mathrm{V}(X)$의 값은?

① 12   ② 14   ③ 16
④ 18   ⑤ 20

29

한 개의 주사위를 2번 던져서 나온 눈의 수를 차례대로 a, b라 하고 직선 $y=ax$와 포물선 $y=x^2+b$를 좌표평면에 나타내는 독립시행을 한다. 이와 같은 시행을 216번 반복할 때, 직선과 포물선이 서로 만나지 않을 횟수를 확률변수 X라 하자. X의 평균 $\mathrm{E}(X)$의 값을 구하시오.

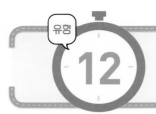
2, 3등급 유형

💡 출제가능성 ★★☆☆☆

출제경향 🔵 이렇게 출제되었다

확률밀도함수에서의 의미를 이해하고 주어진 그래프에서 미지수를 찾거나 구간에서의 확률을 구하는 유형이다. 그래프가 주어지는 유형의 출제가 예상되지만 주어진 조건을 이용해서 그래프를 스스로 찾아내야 하는 유형이 출제될 수도 있다. 한편, 2022 수능처럼 두 개의 확률변수가 나오는 경우도 대비하자.
난이도 – 3, 4점짜리

출제핵심 🔵 이것만은 꼭~옥

구간 $[\alpha, \beta]$의 모든 값을 가지는 연속확률변수 X에 대하여 함수 $f(x)$가 다음 세 조건을 만족시킬 때, 함수 $f(x)$ $(\alpha \leq x \leq \beta)$를 확률변수 X의 확률밀도함수라고 한다.

(1) $f(x) \geq 0$

(2) 함수 $y=f(x)$의 그래프와 x축 및 두 직선 $x=\alpha$, $x=\beta$로 둘러싸인 부분의 넓이는 1이다.

(3) $\mathrm{P}(a \leq X \leq b)$는 함수 $y=f(x)$의 그래프와 x축 및 두 직선 $x=a$, $x=b$로 둘러싸인 부분의 넓이와 같다. (단, $\alpha \leq a \leq b \leq \beta$)

개념 확인

① 연속확률변수

(1) 연속확률변수: 확률변수 X가 어떤 범위에 속하는 모든 실수 값을 가질 때, X를 연속확률변수라고 한다.

(2) 확률밀도함수의 성질

확률밀도함수 $y=f(x)$ $(\alpha \leq x \leq \beta)$에 대하여

① $f(x) \geq 0$

② 함수 $y=f(x)$의 그래프 와 x축 및 두 직선 $x=\alpha$, $x=\beta$로 둘러싸인 부분의 넓이는 1이다.

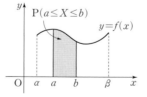

③ $\mathrm{P}(a \leq X \leq b)$는 함수 $y=f(x)$의 그래프와 x축 및 두 직선 $x=a$, $x=b$로 둘러싸인 부분의 넓이와 같다.
(단, $\alpha \leq a \leq b \leq \beta$)

[참고]

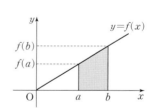

$$\mathrm{P}(a \leq X \leq b) = \mathrm{P}(0 \leq X \leq b) - \mathrm{P}(0 \leq X \leq a)$$

기본문제 다지기

01

$0 \leq X \leq 3$에서 정의된 연속확률변수 X의 확률밀도함수의 그래프가 그림과 같을 때, 상수 a의 값은?

① $\dfrac{1}{6}$ ② $\dfrac{1}{3}$

③ $\dfrac{1}{2}$ ④ $\dfrac{2}{3}$

⑤ $\dfrac{5}{6}$

02

연속확률변수 X가 갖는 값의 범위가 $-1 \leq X \leq 5$이고, X의 확률밀도함수의 그래프가 그림과 같을 때, $\mathrm{P}(0 \leq X \leq 5)$의 값은?

① $\dfrac{3}{4}$ ② $\dfrac{4}{5}$ ③ $\dfrac{5}{6}$

④ $\dfrac{6}{7}$ ⑤ $\dfrac{7}{8}$

03

연속확률변수 X의 확률밀도함수가 $f(x)=kx$ $(0 \leq x \leq 6)$일 때, $\mathrm{P}(2 \leq X \leq 5)$의 값은? (단, k는 상수이다.)

① $\dfrac{1}{2}$ ② $\dfrac{7}{12}$ ③ $\dfrac{2}{3}$

④ $\dfrac{3}{4}$ ⑤ $\dfrac{5}{6}$

04

연속확률변수 X가 갖는 값의 범위가 $0 \leq X \leq b$이고, X의 확률밀도함수의 그래프가 그림과 같다. $\mathrm{P}(a \leq X \leq b)=\dfrac{1}{4}$일 때, a의 값은? (단, a, b는 상수이다.)

① $\dfrac{3\sqrt{2}}{8}$ ② $\dfrac{3}{4}$ ③ $\dfrac{3\sqrt{2}}{4}$

④ $\dfrac{3}{2}$ ⑤ $\dfrac{3\sqrt{2}}{2}$

05

$0 \leq X \leq 2$에서 정의된 연속확률변수 X의 확률밀도함수 $f(x)$가

$$f(x)=\begin{cases} kx & (0 \leq x < 1) \\ -k(x-2) & (1 \leq x \leq 2) \end{cases}$$

일 때, k의 값을 구하시오. (단, k는 상수이다.)

06

연속확률변수 X의 확률밀도함수 $f(x)$가

$$f(x)=\begin{cases} ax & (0 \leq x \leq 2) \\ 0 & (x < 0 \text{ 또는 } x > 2) \end{cases}$$

일 때, $\mathrm{P}\left(0 \leq X \leq \dfrac{1}{2}\right)$의 값은? (단, a는 상수이다.)

① $\dfrac{1}{32}$ ② $\dfrac{1}{16}$ ③ $\dfrac{1}{8}$

④ $\dfrac{1}{4}$ ⑤ $\dfrac{1}{2}$

기출문제 맛보기

07
2019학년도 수능

연속확률변수 X가 갖는 값의 범위는 $0 \leq X \leq 2$이고, X의 확률밀도함수의 그래프가 그림과 같을 때, $\mathrm{P}\left(\dfrac{1}{3} \leq X \leq a\right)$의 값은?

(단, a는 상수이다.)

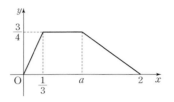

① $\dfrac{11}{16}$ ② $\dfrac{5}{8}$ ③ $\dfrac{9}{16}$

④ $\dfrac{1}{2}$ ⑤ $\dfrac{7}{16}$

08
2014학년도 예비시행

연속확률변수 X가 갖는 값의 범위는 $0 \leq X \leq 10$이고, X의 확률밀도함수의 그래프는 그림과 같다.

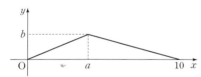

$\mathrm{P}(0 \leq X \leq a) = \dfrac{2}{5}$일 때, 두 상수 a, b의 합 $a+b$의 값은?

① $\dfrac{21}{5}$ ② $\dfrac{22}{5}$ ③ $\dfrac{23}{5}$

④ $\dfrac{24}{5}$ ⑤ 5

09
2015학년도 수능

구간 $[0, 3]$의 모든 실수 값을 가지는 연속확률변수 X에 대하여 X의 확률밀도함수의 그래프는 그림과 같다.

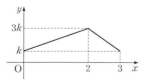

$\mathrm{P}(0 \leq X \leq 2) = \dfrac{q}{p}$라 할 때, $p+q$의 값을 구하시오.

(단, k는 상수이고, p와 q는 서로소인 자연수이다.)

10
2023학년도 수능

연속확률변수 X가 갖는 값의 범위는 $0 \leq X \leq a$이고, X의 확률밀도함수의 그래프가 그림과 같다.

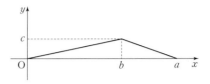

$\mathrm{P}(X \leq b) - \mathrm{P}(X \geq b) = \dfrac{1}{4}$, $\mathrm{P}(X \leq \sqrt{5}) = \dfrac{1}{2}$일 때, $a+b+c$의 값은? (단, a, b, c는 상수이다.)

① $\dfrac{11}{2}$ ② 6 ③ $\dfrac{13}{2}$

④ 7 ⑤ $\dfrac{15}{2}$

11
2021학년도 모의평가

연속확률변수 X가 갖는 값의 범위는 $0 \leq X \leq 8$이고, X의 확률밀도함수 $f(x)$의 그래프는 직선 $x=4$에 대하여 대칭이다.

$$3\mathrm{P}(2 \leq X \leq 4) = 4\mathrm{P}(6 \leq X \leq 8)$$

일 때, $\mathrm{P}(2 \leq X \leq 6)$의 값은?

① $\dfrac{3}{7}$ ② $\dfrac{1}{2}$ ③ $\dfrac{4}{7}$

④ $\dfrac{9}{14}$ ⑤ $\dfrac{5}{7}$

12
2022학년도 수능

두 연속확률변수 X와 Y가 갖는 값의 범위는 $0 \leq X \leq 6$, $0 \leq Y \leq 6$이고, X와 Y의 확률밀도함수는 각각 $f(x)$, $g(x)$이다. 확률변수 X의 확률밀도함수 $f(x)$의 그래프는 그림과 같다.

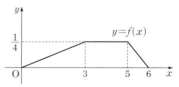

$0 \leq x \leq 6$인 모든 x에 대하여

$$f(x) + g(x) = k \ (k는 상수)$$

를 만족시킬 때, $\mathrm{P}(6k \leq Y \leq 15k) = \dfrac{q}{p}$이다. $p+q$의 값을 구하시오. (단, p와 q는 서로소인 자연수이다.)

예상문제 도전하기

13

그림은 $0 \leq X \leq 4$에서 정의된 연속확률변수 X의 확률밀도함수의 그래프이다.

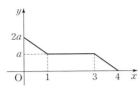

$P(0 \leq X \leq k) = 0.5$일 때 $4k$의 값을 구하시오.

14

연속확률변수 X가 갖는 값의 범위가 $0 \leq X \leq b$이고, 확률밀도함수의 그래프는 다음과 같다.

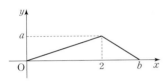

$P(2 \leq X \leq b) = \dfrac{1}{3}$일 때, $a+b$의 값은?

① $\dfrac{7}{2}$ 　　② $\dfrac{11}{3}$ 　　③ $\dfrac{13}{3}$

④ $\dfrac{9}{2}$ 　　⑤ $\dfrac{16}{3}$

15

연속확률변수 X가 갖는 값의 범위는 $0 \leq X \leq b$이고, X의 확률밀도함수의 그래프는 그림과 같다.

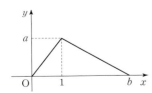

$P(0 \leq X \leq 1) : P(1 \leq X \leq b) = 1 : 3$일 때, ab의 값을 구하시오.

16

구간 $[0, 3]$의 임의의 값을 취하는 연속확률변수 X의 확률밀도함수의 그래프가 그림과 같다.

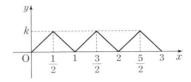

$0 \leq m \leq 2$일 때, 확률 $P(m \leq X \leq m+1)$의 값은?

(단, k는 상수이다.)

① $\dfrac{1}{6}$ 　　② $\dfrac{1}{5}$ 　　③ $\dfrac{1}{4}$

④ $\dfrac{1}{3}$ 　　⑤ $\dfrac{1}{2}$

17

$-1 \leq X \leq 3$에서 정의된 연속확률변수 X의 확률밀도함수의 그래프가 그림과 같을 때, $P(X \leq k) = P(X \geq k)$를 만족시키는 상수 k의 값은?

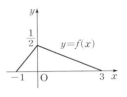

① $3-\sqrt{6}$ 　　② 1 　　③ $\sqrt{2}$

④ $\sqrt{6}-1$ 　　⑤ $3-\sqrt{2}$

18

연속확률변수 X의 확률밀도함수 $f(x)$가

$$f(x) = \begin{cases} kx & (0 \leq x < 1) \\ -\dfrac{1}{2}k(x-3) & (1 \leq x \leq 3) \end{cases}$$

일 때, $P(2 \leq X \leq 3)$의 값은? (단, k는 상수이다.)

① $\dfrac{1}{4}$ 　　② $\dfrac{1}{5}$ 　　③ $\dfrac{1}{6}$

④ $\dfrac{1}{7}$ 　　⑤ $\dfrac{1}{8}$

2, 3등급 유형

🔆 출제가능성 ★★★★★

출제경향 ➡ 이 렇 게 출 제 되 었 다

최근 4점짜리 대표 유형으로 자리잡는 경향이다. 예전에는 표준화를 이용하여 확률을 구하는 유형이었지만 최근 수능에서는 정규분포 곡선의 성질을 확실히 알고 있어야 풀 수 있는 유형이나 확률 구간이 미지수로 제시되는 유형이 출제되었음을 유의하자.
난이도 - 4점짜리

출제핵심 ➡ 이 것 만 은 꼬 ~ 옥

1. 확률변수 X가 정규분포 $N(m, \sigma^2)$을 따를 때, 확률변수 $Z = \dfrac{X-m}{\sigma}$은 표준정규분포 $N(0, 1^2)$을 따른다.
2. 정규분포곡선의 성질을 확실히 이해하자.

개념 확인

① 정규분포

연속확률변수 X의 확률밀도함수가

$$f(x) = \frac{1}{\sqrt{2\pi}\sigma} e^{-\frac{(x-m)^2}{2\sigma^2}}$$

인 확률분포를 정규분포라고 한다.
확률변수 X의 평균이 m이고 표준편차가 σ, 즉 분산이 σ^2인 정규분포를 기호로 $N(m, \sigma^2)$과 같이 나타낸다.

② 표준정규분포

평균이 0, 표준편차가 1인 정규분포
$$N(0, \ 1^2)$$
을 표준정규분포라고 한다.

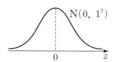

③ 정규분포의 표준화

확률변수 X가 정규분포 $N(m, \sigma^2)$을 따를 때

(1) 확률변수 $Z = \dfrac{X-m}{\sigma}$은 표준정규분포 $N(0, 1^2)$을 따른다.

(2) $P(a \le X \le b) = P\left(\dfrac{a-m}{\sigma} \le Z \le \dfrac{b-m}{\sigma} \right)$

[참고]

• 정규분포 $N(m, \sigma^2)$　　　　• 표준정규분포 $N(0, 1^2)$

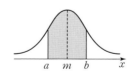 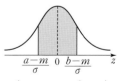

$P(a \le X \le b)$　　　$P\left(\dfrac{a-m}{\sigma} \le Z \le \dfrac{b-m}{\sigma} \right)$

④ 이항분포와 정규분포 사이의 관계

확률변수 X가 이항분포 $B(n, p)$를 따르고 n이 충분히 크면 X는 근사적으로 정규분포 $N(np, npq)$를 따른다.

(단, $q = 1-p$)

기본문제 다지기

01

확률변수 X는 정규분포 $N(m, \sigma^2)$을 따른다. $\frac{1}{4}X$의 분산이 1이고 $P(X \leq 80) = P(X \geq 100)$일 때, $m + \sigma^2$의 값을 구하시오.

02

연속확률변수 X가 정규분포 $N\left(n, \dfrac{n^2}{4}\right)$을 따를 때, $P(n \leq X \leq 60) = P(0 \leq Z \leq 1)$을 만족시키는 자연수 n의 값을 구하시오. (단, 확률변수 Z는 표준정규분포를 따른다.)

03

확률변수 X가 정규분포 $N(100, 5^2)$을 따를 때, 오른쪽 표준정규분포표를 이용하여 $P(95 \leq X \leq 110)$의 값을 구한 것은?

z	$P(0 \leq Z \leq z)$
1.0	0.3413
2.0	0.4772
3.0	0.4987

① 0.0215   ② 0.1359   ③ 0.1574
④ 0.4772   ⑤ 0.8185

04

어느 공장에서 생산되는 각 제품의 무게는 평균이 36 kg, 표준편차가 4 kg인 정규분포를 따른다고 한다. 이 공장에서 생산되는 제품 중에서 임의로 한 개를 선택할 때, 이 제품의 무게가 32 kg 이상이고 44 kg 이하일 확률을 오른쪽 표준정규분포표를 이용하여 구한 것은?

z	$P(0 \leq Z \leq z)$
0.5	0.1915
1.0	0.3413
1.5	0.4332
2.0	0.4772

① 0.5328   ② 0.6247   ③ 0.7745
④ 0.8185   ⑤ 0.9104

05

어느 고등학교 학생의 한 달 동안 참고서 구입 비용을 조사한 결과 구입 비용은 평균이 7만 원, 표준편차가 2만 원인 정규분포를 따른다고 한다. 이 학교에서 임의로 한 학생을 선택하였을 때, 이 학생이 한 달 동안 참고서 구입 비용으로 4만 원 이상 지출할 확률을 오른쪽 표준정규분포표를 이용하여 구한 것은?

z	$P(0 \leq Z \leq z)$
1.0	0.3413
1.5	0.4332
2.0	0.4772

① 0.1587   ② 0.3413   ③ 0.6826
④ 0.8413   ⑤ 0.9332

06

10명을 모집하는 어느 회사의 입사 시험에 500명이 응시하였다. 응시자의 점수는 100점 만점에 평균이 67점, 표준편차가 10점인 정규분포를 따른다고 한다. 오른쪽 표준정규분포표를 이용하여 합격자의 최저 점수를 구한 것은?

z	$P(0 \leq Z \leq z)$
1.6	0.45
1.8	0.46
2.0	0.48
2.2	0.49

① 84점   ② 85점   ③ 86점
④ 87점   ⑤ 88점

07

어느 시험에 응시한 수험생 10만명의 시험 점수가 정규분포 $N(50, 20^2)$을 따른다고 한다. 성적이 상위 4 % 이내에 속하려면 시험 점수가 최소 몇 점 이상이어야 하는가?

(단, $P(0 \leq Z \leq 1.75) = 0.46$으로 계산한다.)

① 85점   ② 87점   ③ 89점
④ 91점   ⑤ 93점

기출문제 맛보기

08
2020학년도 수능

어느 농장에서 수확하는 파프리카 1개의 무게는 평균이 $180\,g$, 표준편차가 $20\,g$인 정규분포를 따른다고 한다.

이 농장에서 수확한 파프리카 중에서 임의로 선택한 파프리카 1개의 무게가 190 g 이상이고 210 g 이하일 확률을 오른쪽 표준정규분포표를 이용하여 구한 것은?

z	$P(0 \le Z \le z)$
0.5	0.1915
1.0	0.3413
1.5	0.4332
2.0	0.4772

① 0.0440   ② 0.0919   ③ 0.1359

④ 0.1498   ⑤ 0.2417

09
2024학년도 모의평가

어느 고등학교의 수학 시험에 응시한 수험생의 시험 점수는 평균이 68점, 표준편차가 10점인 정규분포를 따른다고 한다. 이 수학 시험에 응시한 수험생 중 임의로 선택한 수험생 한 명의 시험 점수가 55점 이상이고 78점 이하일 확률을 오른쪽 표준정규분포표를 이용하여 구한 것은?

z	$P(0 \le Z \le z)$
1.0	0.3413
1.1	0.3643
1.2	0.3849
1.3	0.4032

① 0.7262   ② 0.7445   ③ 0.7492

④ 0.7675   ⑤ 0.7881

10
2022학년도 수능예시

확률변수 X가 정규분포 $N(m, 10^2)$을 따르고 $P(X \le 50) = 0.2119$일 때, m의 값을 오른쪽 표준정규분포표를 이용하여 구한 것은?

z	$P(0 \le Z \le z)$
0.6	0.2257
0.7	0.2580
0.8	0.2881
0.9	0.3159

① 55   ② 56

③ 57   ④ 58

⑤ 59

11
2025학년도 모의평가

수직선의 원점에 점 A가 있다. 한 개의 주사위를 사용하여 다음 시행을 한다.

> 주사위를 한 번 던져 나온 눈의 수가
> 4 이하이면 점 A를 양의 방향으로 1만큼 이동시키고,
> 5 이상이면 점 A를 음의 방향으로 1만큼 이동시킨다.

이 시행을 16200번 반복하여 이동된 점 A의 위치가 5700 이하일 확률을 오른쪽 표준정규분포표를 이용하여 구한 값을 k라 하자. $1000 \times k$의 값을 구하시오.

z	$P(0 \le Z \le z)$
1.0	0.341
1.5	0.433
2.0	0.477
2.5	0.494

12
2012학년도 모의평가

어느 공장에서 생산되는 제품 A의 무게는 정규분포 $N(m, 1)$을 따르고, 제품 B의 무게는 정규분포 $N(2m, 4)$를 따른다. 이 공장에서 생산된 제품 A와 제품 B에서 임의로 제품을 1개씩 선택할 때, 선택된 제품 A의 무게가 k 이상일 확률과 선택된 제품 B의 무게가 k 이하일 확률이 같다. $\dfrac{k}{m}$의 값은?

① $\dfrac{11}{9}$ ② $\dfrac{5}{4}$ ③ $\dfrac{23}{18}$

④ $\dfrac{47}{36}$ ⑤ $\dfrac{4}{3}$

13
2019학년도 수능

어느 회사 직원들의 어느 날의 출근 시간은 평균이 66.4분, 표준편차가 15인 정규분포를 따른다고 한다. 이 날 출근 시간이 73분 이상인 직원들 중에서 40%, 73분 미만인 직원들 중에서 20%가 지하철을 이용하였고, 나머지 직원들은 다른 교통수단을 이용하였다. 이 날 출근한 이 회사 직원들 중 임의로 선택한 1명이 지하철을 이용하였을 확률은? (단, Z가 표준정규분포를 따르는 확률변수일 때, $P(0 \le Z \le 0.44) = 0.17$로 계산한다.)

① 0.306   ② 0.296   ③ 0.286

④ 0.276   ⑤ 0.266

14

확률변수 X가 정규분포 $N(m, \sigma^2)$을 따르고 다음 조건을 만족시킨다.

(가) $P(X \geq 64) = P(X \leq 56)$
(나) $E(X^2) = 3616$

$P(X \leq 68)$의 값을 오른쪽 표준정규분포표를 이용하여 구한 것은?

x	$P(m \leq X \leq x)$
$m+1.5\sigma$	0.4332
$m+2\sigma$	0.4772
$m+2.5\sigma$	0.4938

① 0.9104
② 0.9332
③ 0.9544
④ 0.9772
⑤ 0.9938

15

정규분포 $N(m_1, \sigma_1{}^2)$을 따르는 확률변수 X와 정규분포 $N(m_2, \sigma_2{}^2)$을 따르는 확률변수 Y가 다음 조건을 만족시킨다.

모든 실수 x에 대하여
$P(X \leq x) = P(X \geq 40-x)$이고
$P(Y \leq x) = P(X \leq x+10)$이다.

$P(15 \leq X \leq 20) + P(15 \leq Y \leq 20)$의 값을 오른쪽 표준정규분포표를 이용하여 구한 것이 0.4772일 때, $m_1 + \sigma_2$의 값을 구하시오.

(단, σ_1과 σ_2는 양수이다.)

z	$P(0 \leq Z \leq z)$
0.5	0.1915
1.0	0.3413
1.5	0.4332
2.0	0.4772

16

확률변수 X가 평균이 m, 표준편차가 $\dfrac{m}{3}$인 정규분포를 따르고

$$P\left(X \leq \frac{9}{2}\right) = 0.9987$$

일 때, 오른쪽 표준정규분포표를 이용하여 m의 값을 구한 것은?

z	$P(0 \leq Z \leq z)$
1.5	0.4332
2.0	0.4772
2.5	0.4938
3.0	0.4987

① $\dfrac{3}{2}$
② $\dfrac{7}{4}$
③ 2
④ $\dfrac{9}{4}$
⑤ $\dfrac{5}{2}$

17

확률변수 X는 평균이 m, 표준편차가 σ인 정규분포를 따르고 다음 등식을 만족시킨다.

$$P(m \leq X \leq m+12) - P(X \leq m-12) = 0.3664$$

오른쪽 표준정규분포표를 이용하여 σ의 값을 구한 것은?

z	$P(0 \leq Z \leq z)$
0.5	0.1915
1.0	0.3413
1.5	0.4332
2.0	0.4772

① 4
② 6
③ 8
④ 10
⑤ 12

18

양수 t에 대하여 확률변수 X가 정규분포 $N(1, t^2)$을 따른다.

$$P(X \leq 5t) \geq \frac{1}{2}$$

이 되도록 하는 모든 양수 t에 대하여 $P(t^2-t+1 \leq X \leq t^2+t+1)$의 최댓값을 오른쪽 표준정규분포표를 이용하여 구한 값을 k라 하자. $1000 \times k$의 값을 구하시오.

z	$P(0 \leq Z \leq z)$
0.6	0.226
0.8	0.288
1.0	0.341
1.2	0.385
1.4	0.419

19

어느 인스턴트 커피 제조 회사에서 생산하는 A 제품 1개의 중량은 평균이 9, 표준편차가 0.4인 정규분포를 따르고, B 제품 1개의 중량은 평균이 20, 표준편차가 1인 정규분포를 따른다고 한다. 이 회사에서 생산한 A 제품 중에서 임의로 선택한 1개의 중량이 8.9 이상 9.4 이하일 확률과 B 제품 중에서 임의로 선택한 1개의 중량이 19 이상 k 이하일 확률이 서로 같다. 상수 k의 값은? (단, 중량의 단위는 g이다.)

① 19.5
② 19.75
③ 20
④ 20.25
⑤ 20.5

20

2018학년도 수능

확률변수 X가 평균이 m, 표준편차가 σ인 정규분포를 따르고

$$P(X \le 3) = P(3 \le X \le 80) = 0.3$$

일 때, $m + \sigma$의 값을 구하시오.

(단, Z가 표준정규분포를 따르는 확률변수일 때,

$P(0 \le Z \le 0.25) = 0.1$, $P(0 \le Z \le 0.52) = 0.2$로 계산한다.)

21

2017학년도 수능

확률변수 X는 평균이 m, 표준편차가 5인 정규분포를 따르고, 확률변수 X의 확률밀도함수 $f(x)$가 다음 조건을 만족시킨다.

(가) $f(10) > f(20)$	
(나) $f(4) < f(22)$	

m이 자연수일 때
$P(17 \le X \le 18) = a$이다. $1000a$
의 값을 오른쪽 표준정규분포표를
이용하여 구하시오.

z	$P(0 \le Z \le z)$
0.6	0.226
0.8	0.288
1.0	0.341
1.2	0.385
1.4	0.419

22

2020학년도 수능

확률변수 X는 정규분포 $N(10, 2^2)$, 확률변수 Y는 정규분포 $N(m, 2^2)$을 따르고, 확률변수 X와 Y의 확률밀도함수는 각각 $f(x)$와 $g(x)$이다.

$$f(12) \le g(20)$$

을 만족시키는 m에 대하여
$P(21 \le Y \le 24)$의 최댓값을 오른쪽
표준정규분포표를 이용하여 구한 것은?

z	$P(0 \le Z \le z)$
0.5	0.1915
1.0	0.3413
1.5	0.4332
2.0	0.4772

① 0.5328   ② 0.6247   ③ 0.7745

④ 0.8185   ⑤ 0.9104

23

2021학년도 수능

확률변수 X는 평균이 8, 표준편차가 3인 정규분포를 따르고, 확률변수 Y는 평균이 m, 표준편차가 σ인 정규분포를 따른다. 두 확률변수 X, Y가

$$P(4 \le X \le 8) + P(Y \ge 8) = \frac{1}{2}$$

을 만족시킬 때, $P\left(Y \le 8 + \dfrac{2\sigma}{3}\right)$의
값을 오른쪽 표준정규분포표를 이용
하여 구한 것은?

z	$P(0 \le Z \le z)$
1.0	0.3413
1.5	0.4332
2.0	0.4772
2.5	0.4938

① 0.8351   ② 0.8413   ③ 0.9332

④ 0.9772   ⑤ 0.9938

24

2016학년도 모의평가

확률변수 X는 정규분포 $N(10, 4^2)$, 확률변수 Y는 정규분포 $N(m, 4^2)$을 따르고, 확률변수 X와 Y의 확률밀도함수는 각각 $f(x)$와 $g(x)$이다. $f(12) = g(26)$, $P(Y \ge 26) \ge 0.5$일 때, $P(Y \le 20)$
의 값을 오른쪽 표준정규분포표를 이
용하여 구한 것은?

z	$P(0 \le Z \le z)$
1.0	0.3413
1.5	0.4332
2.0	0.4772
2.5	0.4938

① 0.0062   ② 0.0228   ③ 0.0896

④ 0.1587   ⑤ 0.2255

예상문제 도전하기

25

어느 공장에서 생산되는 야구공의 지름의 길이는 평균이 6.2cm, 표준편차가 1.5cm인 정규분포를 따른다고 한다. 이 공장에서 생산되는 야구공 중에서 한 개씩 두 번을 각각 독립적으로 임의추출할 때, 선택한 두 개의 야구공의 지름의 길이가 둘 중 하나는 5.0cm 이하이고 다른 하나는 7.7cm 이상일 확률을 오른쪽 표준정규분포표를 이용하여 구한 것은?

z	$P(0 \le Z \le z)$
0.7	0.26
0.8	0.29
0.9	0.32
1.0	0.34

① 0.0336   ② 0.0504   ③ 0.0672

④ 0.0829   ⑤ 0.0986

정답 및 풀이 52쪽

26

모집 정원이 16명인 어느 회사의 입사 시험에 100명의 지원자가 응시하였다. 지원자의 시험 점수가 평균 430점, 표준편차 20점인 정규분포를 따른다고 할 때, 합격자의 최저 점수를 오른쪽 표준정규분포표를 이용하여 구한 것은?

z	$P(0 \le Z \le z)$
1.0	0.34
1.5	0.43
2.0	0.48
2.5	0.49

① 435점 ② 440점 ③ 445점
④ 450점 ⑤ 455점

27

A, B 두 부대의 사병은 각각 1000명이고, 사병의 키는 각각 정규분포 $N(174.2, 10^2)$, $N(m, 15^2)$을 따른다고 한다. B부대에서 키가 185 이상인 사병의 수가 A부대에서 키가 185 이상인 사병의 수의 $\frac{1}{2}$이라고 할 때, m의 값은? (단, 키의 단위는 cm이고, $P(0 \le Z \le 1.08) = 0.36$, $P(0 \le Z \le 1.48) = 0.43$으로 계산한다.)

① 162.8 ② 168.2 ③ 168.8
④ 172.4 ⑤ 174.2

28

다음은 우리나라의 30세 이상의 남성 중 기혼자의 비율을 나타낸 표의 일부이다.

나이	30세	31세	32세	33세	34세	35세
비율	74%	77%	78%	79%	80%	89%

어느 고등학교의 동창회에 34세의 남성 100명이 참석하였을 때, 이 중에서 90명 이상이 결혼했을 확률을 오른쪽 표준정규분포표를 이용하여 구한 것은?

z	$P(0 \le Z \le z)$
1.0	0.3413
1.5	0.4332
2.0	0.4772
2.5	0.4938

① 0.0062 ② 0.0228 ③ 0.0456
④ 0.0668 ⑤ 0.1587

29

다음은 어느 서점에서 판매되는 세 출판사 A, B, C의 수학과 영어 교재의 선호도를 조사한 것이다.

교재＼출판사	A	B	C	합계
수학	0.2	0.3	0.5	1
영어	0.5	0.2	0.3	1

학생 400명이 수학과 영어 교재를 모두 구입한다고 할 때, 수학은 A 출판사의 교재를 구입하고, 영어는 B 또는 C 출판사의 교재를 구입하는 학생이 52명 이상일 확률을 오른쪽 표준정규분포표를 이용하여 구한 것은?

z	$P(0 \le Z \le z)$
1.0	0.3413
1.5	0.4332
2.0	0.4772

① 0.0228 ② 0.0456 ③ 0.0668
④ 0.1336 ⑤ 0.1587

30

확률변수 X가 평균이 m, 표준편차가 σ인 정규분포를 따르고
$$P(X \ge 54) = 0.8413,$$
$$P(X \le 69) = 0.9332$$
일 때, 오른쪽 표준정규분포표를 이용하여 $m + \sigma$의 값을 구하시오.

z	$P(0 \le Z \le z)$
0.5	0.1915
1.0	0.3413
1.5	0.4332
2.0	0.4772

31

정규분포 $N(m, \sigma^2)$을 따르는 확률변수 X에 대하여 확률밀도함수 $f(x)$가 모든 실수 x에 대하여 $f(100 - x) = f(100 + x)$를 만족시킨다. $P(m \le X \le m+8) = 0.4772$일 때, 오른쪽 표준정규분포표를 이용하여 $P(94 \le X \le 110)$의 값을 구한 것은?

z	$P(0 \le Z \le z)$
1.0	0.3413
1.5	0.4332
2.0	0.4772
2.5	0.4938

① 0.9104 ② 0.9270 ③ 0.9710
④ 0.9725 ⑤ 0.9759

2, 3등급 유형

💡 출제가능성 ★★★★☆

출제**경향** ➡ 이 렇 게 출 제 되 었 다

최근에 거의 매년 출제되는 유형으로 내용은 어려워도 3점 수준으로 출제되므로 유형을 이해하면 충분히 공략
이 가능한 내용이다. 표본집단의 표준편차가 모집단과 다르다는 것만 주의하면 얼마든지 연습을 통해서 풀어낼
수 있는 유형이다. 거의 같은 패턴의 문제들이 출제되므로 기출문제를 충분히 풀어서 연습해 두자.
난이도 – 3, 4점짜리

출제**핵심** ➡ 이 것 만 은 꼬 ~ 옥

모평균이 m이고, 모표준편차가 σ인 모집단에서 크기가 n인 표본을 임의추출할 때, 표본평균 $\overline{X}$에 대하여

(1) 평균: $\mathrm{E}(\overline{X})=m$ (2) 분산: $\mathrm{V}(\overline{X})=\dfrac{\sigma^2}{n}$ (3) 표준편차: $\sigma(\overline{X})=\dfrac{\sigma}{\sqrt{n}}$

개념 확인

① 모집단과 표본

(1) 모집단: 표본조사에서 조사의 대상이 되는 집단 전체

(2) 표본: 모집단에서 뽑은 일부의 자료

(3) 표본의 크기: 표본의 개수

② 표본평균의 평균, 분산, 표준편차

모평균이 m, 모표준편차가 σ인 모집단에서 임의추출한 크기
가 n인 표본의 표본평균 $\overline{X}$에 대하여

(1) 표본평균의 평균 ➡ $\mathrm{E}(\overline{X})=m$

(2) 표본평균의 분산 ➡ $\mathrm{V}(\overline{X})=\dfrac{\sigma^2}{n}$

(3) 표본평균의 표준편차 ➡ $\sigma(\overline{X})=\dfrac{\sigma}{\sqrt{n}}$

③ 표본평균의 분포

모평균이 m, 모표준편차가 σ인 모집단에서 크기가 n인 표본
을 임의추출할 때,

(1) 모집단이 정규분포 $\mathrm{N}(m,\ \sigma^2)$을 따르면 표본평균 $\overline{X}$는 정
규분포 $\mathrm{N}\!\left(m,\ \dfrac{\sigma^2}{n}\right)$을 따른다.

(2) 모집단이 정규분포를 따르지 않더라도 표본의 크기 n이 충
분히 크면 표본평균 $\overline{X}$는 근사적으로 정규분포
$\mathrm{N}\!\left(m,\ \dfrac{\sigma^2}{n}\right)$을 따른다.

④ 표본평균 $\overline{X}$의 표준화

표본평균 $\overline{X}$가 정규분포 $\mathrm{N}\!\left(m,\ \dfrac{\sigma^2}{n}\right)$을 따를 때,

$$Z=\dfrac{\overline{X}-m}{\dfrac{\sigma}{\sqrt{n}}}$$

으로 놓으면 확률변수 Z는 표준정규분포 $\mathrm{N}(0,\ 1^2)$을 따른다.

기본문제 다지기

01

정규분포 $N(28, 3^2)$을 따르는 모집단에서 크기가 36인 표본을 임의추출할 때, 표본평균 $\overline{X}$에 대하여 $E(\overline{X})\sigma(\overline{X})$의 값은?

① 10   ② 12   ③ 14

④ 16   ⑤ 18

02

정규분포 $N(10, 4)$를 따르는 모집단에서 크기가 2인 표본을 임의추출할 때, 표본평균을 $\overline{X}$라 하자. $E(\overline{X}^2)$의 값은?

① 96   ② 98   ③ 100

④ 102   ⑤ 104

03

어느 공장에서 생산되는 건전지의 수명은 평균이 60시간, 표준편차가 4시간인 정규분포를 따른다고 한다. 이 공장에서 생산된 건전지 중에서 크기가 16인 표본을 임의추출하여 조사한 건전지의 수명에 대한 표본평균을 $\overline{X}$라 하자. $P(\overline{X}\geq 62)=a$일 때, $100a$의 값을 구하시오. (단, $P(0\leq Z\leq 2)=0.48$로 계산한다.)

04

모평균이 50, 모표준편차가 10인 정규분포를 따르는 모집단에서 크기가 25인 표본을 임의추출하여 그 표본평균을 $\overline{X}$라 할 때, $\overline{X}$의 값이 46 이상 52 이하가 될 확률을 오른쪽 표준정규분포표를 이용하여 구한 것은?

z	$P(0\leq Z\leq z)$
0.5	0.1915
1.0	0.3413
1.5	0.4332
2.0	0.4772

① 0.5328   ② 0.6247   ③ 0.7745

④ 0.8185   ⑤ 0.9104

05

평균이 100, 표준편차가 8인 정규분포를 따르는 모집단에서 임의추출한 크기가 n인 표본의 표본평균을 $\overline{X}$라 할 때, $P(98\leq\overline{X}\leq 102)=0.9544$를 만족시키는 자연수 n의 값을 오른쪽 표준정규분포표를 이용하여 구하시오.

z	$P(0\leq Z\leq z)$
0.5	0.1915
1.0	0.3413
1.5	0.4332
2.0	0.4772

기출문제 맛보기

06
2016학년도 수능

모표준편차가 14인 모집단에서 크기가 n인 표본을 임의추출하여 구한 표본평균을 $\overline{X}$라 하자. $\sigma(\overline{X})=2$일 때, n의 값은?

① 9   ② 16   ③ 25

④ 36   ⑤ 49

07
2021학년도 수능

정규분포 $N(20, 5^2)$을 따르는 모집단에서 크기가 16인 표본을 임의추출하여 구한 표본평균을 $\overline{X}$라 할 때, $E(\overline{X})+\sigma(\overline{X})$의 값은?

① $\dfrac{91}{4}$ ② $\dfrac{89}{4}$ ③ $\dfrac{87}{4}$

④ $\dfrac{85}{4}$ ⑤ $\dfrac{83}{4}$

08
2025학년도 모의평가

정규분포 $N(m, 6^2)$을 따르는 모집단에서 크기가 9인 표본을 임의추출하여 구한 표본평균을 $\overline{X}$, 정규분포 $N(6, 2^2)$을 따르는 모집단에서 크기가 4인 표본을 임의추출하여 구한 표본평균을 $\overline{Y}$라 하자. $P(\overline{X}\leq 12)+P(\overline{Y}\geq 8)=1$이 되도록 하는 m의 값은?

① 5   ② $\dfrac{13}{2}$ ③ 8

④ $\dfrac{19}{2}$ ⑤ 11

09
2015학년도 수능

주머니 속에 1의 숫자가 적혀 있는 공 1개, 2의 숫자가 적혀 있는 공 2개, 3의 숫자가 적혀 있는 공 5개가 들어 있다. 이 주머니에서 임의로 1개의 공을 꺼내어 공에 적혀 있는 수를 확인한 후 다시 넣는다. 이와 같은 시행을 2번 반복할 때, 꺼낸 공에 적혀 있는 수의 평균을 $\overline{X}$라 하자. $P(\overline{X}=2)$의 값은?

① $\dfrac{5}{32}$ ② $\dfrac{11}{64}$ ③ $\dfrac{3}{16}$

④ $\dfrac{13}{64}$ ⑤ $\dfrac{7}{32}$

10
2023학년도 모의평가

1부터 6까지의 자연수가 하나씩 적힌 6장의 카드가 들어 있는 주머니가 있다. 이 주머니에서 임의로 한 장의 카드를 꺼내어 카드에 적힌 수를 확인한 후 다시 넣는 시행을 한다. 이 시행을 4번 반복하여 확인한 네 개의 수의 평균을 $\overline{X}$라 할 때, $P\left(\overline{X}=\dfrac{11}{4}\right)=\dfrac{q}{p}$이다. $p+q$의 값을 구하시오.

(단, p와 q는 서로소인 자연수이다.)

11
2025학년도 수능

숫자 1, 3, 5, 7, 9가 각각 하나씩 적혀 있는 5장의 카드가 들어 있는 주머니가 있다. 이 주머니에서 임의로 1장의 카드를 꺼내어 카드에 적혀 있는 수를 확인한 후 다시 넣는 시행을 한다. 이 시행을 3번 반복하여 확인한 세 개의 수의 평균을 $\overline{X}$라 하자. $V(a\overline{X}+6)=24$일 때, 양수 a의 값은?

① 1   ② 2   ③ 3

④ 4   ⑤ 5

12

2019학년도 모의평가

어느 모집단의 확률변수 X의 확률분포가 다음 표와 같다.

X	0	2	4	합계
$P(X=x)$	$\dfrac{1}{6}$	a	b	1

$E(X^2) = \dfrac{16}{3}$일 때, 이 모집단에서 임의추출한 크기가 20인 표본의 표본평균 $\overline{X}$에 대하여 $V(\overline{X})$의 값은?

① $\dfrac{1}{60}$　　　② $\dfrac{1}{30}$　　　③ $\dfrac{1}{20}$

④ $\dfrac{1}{15}$　　　⑤ $\dfrac{1}{12}$

13

2018학년도 수능

어느 공장에서 생산하는 화장품 1개의 내용량은 평균이 201.5g 이고 표준편차가 1.8g인 정규분포를 따른다고 한다. 이 공장에서 생산한 화장품 중 임의추출한 9개의 화장품 내용량의 표본평균이 200g 이상일 확률을 오른쪽 표준정규분포표를 이용하여 구한 것은?

z	$P(0 \le Z \le z)$
1.0	0.3413
1.5	0.4332
2.0	0.4772
2.5	0.4938

① 0.7745　　　② 0.8413

③ 0.9332　　　④ 0.9772

⑤ 0.9938

14

2011학년도 수능

어느 도시에서 공용 자전거의 1회 이용 시간은 평균이 60분, 표준편차가 10분인 정규분포를 따른다고 한다. 공용 자전거를 이용한 25회를 임의추출하여 조사할 때, 25회 이용 시간의 총합이 1450분 이상일 확률을 오른쪽 표준정규분포표를 이용하여 구한 것은?

z	$P(0 \le Z \le z)$
1.0	0.3413
1.5	0.4332
2.0	0.4772
2.5	0.4938

① 0.8351　　　② 0.8413　　　③ 0.9332

④ 0.9772　　　⑤ 0.9938

15

2016학년도 모의평가

어느 지역의 1인 가구의 월 식료품 구입비는 평균이 45만 원, 표준편차가 8만 원인 정규분포를 따른다고 한다. 이 지역의 1인 가구 중에서 임의로 추출한 16가구의 월 식료품 구입비의 표본평균이 44만 원 이상이고 47만 원 이하일 확률을 오른쪽 표준정규분포표를 이용하여 구한 것은?

z	$P(0 \le Z \le z)$
0.5	0.1915
1.0	0.3413
1.5	0.4332
2.0	0.4772

① 0.3830　　　② 0.5328　　　③ 0.6915

④ 0.8185　　　⑤ 0.8413

16

2010학년도 수능

어느 방송사의 '○○ 뉴스'의 방송시간은 평균이 50분, 표준편차가 2분인 정규분포를 따른다. 방송된 '○○ 뉴스'를 대상으로 크기가 9인 표본을 임의추출하여 조사한 방송시간의 표본평균을 $\overline{X}$라 할 때, $P(49 \le \overline{X} \le 51)$의 값을 오른쪽 표준정규분포표를 이용하여 구한 것은?

z	$P(0 \le Z \le z)$
1.5	0.4332
1.6	0.4452
1.7	0.4554
1.8	0.4641

① 0.8664　　　② 0.8904　　　③ 0.9108

④ 0.9282　　　⑤ 0.9452

17

2021학년도 모의평가

어느 회사에서 일하는 플랫폼 근로자의 일주일 근무 시간은 평균이 m시간, 표준편차가 5시간인 정규분포를 따른다고 한다. 이 회사에서 일하는 플랫폼 근로자 중에서 임의추출한 36명의 일주일 근무 시간의 표준평균이 38시간 이상일 확률을 오른쪽 표준정규분포표를 이용하여 구한 값이 0.9332일 때, m의 값은?

z	$P(0 \le Z \le z)$
0.5	0.1915
1.0	0.3413
1.5	0.4332
2.0	0.4772

① 38.25　　　② 38.75　　　③ 39.25

④ 39.75　　　⑤ 40.25

18

2022학년도 모의평가

지역 A에 살고 있는 성인들의 1인 하루 물 사용량을 확률변수 X, 지역 B에 살고 있는 성인들의 1인 하루 물 사용량을 확률변수 Y라 하자. 두 확률변수 X, Y는 정규분포를 따르고 다음 조건을 만족시킨다.

(가) 두 확률변수 X, Y의 평균은 각각 220과 240이다.
(나) 확률변수 Y의 표준편차는 확률변수 X의 표준편차의 1.5배이다.

지역 A에 살고 있는 성인 중 임의추출한 n명의 1인 하루 물 사용량의 표본평균을 $\overline{X}$, 지역 B에 살고 있는 성인 중 임의추출한 $9n$명의 1인 하루 물 사용량의 표본평균을 $\overline{Y}$라 하자.

$P(\overline{X} \le 215) = 0.1587$일 때, $P(\overline{Y} \ge 235)$의 값을 오른쪽 표준정규분포표를 이용하여 구한 것은? (단, 물 사용량의 단위는 L이다.)

z	$P(0 \le Z \le z)$
0.5	0.1915
1.0	0.3413
1.5	0.4332
2.0	0.4772

① 0.6915
② 0.7745
③ 0.8185
④ 0.8413
⑤ 0.9772

19

2018학년도 모의평가

대중교통을 이용하여 출근하는 어느 지역 직장인의 월 교통비는 평균이 8이고 표준편차가 1.2인 정규분포를 따른다고 한다. 대중교통을 이용하여 출근하는 이 지역 직장인 중 임의추출한 n명의 월 교통비의 표본평균을 $\overline{X}$라 할 때,
$P(7.76 \le \overline{X} \le 8.24) \ge 0.6826$
이 되기 위한 n의 최솟값을 오른쪽 표준정규분포표를 이용하여 구하시오. (단, 교통비의 단위는 만 원이다.)

z	$P(0 \le Z \le z)$
0.5	0.1915
1.0	0.3413
1.5	0.4332
2.0	0.4772

20

2016학년도 수능

정규분포 $N(50, 8^2)$을 따르는 모집단에서 크기가 16인 표본을 임의추출하여 구한 표본평균을 $\overline{X}$, 정규분포 $N(75, \sigma^2)$을 따르는 모집단에서 크기가 25인 표본을 임의추출하여 구한 표본평균을 $\overline{Y}$라 하자.

z	$P(0 \le Z \le z)$
1.0	0.3413
1.5	0.4332
2.0	0.4772
2.5	0.4938

$P(\overline{X} \le 53) + P(\overline{Y} \le 69) = 1$일 때, $P(\overline{Y} \ge 71)$의 값을 오른쪽 표준정규분포표를 이용하여 구한 것은?

① 0.8413
② 0.8644
③ 0.8849
④ 0.9192
⑤ 0.9452

21

2021학년도 모의평가

어느 지역 신생아의 출생 시 몸무게 X가 정규분포를 따르고
$$P(X \ge 3.4) = \frac{1}{2}, \quad P(X \le 3.9) + P(Z \le -1) = 1$$
이다. 이 지역 신생아 중에서 임의추출한 25명의 출생 시 몸무게의 표본평균을 $\overline{X}$라 할 때, $P(\overline{X} \ge 3.55)$의 값을 오른쪽 표준정규분포표를 이용하여 구한 것은? (단, 몸무게의 단위는 kg이고, Z는 표준정규분포를 따르는 확률변수이다.)

z	$P(0 \le Z \le z)$
1.0	0.3413
1.5	0.4332
2.0	0.4772
2.5	0.4938

① 0.0062
② 0.0228
③ 0.0668
④ 0.1587
⑤ 0.3413

22

2012학년도 수능

어느 공장에서 생산되는 제품의 길이 X는 평균이 m이고, 표준편차가 4인 정규분포를 따른다고 한다. $P(m \le X \le a) = 0.3413$일 때, 이 공장에서 생산된 제품 중에서 임의추출한 제품 16개의 길이의 표본평균이 $a-2$ 이상일 확률을 오른쪽 표준정규분포표를 이용하여 구한 것은? (단, a는 상수이고, 길이의 단위는 cm이다.)

z	$P(0 \le Z \le z)$
1.0	0.3413
1.5	0.4332
2.0	0.4772

① 0.0228
② 0.0668
③ 0.0919
④ 0.1359
⑤ 0.1587

23

2024학년도 모의평가

주머니 A에는 숫자 1, 2, 3이 하나씩 적힌 3개의 공이 들어 있고, 주머니 B에는 숫자 1, 2, 3, 4가 하나씩 적힌 4개의 공이 들어 있다. 두 주머니 A, B와 한 개의 주사위를 사용하여 다음 시행을 한다.

> 주사위를 한 번 던져
> 나온 눈의 수가 3의 배수이면
> 주머니 A에서 임의로 2개의 공을 동시에 꺼내고,
> 나온 눈의 수가 3의 배수가 아니면
> 주머니 B에서 임의로 2개의 공을 동시에 꺼낸다.
> 꺼낸 2개의 공에 적혀 있는 수의 차를 기록한 후,
> 공을 꺼낸 주머니에 이 2개의 공을 다시 넣는다.

이 시행을 2번 반복하여 기록한 두 개의 수의 평균을 $\overline{X}$라 할 때, $P(\overline{X}=2)$의 값은?

① $\dfrac{11}{81}$　　② $\dfrac{13}{81}$　　③ $\dfrac{5}{27}$

④ $\dfrac{17}{81}$　　⑤ $\dfrac{19}{81}$

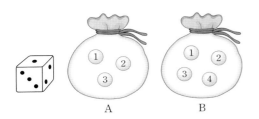

A　　　　　B

예상문제 도전하기

24

모집단의 확률변수 X의 확률분포가 다음 표와 같고, $E(X)=2$이다.

X	1	2	4	계
$P(X=x)$	$\dfrac{4}{5}-a$	a	$\dfrac{1}{5}$	1

이 모집단에서 크기가 25인 표본을 복원추출할 때, 표본평균 $\overline{X}$의 분산 $V(\overline{X})$의 값은?

① $\dfrac{4}{125}$　　② $\dfrac{6}{125}$　　③ $\dfrac{8}{125}$

④ $\dfrac{2}{25}$　　⑤ $\dfrac{12}{125}$

25

어느 회사에서 생산하는 생수 1병의 용량은 평균이 500 mL, 표준편차가 30 mL인 정규분포를 따른다고 한다. 이 회사는 생수를 한 상자에 100병씩 넣어 판매한다. 이 회사에서 판매하는 생수 상자 중에서 임의로 추출한 한 상자에 들어 있는 생수 100병의 용량의 평균을 $\overline{X}$라고 할 때, $P(497 \leq \overline{X} \leq 506)$의 값을 오른쪽 표준정규분포표를 이용하여 구한 것은?

z	$P(0 \leq Z \leq z)$
1.0	0.3413
1.5	0.4332
2.0	0.4772

① 0.6826　　② 0.7745　　③ 0.8185

④ 0.9104　　⑤ 0.9544

26

어느 농장에서 재배하는 고구마 1개의 무게는 평균이 230 g, 표준편차가 30 g인 정규분포를 따른다고 한다. 이 농장의 고구마 중에서 임의추출한 100개의 무게의 표본평균을 $\overline{X}$라고 할 때, $P(\overline{X} \geq k)=0.02$인 상수 k의 값을 오른쪽 표준정규분포표를 이용하여 구한 것은?

z	$P(0 \leq Z \leq z)$
1.0	0.34
1.5	0.43
2.0	0.48
2.5	0.49

① 232　　② 234　　③ 236

④ 240　　⑤ 246

27

어느 공장에서 만드는 상품 1개의 무게를 확률변수 X라 하면 X는 평균이 550 g, 표준편차가 12 g인 정규분포를 따른다고 한다. 임의로 상품 n개를 추출하였을 때, 상품 n개의 무게의 표본평균을 $\overline{X}$라 하자. $\overline{X}$가 544 g 이하일 확률이 0.0668일 때, n의 값을 오른쪽 표준정규분포표를 이용하여 구한 것은?

z	$P(0 \leq Z \leq z)$
1.0	0.3413
1.5	0.4332
2.0	0.4772
2.5	0.4938
3.0	0.4987

① 9　　② 16　　③ 25

④ 36　　⑤ 49

 2, 3등급 유형

💡 출제가능성 ★★★★☆

출제경향 ➡ 이 렇 게   출 제 되 었 다

최근 자주 출제되는 내용으로 의미만 알면 의외로 쉽게 해결할 수도 있는 내용이지만 학생들이 많이 어려워하는 유형이다. 어려운 통계 단원의 마지막에 나오는 내용이라서 힘들어하지만 신뢰구간의 의미만 정확히 알면 점수를 딸 수 있는 유형이다. 거의 같은 패턴을 가지고 출제될 것으로 예상되므로 기본 유형에 대한 공부라도 확실히 해두자.
난이도 – 3, 4점짜리

출제핵심 ➡ 이 것 만 은   꼬 ~ 옥

1. 모평균 m에 대한 신뢰도 95 %의 신뢰구간 ➡ $\bar{x}-1.96\dfrac{\sigma}{\sqrt{n}} \leq m \leq \bar{x}+1.96\dfrac{\sigma}{\sqrt{n}}$

2. 모평균 m에 대한 신뢰도 99 %의 신뢰구간 ➡ $\bar{x}-2.58\dfrac{\sigma}{\sqrt{n}} \leq m \leq \bar{x}+2.58\dfrac{\sigma}{\sqrt{n}}$

개념 확인

❶ 모평균의 신뢰구간 (1)

정규분포 $N(m, \sigma^2)$을 따르는 모집단에서 임의추출한 크기가 n인 표본의 표본평균 $\overline{X}$의 값이 $\bar{x}$일 때,

(1) 모평균 m에 대한 신뢰도 95 %의 신뢰구간

➡ $\bar{x}-1.96\dfrac{\sigma}{\sqrt{n}} \leq m \leq \bar{x}+1.96\dfrac{\sigma}{\sqrt{n}}$

(2) 모평균 m에 대한 신뢰도 99 %의 신뢰구간

➡ $\bar{x}-2.58\dfrac{\sigma}{\sqrt{n}} \leq m \leq \bar{x}+2.58\dfrac{\sigma}{\sqrt{n}}$

❷ 모평균의 신뢰구간 (2)

정규분포 $N(m, \sigma^2)$을 따르는 모집단에서 크기가 n인 표본의 표본평균 $\overline{X}$의 값이 $\bar{x}$이고, $P(-k \leq Z \leq k) = \dfrac{\alpha}{100}$일 때, 신뢰도 α %인 모평균 m의 신뢰구간은

$$\bar{x}-k\dfrac{\sigma}{\sqrt{n}} \leq m \leq \bar{x}+k\dfrac{\sigma}{\sqrt{n}} \ (단, k>0)$$

[참고]

표본의 크기 n이 충분히 크면 모표준편차 σ와 표본표준편차 S의 실제 값인 s가 거의 같아지므로 σ 대신 s를 사용한다.

❸ 신뢰구간의 길이

정규분포 $N(m, \sigma^2)$을 따르는 모집단에서 크기가 n인 표본을 임의추출하여 모평균을 추정할 때,

(1) 신뢰도 95 %의 신뢰구간의 길이 ➡ $2 \times 1.96\dfrac{\sigma}{\sqrt{n}}$

(2) 신뢰도 99 %의 신뢰구간의 길이 ➡ $2 \times 2.58\dfrac{\sigma}{\sqrt{n}}$

기본문제 다지기

01

표준편차가 4인 정규분포를 따르는 모집단에서 16개의 표본을 임의추출하여 모평균을 추정하였더니 신뢰구간의 길이가 2이었다. 같은 신뢰도로 모평균을 추정할 때, 신뢰구간의 길이가 1이 되도록 하기 위한 표본의 크기는?

① 4   ② 8   ③ 32
④ 64   ⑤ 128

02

어느 공장에서 생산되는 제품의 무게는 정규분포를 따른다고 한다. 이 공장에서 생산된 제품 중에서 임의추출한 100개의 무게를 측정하였더니 평균이 300 g, 표준편차가 5 g이었다. 이 공장에서 생산되는 제품 전체의 무게의 평균을 신뢰도 95%로 추정한 신뢰구간이 $[a, b]$일 때, $b-a$의 값은?

(단, $P(|Z| \leq 1.96) = 0.95$이다.)

① 0.475   ② 0.95   ③ 0.98
④ 1.96   ⑤ 3.92

03

정규분포 $N(m, 10^2)$을 따르는 모집단에서 임의추출한 크기가 n인 표본평균이 50일 때, 신뢰도 95%로 모평균 m의 신뢰구간을 추정하면 $49.02 \leq m \leq 50.98$이다. n의 값을 구하시오.

(단, $P(|Z| \leq 1.96) = 0.95$로 계산한다.)

04

A고등학교 전체 학생 중에서 100명을 임의추출하여 모의고사의 성적을 조사하였더니 평균이 300점, 표준편차 50점인 정규분포를 따른다고 한

z	$P(0 \leq Z \leq z)$
1.88	0.47
2.06	0.48
2.33	0.49

다. A고등학교 전체 학생의 모의고사의 성적의 평균 m을 신뢰도 α%로 추정하였더니 $290.6 \leq m \leq 309.4$이었다. 위의 표준정규분포표를 이용하여 α의 값을 구한 것은?

① 92   ② 94   ③ 95
④ 96   ⑤ 98

05

어느 고등학교의 학생들이 일주일 동안 컴퓨터를 사용하는 시간은 표준편차가 2인 정규분포를 따른다고 한다. 이 학교의 학생 중에서 임의추출한 100명을 대상으로 일주일 동안 컴퓨터를 사용하는 시간을 조사하였더니 평균이 p이었다. 이 학교의 학생들이 일주일 동안 컴퓨터를 사용하는 시간의 평균을 신뢰도 95%로 추정한 신뢰구간이 $[\alpha, 7.4]$일 때, α의 값은?

(단, 시간의 단위는 시간이고, $P(|Z| \leq 1.96) = 0.95$이다.)

① 6.606   ② 6.616   ③ 6.626
④ 6.636   ⑤ 6.646

06

정규분포 $N(m, 4)$를 따르는 모집단에서 크기가 n인 표본을 임의로 복원추출하여 그 평균을 구하였더니 α였고, 이 표본평균으로 모평균 m에 대한 신뢰도 95%의 신뢰구간을 구하였더니 $18 \leq m \leq 20$이었다. $\alpha + n$의 값은?

(단, $P(|Z| \leq 2) = 0.95$로 계산한다.)

① 27   ② 31   ③ 35
④ 39   ⑤ 43

기출문제 맛보기

07
2019학년도 수능

어느 마을에서 수확하는 수박의 무게는 평균이 m kg, 표준편차가 1.4 kg인 정규분포를 따른다고 한다. 이 마을에서 수확한 수박 중에서 49개를 임의추출하여 얻은 표본평균을 이용하여, 이 마을에서 수확하는 수박의 무게의 평균 m에 대한 신뢰도 95%의 신뢰구간을 구하면 $a \leq m \leq 7.992$이다. a의 값은? (단, Z가 표준정규분포를 따르는 확률변수일 때, $\mathrm{P}(|Z| \leq 1.96)=0.95$로 계산한다.)

① 7.198   ② 7.208   ③ 7.218

④ 7.228   ⑤ 7.238

08
2025학년도 수능

정규분포 $\mathrm{N}(m, 2^2)$을 따르는 모집단에서 크기가 256인 표본을 임의추출하여 얻은 표본평균을 이용하여 구한 m에 대한 신뢰도 95%의 신뢰구간이 $a \leq m \leq b$이다. $b-a$의 값은? (단, Z가 표준정규분포를 따르는 확률변수일 때, $\mathrm{P}(|Z| \leq 1.96)=0.95$로 계산한다.)

① 0.49   ② 0.52   ③ 0.55

④ 0.58   ⑤ 0.61

09
2017학년도 수능

어느 농가에서 생산하는 석류의 무게는 평균이 m, 표준편차가 40인 정규분포를 따른다고 한다. 이 농가에서 생산하는 석류 중에서 임의추출한, 크기가 64인 표본을 조사하였더니 석류 무게의 표본평균의 값이 $\bar{x}$이었다. 이 결과를 이용하여, 이 농가에서 생산하는 석류 무게의 평균 m에 대한 신뢰도 99%의 신뢰구간을 구하면 $\bar{x}-c \leq m \leq \bar{x}+c$이다. c의 값은? (단, 무게의 단위는 g이고, Z가 표준정규분포를 따르는 확률변수일 때 $\mathrm{P}(0 \leq Z \leq 2.58)=0.495$로 계산한다.)

① 25.8   ② 21.5   ③ 17.2

④ 12.9   ⑤ 8.6

10
2013학년도 수능

어느 회사에서 생산된 모니터의 수명은 정규분포를 따른다고 한다. 이 회사에서 생산된 모니터 중 임의추출한 100대의 수명의 표본평균이 $\bar{x}$, 표본표준편차가 500이었다. 이 결과를 이용하여 이 회사에서 생산된 모니터의 수명의 평균을 신뢰도 95%로 추정한 신뢰구간이 $[\bar{x}-c, \ \bar{x}+c]$이다. c의 값을 구하시오. (단, Z가 표준정규분포를 따르는 확률변수일 때, $\mathrm{P}(0 \leq Z \leq 1.96)=0.4750$이다.)

11
2016학년도 모의평가

어느 회사 직원들의 하루 여가 활동 시간은 모평균이 m, 모표준편차가 10인 정규분포를 따른다고 한다. 이 회사 직원 중 n명을 임의추출하여 신뢰도 95%로 추정한 모평균 m에 대한 신뢰구간이 $[38.08, 45.92]$일 때, n의 값은? (단, 시간의 단위는 분이고, Z가 표준정규분포를 따르는 확률변수일 때 $\mathrm{P}(0 \leq Z \leq 1.96)=0.475$로 계산한다.)

① 25   ② 36   ③ 49

④ 64   ⑤ 81

12
2012학년도 수능

어느 회사에서 생산하는 음료수 1병에 들어 있는 칼슘 함유량은 모평균이 m, 모표준편차가 σ인 정규분포를 따른다고 한다. 이 회사에서 생산한 음료수 16병을 임의추출하여 칼슘 함유량을 측정한 결과 표본평균이 12.34이었다. 이 회사에서 생산한 음료수 1병에 들어 있는 칼슘 함유량의 모평균 m에 대한 신뢰도 95%의 신뢰구간이 $11.36 \leq m \leq a$일 때, $a+\sigma$의 값은? (단, Z가 표준정규분포를 따를 때 $\mathrm{P}(0 \leq Z \leq 1.96)=0.4750$이고, 칼슘 함유량의 단위는 mg이다.)

① 14.32   ② 14.82   ③ 15.32

④ 15.82   ⑤ 16.32

13
2020학년도 모의평가

어느 음식점을 방문한 고객의 주문 대기 시간은 평균이 m분, 표준편차가 σ분인 정규분포를 따른다고 한다. 이 음식점을 방문한 고객 중 64명을 임의추출하여 얻은 표본평균을 이용하여, 이 음식점을 방문한 고객의 주문 대기 시간의 평균 m에 대한 신뢰도 95 %의 신뢰구간을 구하면 $a \le m \le b$이다. $b-a=4.9$일 때, σ의 값을 구하시오. (단, Z가 표준정규분포를 따르는 확률변수일 때, $\mathrm{P}(|Z| \le 1.96)=0.95$로 계산한다.)

14
2024학년도 수능

정규분포 $\mathrm{N}(m,\, 5^2)$을 따르는 모집단에서 크기가 49인 표본을 임의추출하여 얻은 표본평균이 $\overline{x}$일 때, 모평균 m에 대한 신뢰도 95 %의 신뢰구간이 $a \le m \le \dfrac{6}{5}a$이다. $\overline{x}$의 값은?

(단, Z가 표준정규분포를 따르는 확률변수일 때, $\mathrm{P}(|Z| \le 1.96)=0.95$로 계산한다.)

① 15.2　　　② 15.4　　　③ 15.6
④ 15.8　　　⑤ 16.0

15
2018학년도 모의평가

어느 회사에서 생산하는 초콜릿 한 개의 무게는 평균이 m, 표준편차가 σ인 정규분포를 따른다고 한다. 이 회사에서 생산하는 초콜릿 중에서 임의추출한, 크기가 49인 표본을 조사하였더니 초콜릿 무게의 표본평균의 값이 $\overline{x}$이었다. 이 결과를 이용하여, 이 회사에서 생산하는 초콜릿 한 개의 무게의 평균 m에 대한 신뢰도 95 %의 신뢰구간을 구하면 $1.73 \le m \le 1.87$이다.

$\dfrac{\sigma}{\overline{x}}=k$일 때, $180k$의 값을 구하시오.

(단, 무게의 단위는 g이고, Z가 표준정규분포를 따르는 확률변수일 때 $\mathrm{P}(0 \le Z \le 1.96)=0.475$로 계산한다.)

16
2023학년도 수능

어느 회사에서 생산하는 샴푸 1개의 용량은 정규분포 $\mathrm{N}(m,\, \sigma^2)$을 따른다고 한다. 이 회사에서 생산하는 샴푸 중에서 16개를 임의추출하여 얻은 표본평균을 이용하여 구한 m에 대한 신뢰도 95%의 신뢰구간이 $746.1 \le m \le 755.9$이다. 이 회사에서 생산하는 샴푸 중에서 n개를 임의추출하여 얻은 표본평균을 이용하여 구하는 m에 대한 신뢰도 99%의 신뢰구간이 $a \le m \le b$일 때, $b-a$의 값이 6 이하가 되기 위한 자연수 n의 최솟값은? (단, 용량의 단위는 mL이고, Z가 표준정규분포를 따르는 확률변수일 때, $\mathrm{P}(|Z| \le 1.96)=0.95$, $\mathrm{P}(|Z| \le 2.58)=0.99$로 계산한다.)

① 70　　　② 74　　　③ 78
④ 82　　　⑤ 86

17
2022학년도 수능

어느 자동차 회사에서 생산하는 전기 자동차의 1회 충전 주행 거리는 평균이 m이고 표준편차가 σ인 정규분포를 따른다고 한다. 이 자동차 회사에서 생산한 전기 자동차 100대를 임의추출하여 얻은 1회 충전 주행 거리의 표본평균이 $\overline{x_1}$일 때, 모평균 m에 대한 신뢰도 95 %의 신뢰구간이 $a \le m \le b$이다. 이 자동차 회사에서 생산한 전기 자동차 400대를 임의추출하여 얻은 1회 충전 주행 거리의 표본평균이 $\overline{x_2}$일 때, 모평균 m에 대한 신뢰도 99 %의 신뢰구간이 $c \le m \le d$이다.

$\overline{x_1}-\overline{x_2}=1.34$이고 $a=c$일 때, $b-a$의 값은? (단, 주행 거리의 단위는 km이고, Z가 표준정규분포를 따르는 확률변수일 때 $\mathrm{P}(|Z| \le 1.96)=0.95$, $\mathrm{P}(|Z| \le 2.58)=0.99$로 계산한다.)

① 5.88　　　② 7.84　　　③ 9.80
④ 11.76　　　⑤ 13.72

18

2019학년도 수능

어느 지역 주민들의 하루 여가 활동 시간은 평균이 m분, 표준편차가 σ분인 정규분포를 따른다고 한다. 이 지역 주민 중 16명을 임의추출하여 구한 하루 여가 활동 시간의 표본평균이 75분일 때, 모평균 m에 대한 신뢰도 95%의 신뢰구간이 $a \leq m \leq b$이다. 이 지역 주민 중 16명을 다시 임의추출하여 구한 하루 여가 활동 시간의 표본평균이 77분일 때, 모평균 m에 대한 신뢰도 99%의 신뢰구간이 $c \leq m \leq d$이다. $d-b=3.86$을 만족시키는 σ의 값을 구하시오. (단, Z가 표준정규분포를 따르는 확률변수일 때, $P(|Z| \leq 1.96)=0.95$, $P(|Z| \leq 2.58)=0.99$로 계산한다.)

19

2015학년도 모의평가

어느 나라에서 작년에 운행된 택시의 연간 주행거리는 모평균이 m인 정규분포를 따른다고 한다. 이 나라에서 작년에 운행된 택시 중에서 16대를 임의추출하여 구한 연간 주행거리의 표본평균이 $\overline{x}$이고, 이 결과를 이용하여 신뢰도 95%로 추정한 m에 대한 신뢰구간이 $[\overline{x}-c, \overline{x}+c]$이었다. 이 나라에서 작년에 운행된 택시 중에서 임의로 1대를 선택할 때, 이 택시의 연간 주행거리가 $m+c$ 이하일 확률을 오른쪽 표준정규분포표를 이용하여 구한 것은?

(단, 주행거리의 단위는 km이다.)

z	$P(0 \leq Z \leq z)$
0.49	0.1879
0.98	0.3365
1.47	0.4292
1.96	0.4750

① 0.6242 ② 0.6635 ③ 0.6879
④ 0.8365 ⑤ 0.9292

20

2019학년도 모의평가

어느 고등학교 학생들의 1개월 자율학습실 이용 시간은 평균이 m, 표준편차가 5인 정규분포를 따른다고 한다. 이 고등학교 학생 25명을 임의추출하여 1개월 자율학습실 이용 시간을 조사한 표본평균이 $\overline{x_1}$일 때, 모평균 m에 대한 신뢰도 95%의 신뢰구간이 $80-a \leq m \leq 80+a$이었다. 또 이 고등학교 학생 n명을 임의추출하여 1개월 자율학습실 이용 시간을 조사한 표본평균이 $\overline{x_2}$일 때, 모평균 m에 대한 신뢰도 95%의 신뢰구간이 다음과 같다.

$$\frac{15}{16}\overline{x_1} - \frac{5}{7}a \leq m \leq \frac{15}{16}\overline{x_1} + \frac{5}{7}a$$

$n+\overline{x_2}$의 값은? (단, 이용 시간의 단위는 시간이고, Z가 표준정규분포를 따르는 확률변수일 때, $P(0 \leq Z \leq 1.96)=0.475$로 계산한다.)

① 121 ② 124 ③ 127
④ 130 ⑤ 133

21

2005학년도 모의평가

A, B, C, D 네 지역의 고등학교 3학년 학생의 키를 조사하기 위하여 각 지역에서 표본을 추출하여 표본평균을 구하였다. 각 지역의 키의 분포는 정규분포를 따르고 각 지역의 분산은 다음과 같이 알려져 있다.

	A	B	C	D
표본평균	175	170	175	170
분산	36	16	16	25
표본 수	100	400	400	100

위의 표를 보고 모평균의 신뢰구간에 대한 〈보기〉의 설명 중 옳은 것을 모두 고르면?

(단, $P(0 \leq Z \leq 1.96)=0.475$, $P(0 \leq Z \leq 2.58)=0.495$)

┤ 보 기 ├

ㄱ. B와 C의 신뢰도 95% 신뢰구간의 길이는 같다.

ㄴ. A의 신뢰도 95% 신뢰구간의 길이가 C의 신뢰도 99% 신뢰구간의 길이보다 짧다.

ㄷ. B의 신뢰도 95% 신뢰구간의 길이가 D의 신뢰도 95% 신뢰구간의 길이보다 짧다.

① ㄱ ② ㄴ ③ ㄱ, ㄴ
④ ㄱ, ㄷ ⑤ ㄱ, ㄴ, ㄷ

예상문제 도전하기

22

모표준편차가 4로 알려진 모집단의 평균을 신뢰도 95 %로 추정하려고 한다. 신뢰구간의 길이가 2 이하가 되도록 할 때, 표본의 크기 n의 최솟값은? (단, $P(|Z| \leq 2) = 0.95$로 계산한다.)

① 60   ② 62   ③ 64

④ 66   ⑤ 68

23

모표준편차가 10이고 정규분포를 따르는 모집단에서 크기가 25인 표본을 임의추출하였더니 평균이 84이었다. 이 표본을 이용하여 모평균을 신뢰도 a %로 추정하려고 한다. a가 다음 조건을 만족시킬 때, 추정한 신뢰구간은 $[a, b]$이다.

> 정규분포 $N(20, 3^2)$을 따르는 확률변수 X에 대하여
>
> $P(14 \leq X \leq 26) = \dfrac{a}{100}$이다.

$2a - b$의 값은?

① 70   ② 72   ③ 74

④ 76   ⑤ 78

24

정규분포를 따르는 모집단에서 표본을 임의추출하여 모평균을 추정할 때, 신뢰도 95 %의 신뢰구간의 길이를 모표준편차의 $\dfrac{1}{5}$ 이하로 하려고 한다. 표본의 크기의 최솟값은? (단, $P(|Z| \leq 1.96) = 0.95$이다.)

① 370   ② 375   ③ 380

④ 385   ⑤ 390

25

어느 공장에서 생산되는 골프공을 일정한 세기로 칠 때 날아가는 거리는 정규분포를 따른다고 한다. 이 공장에서 생산된 골프공 중 임의추출한 n개에 대하여 날아가는 거리를 측정하였더니 평균이 $\overline{x}$ mm, 표준편차가 12 mm이었다. 이를 이용하여 이 공장에서 생산되는 골프공 전체의 날아가는 거리의 평균을 신뢰도 95 %로 추정한 신뢰구간이 $[244.04, 247.96]$일 때, $n + \overline{x}$의 값은?

(단, n은 충분히 큰 수이고, $P(0 \leq Z \leq 1.96) = 0.4750$이다.)

① 387   ② 388   ③ 389

④ 390   ⑤ 391

26

어느 고등학교 3학년 학생들의 키는 표준편차가 3 cm인 정규분포를 따른다고 한다. 이 학교 3학년 중에서 9명의 학생을 임의로 추출하여 키를 조사하였더니 다음과 같았다.

(단위: cm)

> 170, 171, 172, 170, 170, 171, 172, 171, 172

이 학교 3학년 학생들의 키의 평균 m cm를 신뢰도 95 %로 추정한 신뢰구간이 $a \leq m \leq b$이다. $a + b$의 값을 구하시오.

(단, $P(-1.96 \leq Z \leq 1.96) = 0.95$이다.)

암호 해독의 마술사 비에트

나의 벗! 로마누스에게

요즘 건강은 어떠한가? 몇 년 만에 편지로라도 만난 것 같아 반갑네.

몇 년 전 스페인에서는 600여 개나 되는 어떤 암호를 만들어 비밀 통신을 하는데 그 누구도 이 복잡한 암호를 눈치 채지 못할 것이라고 믿고 있었다네. 그런데 우리나라 프랑스의 왕인 헨리 4세가 이 비밀 암호 편지를 빼앗아 나에게 보여주었지. 물론 나는 이 암호의 내용뿐만 아니라 암호의 조립 방법도 알아내었다네. 그 후에 스페인과 우리나라가 전쟁을 하는데 나의 암호 해독 때문에 작전이 다 노출된 스페인 국왕은 화가 머리 끝까지 치밀었다는군.

그런데 아무리 화풀이 할 데가 없어도 그렇지 암호가 해독된 것을 용납할 수 없는 그는 교황에게 "이것은 도저히 사람 짓이 아니다. 프랑스가 악마를 고용한 것임에 틀림없다."라고 불평했다고 하네.

참 요즘 내가 새로운 문자들을 이용해서 식을 표현해 보려고 구상 중인데 조만간 만나서 나의 새로운 계획을 같이 의논해 보세.

16○○년 ○월 ○일

그대의 벗! 비에트

프랑스의 수학자 비에트(Viéte, F., 1540 ~ 1603)는 ＋, －, 소숫점 등 대수적 기호들의 일반화에 큰 역할을 하여 [대수학의 아버지]라고도 부른다. 비에트는 미지의 양을 표현하는 데 알파벳의 모음(a, e, i, o, u)을 사용하였고, 이미 알고 있는 양을 표현하는 데는 알파벳의 자음을 사용하였다. 또 A, Aq, Ac와 같이 한 글자 A로 거듭제곱들을 모두 나타냄으로써 기호를 여러 개 사용해야 하는 번거로움도 피하게 되었고, 더 많은 지수의 거듭제곱을 사용하는 일도 가능하게 했다. 수의 발달과 더불어 식을 간단히 하고 보다 간편하게 사용하려는 수학적 기호들은 대수학을 발전하게 하는 계기가 되었다.

한눈에 보는 정답 확률과 통계

짱 중요한 유형

유형 01
01 ⑤ 02 ③ 03 ④ 04 ③ 05 ③ 06 ① 07 ③ 08 ② 09 ⑤ 10 ⑤ 11 33 12 ① 13 ③
14 ② 15 ① 16 ④ 17 ③ 18 ① 19 48 20 ③ 21 ② 22 ④ 23 200 24 100 25 510 26 505 27 ②
28 ② 29 ⑤ 30 ⑤ 31 630

유형 02
01 ② 02 ② 03 340 04 ⑤ 05 ③ 06 ④ 07 12 08 ② 09 ③ 10 ① 11 ③ 12 ⑤ 13 ②
14 ⑤ 15 ② 16 84 17 89 18 ④ 19 72 20 84 21 120

유형 03
01 35 02 ⑤ 03 ④ 04 ① 05 ① 06 ④ 07 24 08 ⑤ 09 ③ 10 ④ 11 24 12 ⑤ 13 15
14 ⑤ 15 ⑤ 16 3 17 30 18 ② 19 25 20 ② 21 ① 22 ② 23 ② 24 10 25 ⑤ 26 ④ 27 8
28 ① 29 ② 30 ① 31 4 32 ③ 33 ① 34 ②

유형 04
01 ① 02 ③ 03 ① 04 20 05 ① 06 ③ 07 126 08 ③ 09 ④ 10 ⑤ 11 ② 12 ⑤ 13 36
14 168 15 ③ 16 93 17 285 18 114 19 201 20 218 21 25 22 ⑤ 23 ④ 24 36 25 ①

유형 05
01 ④ 02 ① 03 ② 04 14 05 48 06 4 07 ② 08 ④ 09 74 10 ① 11 ③ 12 332 13 196
14 336 15 84 16 ⑤ 17 115 18 210 19 ⑤ 20 ① 21 15 22 ⑤ 23 ② 24 108 25 260 26 ① 27 ②
28 ③ 29 120 30 16 31 75 32 ③ 33 ④ 34 ③

유형 06
01 ② 02 ③ 03 ④ 04 71 05 ① 06 ⑤ 07 ③ 08 6 09 ④ 10 ⑤ 11 ③ 12 ③ 13 ③
14 ⑤ 15 ③ 16 ③ 17 ② 18 ② 19 ⑤ 20 ④ 21 ② 22 12 23 ④ 24 ⑤ 25 51 26 ⑤ 27 ⑤
28 ② 29 ③ 30 ④ 31 ①

유형 07
01 ③ 02 ④ 03 ③ 04 ③ 05 ② 06 ② 07 ① 08 ⑤ 09 ④ 10 ④ 11 ③ 12 ⑤ 13 ⑤
14 ③ 15 11 16 ④ 17 ④ 18 ④ 19 ① 20 ② 21 89 22 19 23 22 24 ⑤ 25 ① 26 ④ 27 73
28 ⑤ 29 ④ 30 ④

유형 08 01 ② 02 ③ 03 ① 04 ④ 05 ② 06 ③ 07 ② 08 ③ 09 ② 10 ① 11 ③ 12 49 13 191
14 50 15 43 16 9 17 ① 18 ④ 19 ③ 20 ③ 21 ⑤ 22 ③ 23 ④ 24 ② 25 ④ 26 ④

유형 09 01 ② 02 ③ 03 ③ 04 ⑤ 05 ① 06 ③ 07 ① 08 ① 09 ① 10 43 11 ⑤ 12 137 13 ②
14 ① 15 ① 16 ③ 17 ④ 18 587 19 ① 20 ③ 21 62 22 91 23 ① 24 11 25 ⑤ 26 ④ 27 ③
28 ② 29 43

유형 10 01 ③ 02 ④ 03 ① 04 ② 05 28 06 ⑤ 07 11 08 ⑤ 09 ⑤ 10 78 11 121 12 ① 13 ④
14 28 15 ③ 16 20 17 ② 18 ③ 19 ④ 20 13 21 ② 22 1 23 ② 24 ⑤

유형 11 01 ③ 02 ① 03 ② 04 ① 05 ① 06 920 07 ① 08 15 09 32 10 20 11 ④ 12 80 13 ①
14 ④ 15 50 16 ① 17 30 18 ④ 19 ③ 20 ⑤ 21 128 22 ③ 23 ③ 24 21 25 ② 26 ② 27 ②
28 ③ 29 102

유형 12 01 ④ 02 ③ 03 ② 04 ③ 05 1 06 ② 07 ④ 08 ① 09 5 10 ④ 11 ③ 12 31 13 6
14 ② 15 2 16 ④ 17 ① 18 ③

유형 13 01 106 02 40 03 ⑤ 04 ④ 05 ⑤ 06 ④ 07 ① 08 ⑤ 09 ② 10 ④ 11 994 12 ⑤ 13 ⑤
14 ④ 15 25 16 ④ 17 ③ 18 673 19 ④ 20 155 21 62 22 ① 23 ④ 24 ② 25 ③ 26 ④ 27 ①
28 ① 29 ① 30 66 31 ②

유형 14 01 ③ 02 ④ 03 2 04 ④ 05 64 06 ⑤ 07 ④ 08 ③ 09 ⑤ 10 175 11 ③ 12 ④ 13 ⑤
14 ② 15 ② 16 ① 17 ③ 18 ⑤ 19 25 20 ① 21 ③ 22 ① 23 ⑤ 24 ② 25 ③ 26 ③ 27 ①

유형 15 01 ④ 02 ④ 03 400 04 ② 05 ② 06 ③ 07 ② 08 ① 09 ④ 10 98 11 ① 12 ③ 13 10
14 ② 15 25 16 ② 17 ② 18 12 19 ③ 20 ② 21 ④ 22 ③ 23 ② 24 ④ 25 ④ 26 342

짱 쉬운 확장판으로 수능 4등급은 확보!!!

짱 쉬운 유형은 풀만하던가요?

짱 쉬운 유형만 풀 수 있어도 수능 4등급은 충분합니다.

짱 쉬운 유형 문항 수 2배 + 짱 쉬운 모의고사 5회로 구성

총3종 수학Ⅰ, 수학Ⅱ, 확률과 통계

짱시리즈의 완결판!

짱 Final

실전모의고사

짱 시리즈는 연계가 아니라 적중입니다!!!

수능 문제지와
가장 유사한
난이도와 문제로 구성된
실전 모의고사 8회

EBS교재
연계 문항을 수록한
실전 모의고사 교재

짱

중요한 유형

기출! 나는 수능에
나오는 유형만 공부한다!

정답 및 **풀이**

확률과 통계

정답 및 풀이

01 중복순열과 원순열

기본문제 다지기

본문 009쪽

01 ⑤	02 ③	03 ④	04 ③
05 ③	06 ①		

01 서로 다른 3개에서 4개를 택하는 중복순열의 수와 같으므로
$_3\Pi_4=3^4=81$

02 일의 자리에 올 수 있는 수는 1, 3, 5이므로 그 경우의 수는 3
백의 자리와 십의 자리에는 1, 2, 3, 4, 5가 모두 중복하여 올 수 있으므로 그 경우의 수는 $_5\Pi_2$
따라서 구하는 세 자리 홀수의 개수는
$3\times_5\Pi_2=3\times5^2=75$

03 만의 자리에는 0을 제외한 1, 2, 3이 올 수 있으므로 그 경우의 수는 3
이들 각각에 대하여 나머지 네 자리에는 0, 1, 2, 3이 모두 중복하여 올 수 있으므로 그 경우의 수는
$_4\Pi_4$
따라서 구하는 정수의 개수는
$3\times_4\Pi_4=3\times4^4=768$

04 5명이 원형 탁자에 둘러 앉는 방법의 수는
$(5-1)!=4!=24$

05 한 쌍의 부부를 하나로 묶어서 한 명으로 생각하여 5명이 원탁에 둘러앉는 방법의 수는
$(5-1)!=4!$
또 부부끼리 서로 자리를 바꾸는 방법의 수는 2^5
따라서 구하는 방법의 수는
$4!\times2^5$

06 10명의 학생을 원형으로 앉히는 방법의 수는
$(10-1)!=9!$

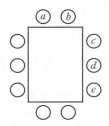

직사각형 모양의 탁자에서는 원형으로 앉는 한 가지 방법에 대하여 5가지의 서로 다른 경우가 있으므로 구하는 방법의 수는
$9!\times5$

기출문제 맛보기

본문 010~012쪽

07 ③	08 ②	09 ⑤	10 ⑤
11 33	12 ①	13 ③	14 ②
15 ①	16 ④	17 ③	18 ①
19 48	20 ③	21 ②	

07 네 자리의 자연수가 5의 배수이므로 일의 자리 수는 5이다.
또한, 나머지 3개의 자리에 들어갈 수 있는 수의 개수는 중복을 허락하므로 모두 5개씩이다.
따라서 구하는 경우의 수는
$_5\Pi_3=5^3=125$

08 네 자리의 자연수가 4000 이상인 홀수이려면
천의 자리의 수는 4, 5 중의 하나이고,
일의 자리의 수는 1, 3, 5 중의 하나이며,
십의 자리와 백의 자리의 수는 각각
1, 2, 3, 4, 5 중의 하나이어야 한다.
따라서 구하는 자연수의 개수는
$_2\Pi_1\times_3\Pi_1\times_5\Pi_2=2\times3\times25=150$

09 서로 다른 과일 5개 중에서 그릇 A에 2개를 담는 경우의 수는
$_5C_2=\dfrac{5!}{2!\,3!}=10$
이 각각에 대하여 나머지 과일 3개를 두 그릇 B, C에 담는 경우의 수는 서로 다른 2개에서 중복을 허락하여 3개를 택하는 중복순열의 수와 같으므로 $_2\Pi_3=2^3=8$
따라서 구하는 경우의 수는 $10\times8=80$

10 첫 문자는 a이고, a끼리는 이웃하지 않으므로 두 번째 문자는 b이다. 나머지 4자리 문자열을 채우는 모든 경우의 수는
$_2\Pi_4=2^4=16$
a가 이웃하는 경우를 생각하면
(i) a가 4개 이웃하는 경우
  $aaaa$의 1가지
(ii) a가 3개 이웃하는 경우
  $aaab$, $baaa$의 2가지
(iii) a가 2개 이웃하는 경우
  $abaa$, $aaba$, $aabb$, $bbaa$, $baab$의 5가지
따라서 구하는 문자열의 개수는
$16-(1+2+5)=8$

11 문자 a가 두 번 이상 나오는 경우의 수이므로 a가 2번, 3번, 4번 나오는 경우로 나누면
(i) a가 2번 나오는 경우
  네 자리 중에서 a를 먼저 두 자리에 배치하는 경우의 수가 $_4C_2$이고 나머지 두 자리에 b 또는 c를 중복하여 배치하는 경우의

수가 $_2\Pi_2$이므로

$_4C_2 \times _2\Pi_2 = 6 \times 4 = 24$

(ii) a가 3번 나오는 경우

네 자리 중에서 a를 먼저 세 자리에 배치하는 경우의 수가

$_4C_3$이고 나머지 한 자리에 b 또는 c를 배치하는 경우의 수가 2

이므로

$_4C_3 \times 2 = 4 \times 2 = 8$

(iii) a가 4번 나오는 경우

$aaaa$의 1가지

(i), (ii), (iii)에서 구하는 경우의 수는

$24 + 8 + 1 = 33$

12 조건 ㈎, ㈏를 만족시키는 경우는 다음 두 가지 경우뿐이다.

(i) 홀수 1개, 짝수 4개를 택하는 경우

사용할 홀수 1개를 택하는 경우의 수는

$_3C_1 = 3$

이 각각에 대하여 짝수는 3개 중에서 2개를 택하여 두 번씩

사용해야 하므로 사용할 짝수를 택하는 경우의 수는 $_3C_2 = 3$

이 각각에 대하여 택한 수 5개를 일렬로 나열하는 경우의 수는

$\dfrac{5!}{2!2!} = 30$

따라서 이 경우의 수는

$3 \times 3 \times 30 = 270$

(ii) 홀수 3개, 짝수 2개를 택하는 경우

짝수는 1개만 택하여 두 번 사용해야 하므로 사용할 짝수

1개를 택하는 경우의 수는 $_3C_1 = 3$

이 각각에 대하여 택한 수 5개를 일렬로 나열하는 경우의 수는

$\dfrac{5!}{2!} = 60$

따라서 이 경우의 수는

$3 \times 60 = 180$

(i), (ii)에서 구하는 경우의 수는

$270 + 180 = 450$

13 조건 ㈎에서 양 끝에 나열되는 문자는 X, Y 중에서 중복을 허락

하여 정하면 되므로

양 끝에 나열되는 문자를 정하는 경우의 수는

$_2\Pi_2 = 2^2 = 4$

조건 ㈏에서 문자 a의 위치를 정하는 경우의 수는

4

나머지 3곳에 나열할 문자는 b, X, Y 중에서 중복을 허락하여

정하면 되므로

나머지 3곳에 나열되는 문자를 정하는 경우의 수는

$_3\Pi_3 = 3^3 = 27$

따라서 구하는 경우의 수는

$4 \times 4 \times 27 = 432$

14 A와 B를 한 묶음으로 생각해서 5개를 원형으로 배열하는 경우

의 수는 $(5-1)! = 4! = 24$

또 A와 B가 자리를 바꾸는 경우의 수는 $2! = 2$

따라서 구하는 경우의 수는 $24 \times 2 = 48$

15 1학년 학생 2명을 한 묶음으로, 2학년 학생 2명을 한 묶음으로

생각하고 3학년 학생 3명과 함께 원형으로 배열하는 경우의 수는

회전하여 일치하는 것을 고려하면

$(5-1)! = 4! = 24$

1학년 학생이 서로 자리를 바꾸는 경우의 수는

$2!$

2학년 학생이 서로 자리를 바꾸는 경우의 수는

$2!$

따라서 구하는 경우의 수는

$24 \times 2! \times 2! = 96$

16 두 학생 A, B를 제외한 나머지 6명의 학생 중 3명의 학생을 선

택하는 경우의 수는

$_6C_3 = \dfrac{6 \times 5 \times 4}{3 \times 2 \times 1} = 20$

이 각각에 대하여 두 학생 A, B를 한 사람으로 생각하여 4명의

학생이 원 모양의 탁자에 앉는 경우의 수는

$(4-1)! = 3! = 6$

이 각각에 대하여 두 학생 A, B가 서로 자리를 바꾸는 경우의

수는 $2! = 2$

따라서 구하는 경우의 수는

$20 \times 6 \times 2 = 240$

17 원 모양의 탁자에 우선 A, B가 이웃하여 앉는 경우의 수는

$2! = 2$

C가 나머지 4개의 자리 중 B와 이웃하지 않는 3개의 자리에 앉

는 경우의 수는 $_3C_1 = 3$

나머지 3명이 나머지 3개의 자리에 앉는 경우의 수는

$3! = 6$

따라서 구하는 경우의 수는

$2 \times 3 \times 6 = 36$

18 6개의 의자를 일정한 간격을 두고 원형으로 배열하는 원순열의

수는

$(6-1)! = 120$

이때 이웃한 2개의 의자에 적혀 있는 수의 합이 11이 되려면 5와

6이 적힌 의자가 서로 이웃해야 한다.

따라서 5와 6이 적힌 의자를 묶어서 하나의 의자로 생각하여 모

두 5개의 의자를 일정한 간격을 두고 원형으로 배열하는 원순열

의 수는

$(5-1)! = 24$

이때 5와 6이 적힌 의자의 위치를 서로 바꾸는 경우의 수는 2이므

로 5와 6이 적힌 의자가 서로 이웃하도록 배열하는 경우의 수는

$24 \times 2 = 48$

따라서 구하는 경우의 수는

$120 - 48 = 72$

19 6개의 의자를 원형으로 배열하는 경우의 수는

$(6-1)! = 5! = 120$

이때 서로 이웃한 2개의 의자에 적혀 있는 수의 곱이 12가 되는 경

우가 있도록 배열하는 경우는 다음과 같이 생각할 수 있다.

(i) 2, 6이 각각 적힌 두 의자가 이웃하게 배열되는 경우

2, 6이 각각 적힌 두 의자를 1개로 생각하여 의자 5개를 원형으

로 배열하는 경우의 수는

$(5-1)!=4!=24$

이 각각에 대하여 2, 6이 각각 적힌 두 의자의 자리를 서로 바꾸는 경우의 수는

$2!=2$

그러므로 이 경우의 수는

$24×2=48$

(ii) 3, 4가 각각 적힌 두 의자가 이웃하게 배열되는 경우

3, 4가 각각 적힌 두 의자를 1개로 생각하여 의자 5개를 원형으로 배열하는 경우의 수는

$(5-1)!=4!=24$

이 각각에 대하여 3, 4가 각각 적힌 두 의자의 자리를 서로 바꾸는 경우의 수는

$2!=2$

그러므로 이 경우의 수는

$24×2=48$

(iii) 2, 6이 각각 적힌 두 의자와 3, 4가 각각 적힌 두 의자가 모두 이웃하게 배열되는 경우

2, 6이 각각 적힌 두 의자를 1개로 생각하고, 3, 4가 각각 적힌 두 의자를 1개로 생각하여 의자 4개를 원형으로 배열하는 경우의 수는

$(4-1)!=3!=6$

이 각각에 대하여 2, 6이 각각 적힌 두 의자의 자리를 서로 바꾸고 3, 4가 각각 적힌 두 의자의 자리를 서로 바꾸는 경우의 수는

$2!×2!=4$

그러므로 이 경우의 수는

$6×4=24$

(i)~(iii)에 의하여 서로 이웃한 2개의 의자에 적혀 있는 수의 곱이 12가 되는 경우가 있도록 배열하는 경우의 수는

$48+48-24=72$

따라서 구하는 경우의 수는

$120-72=48$

20 6개의 날개 중에서 한 곳에 빨간색이 칠해지면 파란색은 맞은편의 날개에 칠해진다.

즉, 빨간색과 파란색을 같은 색으로 생각하면 서로 다른 5개의 색을 원형으로 배열하는 원순열의 수와 같으므로

$(5-1)!=4!=24$

[다른 풀이]

6개의 날개 중에서 한 곳에 빨간색이 칠해지면 파란색은 맞은편의 날개에 칠해지므로 나머지 4개의 날개에 4가지의 색을 칠하는 방법의 수는 $4!=24$

21 (i) a에 색칠하는 경우는 7가지

(ii) b, c, d에 색칠하는 경우

a에 칠한 색을 제외한 6가지의 색 중에서 3가지의 색을 택하여 원형으로 배열하는 원순열의 수이므로

$_6C_3×(3-1)!=40$

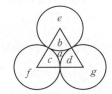

(iii) e, f, g에 색칠하는 경우

a, b, c, d에 서로 다른 색이 칠해져 있으므로 e, f, g에 색칠하는 것은 회전에 의하여 일치하지 않는다.

즉, e, f, g에 색칠하는 경우의 수는 $3!=6$

(i), (ii), (iii)에서 구하는 경우의 수는

$7×40×6=1680$

예상문제 도전하기　　　　본문 012~013쪽

22 ④	23 200	24 100	25 510
26 505	27 ②	28 ②	29 ⑤
30 ⑤	31 630		

22 서로 다른 3개에서 5개를 택하는 중복순열의 수와 같으므로

$_3\Pi_5=3^5=243$

23 5종류의 빵 중에서 중복을 허락하여 2개를 구입해서 남학생에게 나누어 주는 방법의 수는

$_5\Pi_2=5^2=25$

2종류의 음료수 중에서 중복을 허락하여 3개를 구입해서 여학생에게 나누어 주는 방법의 수는

$_2\Pi_3=2^3=8$

따라서 구하는 방법의 수는

$25×8=200$

24 백의 자리에는 0을 제외한 1, 2, 3, 4가 올 수 있으므로 그 경우의 수는 4

이들 각각에 대하여 나머지 두 자리에는 0, 1, 2, 3, 4가 모두 중복하여 올 수 있으므로 그 경우의 수는 $_5\Pi_2$

따라서 구하는 자연수의 개수는

$4×_5\Pi_2=4×5^2=100$

25 0, 1, 2, 3, 4, 5 중에서 중복을 허용하여 만들 수 있는 네 자리 자연수를 크기가 작은 것부터 나열하면

(i) 1□□□, 2□□□ 꼴

$2×_6\Pi_3=2×6^3=432$

(ii) 30□□, 31□□ 꼴

$2×_6\Pi_2=2×6^2=72$

(iii) 320□ 꼴

3200, 3201, 3202, 3203, 3204, 3205의 6개

(i), (ii), (iii)에서 $432+72+6=510$이므로

3205는 510번째에 나열되는 수이다.

$\therefore n=510$

26 네 사람이 5대의 승용차에 나누어 타고 가는 모든 경우의 수는 5대의 승용차에서 중복을 허락하여 4대를 택하는 중복순열의 수이므로

$_5\Pi_4=5^4=625$

한편, 네 사람이 각자 1대씩 타고 가는 경우의 수는 5대의 승용차 중에서 4대의 승용차를 택하여 일렬로 나열하는 순열의 수와 같으므로

$_5P_4=120$

따라서 적어도 두 사람이 같은 차를 타고 가게 되는 경우의 수는

$625-120=505$

27 조건 (가)에서 양 끝에 나열되는 문자는 X, Y 중에서 중복을 허락하여 정하면 되므로
양 끝에 나열되는 문자를 정하는 경우의 수는
$_2\Pi_2=2^2=4$
조건 (나)에서 나머지 3곳에 a가 적어도 한 번은 나와야 하므로
전체 경우의 수에서 a가 한 번도 나오지 않을 경우의 수를 제외하면
$_5\Pi_3-_4\Pi_3=5^3-4^3=61$
따라서 구하는 경우의 수는
$4\times61=244$

28 남학생 5명이 원탁에 둘러 앉는 방법의 수는
$(5-1)!=4!=24$
여학생 3명은 남학생 사이사이의 5개의 자리에서 3개를 택하여 앉으면 되므로 그 방법의 수는
$_5P_3=60$
따라서 구하는 방법의 수는
$24\times60=1440$

29 빨강과 노랑을 제외한 나머지 색을 칠하는 경우의 수는 $4!$
회전하였을 때 같은 경우가 생기므로 구하는 방법의 수는
$\dfrac{4!}{2}=12$

30 (ⅰ) 삼각형의 내부 영역에 칠할 3가지 색을 선택하는 방법의 수는
$_6C_3=20$
(ⅱ) 선택한 3가지 색을 삼각형의 내부에 칠하는 방법의 수는
$(3-1)!=2!=2$
(ⅲ) 나머지 3가지 색을 삼각형 외부에 칠하는 방법의 수는
$3!=6$
(ⅰ), (ⅱ), (ⅲ)에서 구하는 방법의 수는
$20\times2\times6=240$

31 (ⅰ) 밑면에 색을 칠하는 방법은 7가지
(ⅱ) 옆면에 색을 칠하는 방법의 수는 밑면에 칠한 색을 제외한 6가지의 색 중에서 4가지의 색을 택하여 원형으로 배열하는 원순열의 수이므로
$_6C_4\times(4-1)!=90$
(ⅰ), (ⅱ)에서 구하는 방법의 수는
$7\times90=630$

02 같은 것이 있는 순열

본문 015쪽

기본문제 다지기

01 ②	02 ②	03 340	04 ⑤
05 ③	06 ④	07 12	

01 7개의 숫자 중에서 1이 2개, 2가 2개, 3이 3개이므로 이를 일렬로 배열하는 방법의 수는
$\dfrac{7!}{2!2!3!}=210$

02 모음 E, O를 맨 앞에 나열하는 방법은 2가지
자음 C, N, S, T, T 중에서 T가 2개이므로 이를 일렬로 나열하는 방법의 수는
$\dfrac{5!}{2!}=60$
따라서 구하는 방법의 수는
$2\times60=120$

03 (ⅰ) 양쪽 끝에 a, b가 오는 경우의 수는
$2!\times\dfrac{5!}{3!}=40$
(ⅱ) 양쪽 끝에 a, c가 오는 경우의 수는
$2!\times\dfrac{5!}{2!2!}=60$
(ⅲ) 양쪽 끝에 a, d가 오는 경우의 수는
$2!\times\dfrac{5!}{2!3!}=20$
(ⅳ) 양쪽 끝에 b, c가 오는 경우의 수는
$2!\times\dfrac{5!}{2!}=120$
(ⅴ) 양쪽 끝에 b, d가 오는 경우의 수는
$2!\times\dfrac{5!}{3!}=40$
(ⅵ) 양쪽 끝에 c, d가 오는 경우의 수는
$2!\times\dfrac{5!}{2!2!}=60$
(ⅰ)~(ⅵ)에서 구하는 경우의 수는
$40+60+20+120+40+60=340$

[다른 풀이]
(ⅰ) 주어진 7개의 문자를 나열하는 경우의 수는
$\dfrac{7!}{2!3!}=420$
(ⅱ) 양쪽 끝에 모두 b가 오는 경우의 수는
$\dfrac{5!}{3!}=20$
(ⅲ) 양쪽 끝에 모두 c가 오는 경우의 수는
$\dfrac{5!}{2!}=60$
(ⅰ), (ⅱ), (ⅲ)에서 구하는 경우의 수는
$420-(20+60)=340$

04 a의 위치에 올 수 있는 경우의 수는 10 나머지 9개의 수 중에서 b, c의 위치에 올 수 있는 두 수를 택하는 경우의 수는

$_9C_2=36$

a, a, b, c 중에서 a가 2개이므로 이를 일렬로 나열하는 경우의 수는

$\dfrac{4!}{2!}=12$

따라서 구하는 번호판의 개수는

$10\times36\times12=4320$(개)

05 A지점에서 B지점으로 가는 최단 경로의 수는

$\dfrac{7!}{4!3!}=35$

06 A지점에서 C지점으로 가는 최단 경로의 수는

$\dfrac{4!}{2!2!}=6$

C지점에서 B지점으로 가는 최단 경로의 수는

$\dfrac{5!}{2!3!}=10$

따라서 구하는 방법의 수는

$6\times10=60$

07 P지점을 거치지 않아야 하므로 A지점에서 Q지점으로 가는 최단 경로의 수는

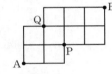

$\dfrac{3!}{2!}=3$

Q지점에서 B지점으로 가는 최단 경로의 수는

$\dfrac{4!}{3!}=4$

따라서 구하는 방법의 수는

$3\times4=12$

기출문제 맛보기   본문 016쪽

| 08 ② | 09 ③ | 10 ① | 11 ③ |
| 12 ⑤ | 13 ② | 14 ⑤ | |

08 5개의 문자 중 a의 개수가 3이므로 구하는 경우의 수는

$\dfrac{5!}{3!}=20$

09 문자 x 2개, 문자 y 2개, 문자 z 1개를 일렬로 나열하는 경우의 수이므로

$\dfrac{5!}{2!\times2!}=30$

10 먼저 양 끝에 흰색 깃발을 놓으면 흰색 깃발 3개, 파란색 깃발 5개가 남는다. 같은 색끼리 서로 구별하지 않으므로 같은 것이 각각 3개, 5개인 깃발을 일렬로 나열하는 경우의 수는

$\dfrac{8!}{3!5!}=56$

11 A지점에서 P지점까지 최단 거리로 가는 경우의 수는

$\dfrac{4!}{3!\times1!}=4$

P지점에서 B지점까지 최단 거리로 가는 경우의 수는

$\dfrac{2!}{1!\times1!}=2$

따라서 구하는 경우의 수는

$4\times2=8$

12 A지점에서 P지점까지 최단 거리로 가는 경우의 수는

$\dfrac{4!}{2!\times2!}=6$

P지점에서 B지점까지 최단 거리로 가는 경우의 수는

$\dfrac{4!}{3!\times1!}=4$

따라서 A지점에서 출발하여 P지점을 지나 B지점까지 최단 거리로 가는 경우의 수는

$6\times4=24$

13 서로 다른 공 4개를 서로 다른 상자 4개에 나누어 넣은 공의 개수가 1인 상자가 있도록 넣으려면 다음과 같이 3가지 경우로 나눌 수 있다.

(ⅰ) 서로 다른 상자 4개에 넣은 공의 개수가 (3, 1, 0, 0)인 경우
서로 다른 4개의 공을 3개, 1개로 나누는 경우의 수는

$_4C_3\times_1C_1=_4C_1\times_1C_1=4\times1=4$

이것을 서로 다른 상자에 넣는 경우의 수는

$\dfrac{4!}{2!}=12$

따라서 서로 다른 공 4개를 서로 다른 상자 4개에 넣은 공의 개수가 (3, 1, 0, 0)인 경우의 수는

$4\times12=48$

(ⅱ) 서로 다른 상자 4개에 넣은 공의 개수가 (2, 1, 1, 0)인 경우
서로 다른 4개의 공을 2개, 1개, 1개로 나누는 경우의 수는

$_4C_2\times_2C_1\times_1C_1=6\times2\times1=12$

이것을 서로 다른 상자에 넣는 경우의 수는

$\dfrac{4!}{2!}=12$

따라서 서로 다른 공 4개를 서로 다른 상자 4개에 넣은 공의 개수가 (2, 1, 1, 0)인 경우의 수는

$12\times12=144$

(ⅲ) 서로 다른 상자 4개에 넣은 공의 개수가 (1, 1, 1, 1)인 경우
서로 다른 공 4개를 서로 다른 상자 4개에 넣은 공의 개수가 (1, 1, 1, 1)인 경우의 수는

$4!=24$

(ⅰ), (ⅱ), (ⅲ)에서 구하는 경우의 수는

$48+144+24=216$

14 이 주사위를 네 번 던질 때 나온 눈의 수가 4 이상인 경우의 수에 따라 다음과 같이 나누어 생각할 수 있다.

(ⅰ) 나온 눈의 수가 4 이상인 경우의 수가 0인 경우
1의 눈만 네 번 나와야 하므로 이 경우의 수는

$1^4=1$

(ii) 나온 눈의 수가 4 이상인 경우의 수가 1인 경우

1의 눈이 두 번, 2의 눈이 한 번 나와야 하므로 점수 0, 1, 1, 2 를 일렬로 나열하는 경우의 수는

$$\frac{4!}{2!}=12$$

이 각각에 대하여 4 이상의 눈이 한 번 나오는 경우의 수는 3이 므로 이 경우의 수는

$$12\times3=36$$

(iii) 나온 눈의 수가 4 이상인 경우의 수가 2인 경우

㉠ 1의 눈이 한 번, 3의 눈이 한 번 나올 때, 점수 0, 0, 1, 3을 일렬로 나열하는 경우의 수는

$$\frac{4!}{2!}=12$$

㉡ 2의 눈이 두 번 나올 때, 점수 0, 0, 2, 2를 일렬로 나열하는 경우의 수는

$$\frac{4!}{2!2!}=6$$

㉠, ㉡ 각각에 대하여 4 이상의 눈이 두 번 나오는 경우의 수는 $3\times3=9$이므로 이 경우의 수는

$$(12+6)\times9=162$$

(i)~(iii)에 의하여 구하는 경우의 수는

$$1+36+162=199$$

예상문제 도전하기

15 ②	16 84	17 89	18 ④
19 72	20 84	21 120	

15 6개의 숫자 중 순서에 관계없이 4개를 택하는 방법은 다음과 같다.

(i) 1, 1, 1, 2인 경우 만들 수 있는 서로 다른 자연수의 개수는

$$\frac{4!}{3!}=4$$

(ii) 1, 1, 1, 3인 경우 만들 수 있는 서로 다른 자연수의 개수는

$$\frac{4!}{3!}=4$$

(iii) 1, 1, 2, 2인 경우 만들 수 있는 서로 다른 자연수의 개수는

$$\frac{4!}{2!2!}=6$$

(iv) 1, 1, 2, 3인 경우 만들 수 있는 서로 다른 자연수의 개수는

$$\frac{4!}{2!}=12$$

(v) 1, 2, 2, 3인 경우 만들 수 있는 서로 다른 자연수의 개수는

$$\frac{4!}{2!}=12$$

(i)~(v)에서 구하는 자연수의 개수는

$$4+4+6+12+12=38$$

16 (i) 6개의 문자를 나열하는 방법의 수는

$$\frac{6!}{2!2!}=180$$

(ii) P가 이웃하는 경우의 수는 2개의 문자 P를 한 문자로 생각하 여 5개의 문자를 나열하는 방법의 수와 같으므로

$$\frac{5!}{2!}=60$$

(iii) Q가 이웃하는 경우의 수는 2개의 문자 Q를 한 문자로 생각하 여 5개의 문자를 나열하는 방법의 수와 같으므로

$$\frac{5!}{2!}=60$$

(iv) P끼리 이웃하고 Q끼리 이웃하는 경우의 수는 2개의 문자 P 와 2개의 문자 Q를 각각 한 문자로 생각하여 4개의 문자를 나 열하는 방법의 수와 같으므로

$$4!=24$$

(i)~(iv)에서 구하는 방법의 수는

$$180-(60+60-24)=84$$

17 100원짜리 동전의 개수를 a, 50원짜리 동전의 개수를 b로 놓고 500원이 되는 경우를 (a, b)로 나타내면

$$(5, 0), (4, 2), (3, 4), (2, 6), (1, 8), (0, 10)$$

의 6가지이다.

(i) $(5, 0)$인 방법은 1가지

(ii) $(4, 2)$인 방법의 수는

$$\frac{6!}{4!2!}=15$$

(iii) $(3, 4)$인 방법의 수는

$$\frac{7!}{3!4!}=35$$

(iv) $(2, 6)$인 방법의 수는

$$\frac{8!}{2!6!}=28$$

(v) $(1, 8)$인 방법의 수는

$$\frac{9!}{8!}=9$$

(vi) $(0, 10)$인 방법은 1가지

(i)~(vi)에서 구하는 방법의 수는

$$1+15+35+28+9+1=89$$

18 0, 1, 2, 3, 4, 5, 6, 7, 8, 9에서 서로 다른 두 수를 택하는 방법의 수는 $_{10}\text{C}_2=45$

두 수 □와 ○이 선택되었을 때

(i) □, ○, ○, ○로 만들 수 있는 전화번호의 수는

$$\frac{4!}{3!}=4$$

(ii) □, □, ○, ○로 만들 수 있는 전화번호의 수는

$$\frac{4!}{2!2!}=6$$

(iii) □, □, □, ○로 만들 수 있는 전화번호의 수는

$$\frac{4!}{3!}=4$$

따라서 구하는 전화번호의 수는

$$45\times(4+6+4)=630$$

19 그림과 같이 네 지점 P, Q, R, S를 정하면 A지점에서 B지점으로 갈 때, P, Q 사이의 도로와 R, S 사이의 도로를 지나지 않아야 한다.

(i) A→B: $\dfrac{9!}{5!4!}=126$

(ii) A→P→Q→B: $\dfrac{3!}{2!}\times1\times\dfrac{5!}{3!2!}=30$

(iii) A→R→S→B: $\dfrac{4!}{3!}\times1\times\dfrac{4!}{2!2!}=24$

(i), (ii), (iii)에서 구하는 최단 경로의 수는
$126-(30+24)=72$

20 A에서 출발하는 아름이의 속력이 B에서 출발하는 다운이의 속력의 2배이므로 두 사람이 만날 수 있는 지점은 그림에서 P, Q, R, S의 4곳이다.

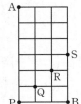

(i) P지점에서 만나는 경우
$1\times1=1$

(ii) Q지점에서 만나는 경우
$\dfrac{6!}{5!}\times\dfrac{3!}{2!}=18$

(iii) R지점에서 만나는 경우
$\dfrac{6!}{4!2!}\times\dfrac{3!}{2!}=45$

(iv) S지점에서 만나는 경우
$\dfrac{6!}{3!3!}\times1=20$

(i)~(iv)에서 구하는 경우의 수는
$1+18+45+20=84$

21 홀수의 합이 4인 경우는
$(1, 1, 1, 1), (1, 3),$
짝수의 합이 6인 경우는
$(2, 2, 2), (2, 4), (6)$
이므로 원점을 출발한 점 P가 점 $(4, 6)$에 오는 경우는
$(1, 1, 1, 1, 2, 2, 2), (1, 1, 1, 1, 2, 4), (1, 1, 1, 1, 6),$
$(1, 3, 2, 2, 2), (1, 3, 2, 4), (1, 3, 6)$
따라서 구하는 경우의 수는 각 경우를 구성하는 숫자를 일렬로 나열하는 경우의 수의 합과 같으므로
$\dfrac{7!}{4!3!}+\dfrac{6!}{4!}+\dfrac{5!}{4!}+\dfrac{5!}{3!}+4!+3!=120$

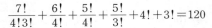

03 항의 계수 구하기

본문 019쪽

| 01 35 | 02 ⑤ | 03 ④ | 04 ① |
| 05 ① | 06 ④ | | |

01 $(x+y)^7$의 전개식에서 일반항은 $_7C_r\,x^{7-r}y^r$
x^3y^4의 계수는 $r=4$일 때이므로
$_7C_4={_7C_3}=35$

02 $\left(4x^2+\dfrac{1}{2x}\right)^5$의 전개식에서 일반항은

$_5C_r(4x^2)^{5-r}\left(\dfrac{1}{2x}\right)^r={_5C_r}4^{5-r}\left(\dfrac{1}{2}\right)^r(x^2)^{5-r}(x^{-1})^r$

$\qquad={_5C_r}4^{5-r}\left(\dfrac{1}{2}\right)^r x^{10-2r-r}$

$\qquad={_5C_r}4^{5-r}\left(\dfrac{1}{2}\right)^r x^{10-3r}$

x의 계수는 $10-3r=1$에서 $r=3$일 때이므로
$_5C_3 4^2\left(\dfrac{1}{2}\right)^3=10\times16\times\dfrac{1}{8}=20$

03 $(2x+a)^5$의 전개식에서 일반항은
$_5C_r(2x)^{5-r}a^r={_5C_r}2^{5-r}a^r x^{5-r}$
x^3의 계수는 $r=2$일 때이므로
$_5C_2 2^3 a^2=320$
$10\times8a^2=320,\ a^2=4\qquad\therefore a=2\ (\because a>0)$
따라서 x^4의 계수는 $r=1$일 때이므로
$_5C_1 2^4\times2=5\times16\times2=160$

04 $(x+a)^{12}$의 전개식에서 일반항은 $_{12}C_r x^{12-r}a^r$
x의 계수는 $r=11$일 때이므로
$_{12}C_{11}a^{11}=12a^{11}$
상수항은 $r=12$일 때이므로
$_{12}C_{12}a^{12}=a^{12}$
x의 계수와 상수항의 합이 0이므로
$12a^{11}+a^{12}=0,\ a^{11}(12+a)=0$
$\therefore a=-12\ (\because a<0)$

05 $\left(x-\dfrac{a}{x^2}\right)^7$의 전개식에서 일반항은

$_7C_r x^{7-r}\left(-\dfrac{a}{x^2}\right)^r={_7C_r}(-a)^r x^{7-r}x^{-2r}$

$\qquad={_7C_r}(-a)^r x^{7-3r}$

x^4의 계수는 $7-3r=4$에서 $r=1$일 때이므로
$_7C_1(-a)=-7a=21$
$\therefore a=-3$

06 $(x+1)^3(x+2)^4=(1+x)^3(2+x)^4$이므로
$(1+x)^3$의 전개식에서 일반항은 $_3C_r 1^{3-r}x^r={_3C_r}x^r$
$(2+x)^4$의 전개식에서 일반항은 $_4C_s 2^{4-s}x^s$
즉, $(x+1)^3(x+2)^4$의 전개식에서 일반항은
$_3C_r\times{_4C_s}2^{4-s}x^{r+s}$
$x^{r+s}=x$에서 $r+s=1$
두 수 r, s는 $0\le r\le3,\ 0\le s\le4$인 정수이므로
(i) $r=0, s=1$일 때,
$\quad _3C_0\times{_4C_1}2^3=32$
(ii) $r=1, s=0$일 때,
$\quad _3C_1\times{_4C_0}2^4=48$
(i), (ii)에서 구하는 x의 계수는
$32+48=80$

07 24	08 ⑤	09 ③	10 ④
11 24	12 ⑤	13 15	14 ⑤
15 ⑤	16 3	17 30	18 ②
19 25	20 ②	21 ①	22 ②
23 ②	24 10	25 ③	

07 $(3x+1)^8$의 전개식의 일반항은
$_8C_r(3x)^r=_8C_r3^rx^r$ (단, $r=0, 1, 2, \cdots, 8$)
x의 계수는 $r=1$일 때이므로
$_8C_1 \times 3 = 24$

08 다항식 $(x^3+2)^5$의 전개식의 일반항은
$_5C_r \times 2^{5-r} \times (x^3)^r$ $(r=0, 1, 2, \cdots, 5)$
x^6항은 $r=2$일 때이므로 x^6의 계수는
$_5C_2 \times 2^{5-2} = 10 \times 8 = 80$

09 다항식 $(x^3+3)^5$의 전개식의 일반항은
$_5C_r(x^3)^{5-r}3^r=_5C_r3^rx^{15-3r}$ $(r=0, 1, 2, \cdots, 5)$
이므로 x^9항은
$15-3r=9$, 즉 $r=2$일 때이다.
따라서 x^9의 계수는
$_5C_2 \times 3^2 = 10 \times 9 = 90$

10 다항식 $(x^2-2)^5$의 전개식에서 일반항은
$_5C_r \times (x^2)^r \times (-2)^{5-r}$
$=_5C_r(-2)^{5-r} \times x^{2r}$ $(r=0, 1, 2, 3, 4, 5)$
x^6항은 $r=3$일 때이므로 그 계수는
$_5C_3(-2)^{5-3} = 10 \times 4 = 40$

11 $\left(x+\dfrac{4}{x^2}\right)^6$의 일반항은
$_6C_r \times x^{6-r} \times \left(\dfrac{4}{x^2}\right)^r = _6C_r \times 4^r \times x^{6-3r}$
x^3의 항은 $6-3r=3$에서 $r=1$일 때이다.
따라서 x^3의 계수는
$_6C_1 \times 4^1 = 6 \times 4 = 24$

12 $\left(2x+\dfrac{1}{x^2}\right)^4$의 일반항은
$_4C_r(2x)^{4-r}\left(\dfrac{1}{x^2}\right)^r = _4C_r2^{4-r}x^{4-3r}$
이때, $x^{4-3r}=x$에서 $4-3r=1$ $\therefore r=1$
따라서 x의 계수는 $_4C_1 \times 2^3 = 32$

13 $\left(x+\dfrac{3}{x^2}\right)^5$의 전개식의 일반항은
$_5C_rx^{5-r}\left(\dfrac{3}{x^2}\right)^r = _5C_r3^rx^{5-3r}$
x^2항은 $5-3r=2$, 즉 $r=1$일 때이므로
x^2의 계수는

14 $_6C_r(x^5)^{6-r}\left(\dfrac{1}{x^2}\right)^r = _6C_rx^{30-7r}$
$30-7r=2$에서 $r=4$
$\therefore _6C_4 = \dfrac{6!}{4!2!} = \dfrac{6 \times 5}{2 \times 1} = 15$

15 $(x+a)^5$의 전개식에서 일반항은
$_5C_rx^ra^{5-r}$
x^3의 계수는 $r=3$일 때이므로
$_5C_3 \times a^2 = 10a^2 = 40$
$a^2 = 4$
x의 계수는 $r=1$일 때이므로
$_5C_1 \times a^4 = 5 \times 4^2 = 80$

16 $\left(ax+\dfrac{1}{x}\right)^4$의 전개식에서 일반항은
$_4C_r(ax)^{4-r}\left(\dfrac{1}{x}\right)^r = _4C_ra^{4-r}x^{4-2r}$
상수항은 $4-2r=0$에서 $r=2$일 때이므로
$_4C_2a^2 = 6a^2 = 54$
$a^2 = 9$
$\therefore a=3$ $(\because a>0)$

17 $(x+a)^5$의 전개식에서 일반항은 $_5C_rx^{5-r}a^r$
x^3의 계수는 $r=2$일 때이므로
$_5C_2a^2 = 10a^2$
x^4의 계수는 $r=1$일 때이므로
$_5C_1a = 5a$
x^3의 계수와 x^4의 계수가 같으므로
$10a^2 = 5a$
$2a^2-a=0$, $a(2a-1)=0$
$\therefore a=\dfrac{1}{2}$ $(\because a>0)$
$\therefore 60a = 60 \times \dfrac{1}{2} = 30$

18 $\left(x^2+\dfrac{a}{x}\right)^5$의 일반항은
$_5C_r(x^2)^{5-r}\left(\dfrac{a}{x}\right)^r = _5C_ra^rx^{10-3r}$ (단, $r=0, 1, 2, 3, 4, 5$)
이때, $\dfrac{1}{x^2}$의 계수는 $10-3r=-2$에서 $r=4$이므로
$_5C_4a^4 = 5a^4$
또 x의 계수는 $10-3r=1$에서 $r=3$이므로
$_5C_3a^3 = 10a^3$
따라서 $a>0$이므로
$5a^4 = 10a^3$에서 $a=2$

19 $(1+x)^5$의 전개식에서 일반항은
$_5C_r1^{5-r}x^r=_5C_rx^r$
x^4의 계수는 $r=4$일 때이므로
$_5C_4 = _5C_1 = 5$
x^3의 계수는 $r=3$일 때이므로
$_5C_3 = _5C_2 = 10$

따라서 $(1+2x)(1+x)^5$의 전개식에서 x^4의 계수는

$1 \times 5 + 2 \times 10 = 25$

20 $(2+x)^4(1+3x)^3$의 전개식에서 x의 항은 다음 두 가지로 나눌 수 있다.

(i) $(2+x)^4$에서 상수항, $(1+3x)^3$에서 x의 항인 경우

$(2+x)^4$에서 상수항은

$_4C_0 x^0 \times 2^4 = 16$

$(1+3x)^3$에서 x항은

$_3C_1(3x)^1 \times 1^2 = 9x$

따라서 x의 계수는

$16 \times 9 = 144$

(ii) $(2+x)^4$에서 x의 항, $(1+3x)^3$에서 상수항인 경우

$(2+x)^4$에서 x항은

$_4C_1 x^1 \times 2^3 = 32x$

$(1+3x)^3$에서 상수항은

$_3C_0(3x)^0 \times 1^3 = 1$

따라서 x의 계수는

$32 \times 1 = 32$

(i), (ii)에서 구하는 x의 계수는

$144 + 32 = 176$

21 $(x-1)^6$과 $(2x+1)^7$의 일반항을 각각 구하면

$_6C_r(-1)^{6-r}x^r$, $_7C_k(2x)^k$

이때 다항식 $(x-1)^6(2x+1)^7$의 전개식에서 x^2의 계수를 구하면

(i) $r=2$, $k=0$일 때

$_6C_2 \times (-1)^4 \times {}_7C_0 = \dfrac{6 \times 5}{2}$

$\qquad\qquad\qquad\qquad\quad = 15$

(ii) $r=1$, $k=1$일 때

$_6C_1 \times (-1)^5 \times {}_7C_1 \times 2 = 6 \times (-1) \times 7 \times 2$

$\qquad\qquad\qquad\qquad\qquad\quad = -84$

(iii) $r=0$, $k=2$일 때

$_6C_0 \times (-1)^6 \times {}_7C_2 \times 4 = \dfrac{7 \times 6}{2} \times 4$

$\qquad\qquad\qquad\qquad\qquad\quad = 84$

(i), (ii), (iii)에서 x^2의 계수는

$15 - 84 + 84 = 15$

22 $(x^2+1)^4 = (x^4 + 2x^2 + 1)^2$

$\qquad\qquad\quad = x^8 + 4x^6 + 6x^4 + 4x^2 + 1$

또 $(x^3+1)^n$의 일반항은

$_nC_r(x^3)^r = {}_nC_r x^{3r}$ (단, $r = 0, 1, 2, \cdots, n$)

이때 x^5의 계수는

$r=1$일 때

$4x^2 \times {}_nC_1 x^3 = 4nx^5$에서 $4n$이므로

$4n = 12$에서

$n = 3$

따라서 x^6의 계수는

$r=0$일 때

$4x^6 \times {}_3C_0 = 4x^6$에서 4

$r=2$일 때

$1 \times {}_3C_2 x^6 = 3x^6$에서 3

즉, x^6의 계수는

$4 + 3 = 7$

23 $\left(x^2 - \dfrac{1}{x}\right)\left(x + \dfrac{a}{x^2}\right)^4$의 전개식에서 x^3의 계수는

$\left(x^2 - \dfrac{1}{x}\right)$에서 x^2의 계수 1과 $\left(x + \dfrac{a}{x^2}\right)^4$의 전개식에서

x의 계수를 곱한 것과 $\left(x^2 - \dfrac{1}{x}\right)$에서 $\dfrac{1}{x}$의 계수 -1과

$\left(x + \dfrac{a}{x^2}\right)^4$의 전개식에서 x^4의 계수를 곱한 것의 합과 같다.

$\left(x + \dfrac{a}{x^2}\right)^4$의 전개식에서 일반항은

$_4C_r x^{4-r}\left(\dfrac{a}{x^2}\right)^r = {}_4C_r a^r x^{4-r-2r} = {}_4C_r a^r x^{4-3r}$

x의 계수는 $r=1$일 때이므로

$_4C_1 a^1 = 4a$

x^4의 계수는 $4 - 3r = 4$, 즉 $r=0$일 때이므로

$_4C_0 a^0 = 1$

즉, $\left(x^2 - \dfrac{1}{x}\right)\left(x + \dfrac{a}{x^2}\right)^4$의 전개식에서 x^3의 계수는

$1 \times 4a + (-1) \times 1 = 4a - 1$

따라서 $4a - 1 = 7$이므로 $a = 2$

24 $(1+x)^n$의 전개식에서 일반항은 $_nC_r x^r$

x^2의 계수는 $r=2$일 때이므로

$_nC_2 = \dfrac{n(n-1)}{2} = 45$

$n^2 - n - 90 = 0$, $(n-10)(n+9) = 0$

$\therefore n = 10$ ($\because n$은 자연수)

25 $(x+2)^{19}$의 전개식에서 일반항은

$_{19}C_r 2^{19-r} x^r$

x^k의 계수는 $_{19}C_k 2^{19-k}$

x^{k+1}의 계수는 $_{19}C_{k+1} 2^{18-k}$

$_{19}C_k 2^{19-k} > {}_{19}C_{k+1} 2^{18-k}$에서

$_{19}C_k \times 2 > {}_{19}C_{k+1}$

$\dfrac{19!}{k!(19-k)!} \times 2 > \dfrac{19!}{(k+1)!(18-k)!}$

$\dfrac{2}{19-k} > \dfrac{1}{k+1}$

$3k > 17$에서 $k > \dfrac{17}{3} = 5.\times\times\times$

따라서 자연수 k의 최솟값은 6이다.

예상문제 도전하기   본문 022~023쪽

26 ④	27 8	28 ①	29 ②
30 ①	31 4	32 ③	33 ①
34 ②			

26 $(2x-y)^9$의 전개식에서 일반항은
$${}_9C_r(2x)^{9-r}(-y)^r={}_9C_r(-1)^r2^{9-r}x^{9-r}y^r$$
x^2y^7의 계수는 $r=7$일 때이므로
$${}_9C_7(-1)^72^2=36\times(-1)\times4=-144$$

27 $(x^2+2x)^4$의 전개식의 일반항은
$${}_4C_r(x^2)^{4-r}(2x)^r={}_4C_r2^rx^{8-r}$$
$x^{8-r}=x^7$에서 $8-r=7$ $\therefore r=1$
따라서 x^7의 계수는 ${}_4C_1 2^1=8$

28 $x(x^2+y)^5$의 전개식에서 x^3y^4의 계수는 $(x^2+y)^5$의 전개식에서 x^2y^4의 계수와 같다.
$(x^2+y)^5$의 전개식에서 일반항은
$${}_5C_r(x^2)^{5-r}y^r={}_5C_rx^{10-2r}y^r$$
x^2y^4의 계수는 $r=4$일 때이므로
$${}_5C_4=5$$

29 $\left(x^3+\dfrac{1}{x}\right)^6$의 전개식에서 일반항은
$${}_6C_r(x^3)^{6-r}\left(\dfrac{1}{x}\right)^r={}_6C_rx^{18-3r}x^{-r}={}_6C_rx^{18-4r}$$
x^{10}의 계수는 $18-4r=10$에서 $r=2$일 때이므로
$$a={}_6C_2=15$$
$\dfrac{1}{x^2}$의 계수는 $18-4r=-2$에서 $r=5$일 때이므로
$$b={}_6C_5=6$$
$\therefore a+b=15+6=21$

30 $(ax-1)^5$의 전개식에서 일반항은
$${}_5C_r(ax)^{5-r}(-1)^r={}_5C_r(-1)^ra^{5-r}x^{5-r}$$
x^4의 계수는 $r=1$일 때이므로
$${}_5C_1(-1)^1a^4=-5a^4$$
x^3의 계수는 $r=2$일 때이므로
$${}_5C_2(-1)^2a^3=10a^3$$
x^4의 계수와 x^3의 계수의 합이 0이므로
$$-5a^4+10a^3=0,\ -5a^3(a-2)=0$$
$\therefore a=2\ (\because a\neq0)$
따라서 x^2의 계수는 $r=3$일 때이므로
$${}_5C_3(-1)^32^2=10\times(-1)\times4=-40$$

31 $\left(ax^2+\dfrac{b}{x}\right)^8$의 전개식에서 일반항은
$${}_8C_r(ax^2)^{8-r}\left(\dfrac{b}{x}\right)^r={}_8C_ra^{8-r}b^rx^{16-3r}$$
x^7의 계수는 $16-3r=7$에서 $r=3$일 때이므로
$${}_8C_3a^5b^3=80 \quad\cdots\cdots\ \text{㉠}$$
x의 계수는 $16-3r=1$에서 $r=5$일 때이므로
$${}_8C_5a^3b^5=5 \quad\cdots\cdots\ \text{㉡}$$
${}_8C_5={}_8C_3$이므로 ㉠$\div$㉡을 하면
$$\dfrac{a^2}{b^2}=16$$
$\therefore \dfrac{a}{b}=4\ (\because a>0,\ b>0)$

32 $(x+1)^4(2x+1)^3=(1+x)^4(1+2x)^3$이므로

$(1+x)^4$의 전개식에서 일반항은
$${}_4C_r1^{4-r}x^r={}_4C_rx^r$$
$(1+2x)^3$의 전개식에서 일반항은
$${}_3C_s1^{3-s}(2x)^s={}_3C_s2^sx^s$$
즉, $(x+1)^4(2x+1)^3$의 전개식에서 일반항은
$${}_4C_r\times{}_3C_s2^sx^{r+s}$$
$x^{r+s}=x^2$에서 $r+s=2$
두 수 r, s는 $0\le r\le4$, $0\le s\le3$인 정수이므로
(i) $r=0$, $s=2$일 때, ${}_4C_0\times{}_3C_22^2=12$
(ii) $r=1$, $s=1$일 때, ${}_4C_1\times{}_3C_12^1=24$
(iii) $r=2$, $s=0$일 때, ${}_4C_2\times{}_3C_02^0=6$
(i), (ii), (iii)에서 구하는 x^2의 계수는
$$12+24+6=42$$

33 $(3x+1)^4$의 전개식은 $(1+3x)^4$의 전개식과 같으므로 일반항은
$${}_4C_r1^{4-r}(3x)^r={}_4C_r3^rx^r$$
$(ax+1)^5$의 전개식은 $(1+ax)^5$의 전개식과 같으므로 일반항은
$${}_5C_s1^{5-s}(ax)^s={}_5C_sa^sx^s$$
즉, $(3x+1)^4(ax+1)^5$의 전개식의 일반항은
$${}_4C_r\times{}_5C_sa^s3^rx^{r+s}$$
$x^{r+s}=x^2$에서 $r+s=2$
(i) $r=0$, $s=2$일 때, ${}_4C_0\times{}_5C_2a^23^0=10a^2$
(ii) $r=1$, $s=1$일 때, ${}_4C_1\times{}_5C_1a^13^1=60a$
(iii) $r=2$, $s=0$일 때, ${}_4C_2\times{}_5C_0a^03^2=54$
(i), (ii), (iii)에서 x^2의 계수는 $10a^2+60a+54=-36$이므로
$$a^2+6a+9=0,\ (a+3)^2=0 \quad\therefore a=-3$$

34 $\dfrac{1}{2}(x-2y)^n$을 전개하였을 때 x^7y^3의 항이 생기므로
$$n=7+3=10$$
$(x-2y)^{10}$의 전개식에서 일반항은
$${}_{10}C_rx^{10-r}(-2y)^r={}_{10}C_r(-2)^rx^{10-r}y^r$$
x^7y^3의 계수는 $r=3$일 때이므로
$${}_{10}C_3(-2)^3=-960$$
따라서 $\dfrac{1}{2}(x-2y)^{10}$의 전개식에서 x^7y^3의 계수는
$$\dfrac{1}{2}\times(-960)=-480$$
$\therefore m+n=-480+10=-470$

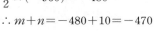

04 중복조합

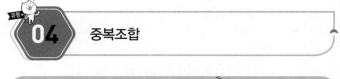

01 A, B, C 세 사람에게 8개의 사탕을 나누어 주는 방법의 수는 서

로 다른 3개에서 중복을 허락하여 8개를 택하는 중복조합의 수이므로

$_3H_8 = {}_{3+8-1}C_8 = {}_{10}C_8 = {}_{10}C_2 = 45$

02 $(a+b+c)^7$을 전개할 때 생기는 항들은 $a^x b^y c^z$ ($x+y+z=7$) 꼴이므로 구하는 항의 개수는 a, b, c의 세 문자 중에서 중복을 허락하여 7개를 택하는 중복조합의 수와 같다.

$\therefore {}_3H_7 = {}_{3+7-1}C_7 = {}_9C_7 = {}_9C_2 = 36$

03 서로 다른 세 종류의 과일에서 중복을 허락하여 5개의 과일을 택하는 중복조합의 수는

$_3H_5 = {}_{3+5-1}C_5 = {}_7C_5 = {}_7C_2 = 21$

그런데 사과를 5개 택하는 경우는 일어나지 않으므로 구하는 경우의 수는

$21-1 = 20$

04 각 학급에 적어도 한 개의 축구공을 나누어 주어야 하므로 먼저 4개의 학급에 축구공을 한 개씩 나누어 주고, 나머지 축구공 3개를 중복을 허락하여 4개의 학급에 나누어 주면 된다.

따라서 4개의 학급에서 중복을 허락하여 3개를 택하는 중복조합의 수는

$_4H_3 = {}_{4+3-1}C_3 = {}_6C_3 = 20$

05 (i) 4명의 학생 중 연극표를 받을 2명을 택하는 경우의 수는

$_4C_2 = 6$

(ii) (i)에서 택한 2명에게 4개의 연극표를 적어도 하나씩 나누어 주는 방법의 수는 각각 하나씩 나누어 주고, 남은 2개의 표를 중복을 허락하여 2명에게 마저 나누어 주면 된다.

즉, 2명의 학생에서 중복을 허락하여 2명을 택하는 중복조합의 수는

$_2H_2 = {}_{2+2-1}C_2 = {}_3C_2 = {}_3C_1 = 3$

(i), (ii)에서 구하는 경우의 수는

$6 \times 3 = 18$

06 서로 다른 세 종류의 아이템을 적어도 1개씩 선택해야 하므로 먼저 아이템을 각각 1개씩 선택하고, 나머지 5개를 세 종류의 아이템 중에서 중복을 허락하여 선택하면 된다.

따라서 세 종류의 아이템 중에서 중복을 허락하여 5개를 택하는 중복조합의 수는 $_3H_5 = {}_7C_5 = {}_7C_2 = 21$

기출문제 맛보기

07 126	**08** ③	**09** ④	**10** ⑤
11 ②	**12** ⑤	**13** 36	**14** 168
15 ③	**16** 93	**17** 285	**18** 114
19 201	**20** 218	**21** 25	

07 $_3H_r = {}_{3+r-1}C_r = {}_{r+2}C_2 = {}_7C_2$

$r+2 = 7$ $\therefore r=5$

$\therefore {}_5H_r = {}_5H_5 = {}_9C_5 = {}_9C_4 = 126$

08 네 개의 자연수 중에서 중복을 허락하여 세 수를 택하는 중복조합의 수는 $_4H_3 = {}_6C_3 = 20$

이 중에서 세 수의 곱이 100보다 크게 되는 경우는

$(8, 8, 8)$, $(8, 8, 4)$, $(8, 8, 2)$, $(8, 4, 4)$의 4가지이다.

따라서 구하는 경우의 수는 $20-4 = 16$

09 주어진 조건을 만족시키는 자연수의 개수는 방정식

$a+b+c+d=7$을 만족시키는 자연수 a, b, c, d의 순서쌍 (a, b, c, d)의 개수와 같다.

a, b, c, d는 자연수이므로 $a \geq 1$, $b \geq 1$, $c \geq 1$, $d \geq 1$

a', b', c', d'을 음이 아닌 정수라 하면

$a'=a-1$, $b'=b-1$, $c'=c-1$, $d'=d-1$에서

$a'+b'+c'+d'=3$

따라서 a', b', c', d'에서 중복을 허락하여 3개를 택하는 중복조합의 수이므로 $_4H_3 = {}_6C_3 = 20$

10 (i) 같은 종류의 주스 4병을 3명에게 남김없이 나누어 주는 경우의 수는 3명에서 중복을 허락하여 4명을 택하는 중복조합의 수와 같으므로

$_3H_4 = {}_6C_4 = {}_6C_2 = 15$

(ii) 같은 종류의 생수 2병을 3명에게 남김없이 나누어 주는 경우의 수는 3명에서 중복을 허락하여 2명을 택하는 중복조합의 수와 같으므로

$_3H_2 = {}_4C_2 = 6$

(iii) 우유 1병을 3명에게 남김없이 나누어 주는 경우의 수는 3이다.

(i), (ii), (iii)에서 구하는 경우의 수는

$15 \times 6 \times 3 = 270$

11 네 명의 학생 A, B, C, D가 받는 초콜릿의 개수를 각각 a, b, c, d라 하면

$a+b+c+d=8$

조건 ㈎에서 네 명의 학생이 각각 적어도 1개의 초콜릿을 받으므로 a, b, c, d는 자연수이다.

$a=a'+1$, $b=b'+1$, $c=c'+1$, $d=d'+1$이라 하면

$a'+b'+c'+d'=4$ (단, a', b', c', d'은 음이 아닌 정수이다.)

조건 ㈏에서 $a'>b'$이어야 하므로

(i) $b'=0$일 때,

$a'=1$인 경우 $c'+d'=3$이므로 이 경우의 수는

$_2H_3 = {}_4C_3 = 4$

$a'=2$인 경우 $c'+d'=2$이므로 이 경우의 수는

$_2H_2 = {}_3C_2 = 3$

$a'=3$인 경우 $c'+d'=1$이므로 이 경우의 수는

$_2H_1 = {}_2C_1 = 2$

$a'=4$인 경우 $c'+d'=0$이므로 이 경우의 수는 1

(ii) $b'=1$일 때,

$a'=2$인 경우 $c'+d'=1$이므로 이 경우의 수는

$_2H_1 = {}_2C_1 = 2$

$a'=3$인 경우 $c'+d'=0$이므로 이 경우의 수는 1

따라서 구하는 모든 경우의 수는

$10+3 = 13$

유형 04. 중복조합 **11**

12 (i) 사탕을 한 아이에게 3개, 나머지 아이에게 1개씩 나누어 주는
경우의 수는 $_3C_1=3$
사탕 1개를 받은 2명의 아이에게 초콜릿 5개를 1개 이상씩 나누어 주어야 하므로 먼저 1개씩 나누어 주면 나머지 초콜릿 3개를 중복을 허락하여 2명의 아이에게 나누어 주면 된다.
즉, 2명에서 중복을 허락하여 3명을 택하는 중복조합의 수는
$_2H_3=_4C_3=_4C_1=4$
$\therefore 3\times4=12$

(ii) 사탕을 두 아이에게 2개씩, 나머지 아이에게 1개를 나누어 주는 경우의 수는 $_3C_2=_3C_1=3$
사탕 1개를 받은 아이에게 모든 초콜릿을 주어야 하므로 1가지
$\therefore 3\times1=3$

(i), (ii)에서 구하는 경우의 수는 $12+3=15$

13 (i) 사과를 하나도 선택하지 않는 경우
8개 중 각각 과일을 한 개씩 선택했다고 하면 나머지 5개를 세 종류의 과일 중에서 중복을 허락하여 선택하면 된다.
즉, 감, 배, 귤 세 종류의 과일 중 중복을 허락하여 5개를 선택하는 중복조합의 수이므로
$_3H_5=_7C_5=_7C_2=21$

(ii) 사과를 1개 선택하는 경우
사과를 1개 선택하고 남은 7개 중 각각 과일을 한 개씩 선택했다고 하면 나머지 4개를 세 종류의 과일 중에서 중복을 허락하여 선택하면 된다.
즉, 감, 배, 귤 세 종류의 과일 중 중복을 허락하여 4개를 선택하는 중복조합의 수이므로
$_3H_4=_6C_4=_6C_2=15$

(i), (ii)에서 구하는 경우의 수는
$21+15=36$

14 (i) 세 상자에 들어가는 흰 공의 개수가 4, 0, 0인 경우
흰 공의 개수가 4인 상자에 들어가는 검은 공의 개수를 x, 나머지 두 상자에 들어가는 검은 공의 개수를 각각 y, z라 하면
$x+y+z=6$에서 $x\geq0$, $y\geq2$, $z\geq2$이어야 한다.
$y-2=y'$, $z-2=z'$이라 하면
$x+y'+z'=2$ (단, x, y', z'는 음이 아닌 정수) ······ ㉠
㉠을 만족시키는 순서쌍 (x, y', z')의 개수는
$_3H_2=_4C_2=6$
이 각각에 대하여 흰 공이 4개 들어갈 상자를 택하는 경우의 수가 $_3C_1=3$이므로 이 경우의 수는
$6\times3=18$

(ii) 세 상자에 들어가는 흰 공의 개수가 3, 1, 0인 경우
흰 공의 개수가 3, 1, 0인 상자에 들어가는 검은 공의 개수를 각각 x, y, z라 하면 $x+y+z=6$에서 $x\geq0$, $y\geq1$, $z\geq2$이어야 한다.
$y-1=y'$, $z-2=z'$이라 하면
$x+y'+z'=3$ (단, x, y', z'은 음이 아닌 정수) ······ ㉡
㉡을 만족시키는 순서쌍 (x, y', z')의 개수는
$_3H_3=_5C_3=_5C_2=10$
이 각각에 대하여 흰 공이 3개, 1개 들어갈 상자 2개를 택하는 경우의 수는 $_3P_2=6$이므로 이 경우의 수는
$10\times6=60$

(iii) 세 상자에 들어가는 흰 공의 개수가 2, 2, 0인 경우
흰 공의 개수가 2, 2, 0인 상자에 들어가는 검은 공의 개수를 각각 x, y, z라 하면 $x+y+z=6$에서 $x\geq0$, $y\geq0$, $z\geq2$이어야 한다.
$z-2=z'$이라 하면
$x+y+z'=4$ (단, x, y, z'은 음이 아닌 정수) ······ ㉢
㉢을 만족시키는 순서쌍 (x, y, z')의 개수는
$_3H_4=_6C_4=_6C_2=15$
이 각각에 대하여 흰 공이 2개 들어갈 상자 2개를 택하는 경우의 수는 $_3C_2=3$이므로 이 경우의 수는
$15\times3=45$

(iv) 세 상자에 들어가는 흰 공의 개수가 2, 1, 1인 경우
흰 공의 개수가 2, 1, 1인 상자에 들어가는 검은 공의 개수를 각각 x, y, z라 하면 $x+y+z=6$에서 $x\geq0$, $y\geq1$, $z\geq1$이어야 한다.
$y-1=y'$, $z-1=z'$이라 하면
$x+y'+z'=4$ (단, x, y', z'은 음이 아닌 정수) ······ ㉣
㉣을 만족시키는 순서쌍 (x, y', z')의 개수는
$_3H_4=_6C_4=_6C_2=15$
이 각각에 대하여 흰 공이 2개 들어갈 상자 1개를 택하는 경우의 수는 $_3C_1=3$이므로 이 경우의 수는
$15\times3=45$

(i)~(iv)에서 구하는 경우의 수는
$18+60+45+45=168$

15 3가지 색의 카드를 각각 한 장 이상 받는 학생에게는 노란색 카드 1장을 반드시 주어야 한다.
노란색 카드 1장을 받을 학생을 선택하는 경우의 수는
$_3C_1=3$
이 각각에 대하여 이 학생에게 파란색 카드 1장을 먼저 준 후 나머지 파란색 카드 1장을 줄 학생을 선택하는 경우의 수는
$_3C_1=3$
이 각각에 대하여 노란색 카드를 받은 학생에게 빨간색 카드 1장도 먼저 준 후 나머지 빨간색 카드 3장을 나누어 줄 학생을 선택하는 경우의 수는
$_3H_3=_{3+3-1}C_3=_5C_3=_5C_2=\dfrac{5\times4}{2}=10$
따라서 구하는 경우의 수는 $3\times3\times10=90$

16 조건 ㈎에서 학생 A가 받는 공의 개수는 0 또는 1 또는 2이다.
(i) 학생 A가 받는 공의 개수가 0일 때, 흰 공 4개를 두 학생 B, C에게 남김없이 나누어 주는 경우의 수는
$_2H_4=_{2+4-1}C_4=_5C_4=5$
이고, 이 각각에 대하여 검은 공 4개를 두 학생 B, C에게 남김없이 나누어 주는 경우의 수는 $_2H_4=5$이다.
이 중에서 학생 B가 받는 공의 개수가 0인 경우의 수는 1이고, 학생 B가 받는 공의 개수가 1인 경우는 흰 공 1개를 받는 경우 또는 검은 공 1개를 받는 경우에서 그 경우의 수가 2이므로 조건 ㈏를 만족시키지 않는 경우의 수는 3이다.
따라서 학생 A가 받는 공의 개수가 0일 때, 조건 ㈏를 만족시키는 경우의 수는
$5\times5-3=22$이다.

(ii) 학생 A가 받는 공의 개수가 1일 때, 학생 A가 흰 공 1개를 받는다고 하면, 이러한 경우의 수는 1이다.

이때 남은 흰 공 3개를 두 학생 B, C에게 남김없이 나누어 주는 경우의 수는

$$_2H_3 =_{2+3-1}C_3 =_4C_3 =4$$

이고, 이 각각에 대하여 검은 공 4개를 두 학생 B, C에게 남김없이 나누어 주는 경우의 수는 $_2H_4=5$이다.

이 중에서 조건 (나)를 만족시키지 않는 경우의 수는 (i)과 마찬가지의 방법으로 3이다.

그러므로 학생 A가 흰 공 1개를 받을 때, 조건 (나)를 만족시키는 경우의 수는 $1 \times 4 \times 5 - 3 = 17$이다.

마찬가지 방법으로 학생 A가 검은 공 1개를 받을 때, 조건 (나)를 만족시키는 경우의 수는 17이다.

따라서 학생 A가 받는 공의 개수가 1일 때, 조건 (나)를 만족시키는 경우의 수는

$17+17=34$이다.

(iii) 학생 A가 받는 공의 개수가 2일 때

(a) 학생 A가 흰 공 2개를 받는 경우

학생 A가 흰 공 2개를 받는 경우의 수는 1이다.

이때 남은 흰 공 2개를 두 학생 B, C에게 남김없이 나누어 주는 경우의 수는

$$_2H_2 =_{2+2-1}C_2 =_3C_2 =3$$

이고, 이 각각에 대하여 검은 공 4개를 두 학생 B, C에게 남김없이 나누어 주는 경우의 수는 $_2H_4=5$이다.

이 중에서 조건 (나)를 만족시키지 않는 경우의 수는 (i)과 마찬가지의 방법으로 3이다.

그러므로 학생 A가 흰 공 2개를 받을 때, 조건 (나)를 만족시키는 경우의 수는 $1 \times 3 \times 5 - 3 = 12$이다.

(b) 학생 A가 검은 공 2개를 받는 경우

(a)와 마찬가지의 방법으로 이 경우의 수는 12이다.

(c) 학생 A가 흰 공 1개와 검은 공 1개를 받는 경우

학생 A가 흰 공 1개와 검은 공 1개를 받는 경우의 수는 1이다.

이때 남은 흰 공 3개를 두 학생 B, C에게 남김없이 나누어 주는 경우의 수는 $_2H_3=4$이고, 이 각각에 대하여 검은 공 3개를 두 학생 B, C에게 남김없이 나누어 주는 경우의 수는 $_2H_3=4$이다.

이 중에서 조건 (나)를 만족시키지 않는 경우의 수는 (i)과 마찬가지의 방법으로 3이다.

그러므로 학생 A가 흰 공 1개와 검은 공 1개를 받을 때, 조건 (나)를 만족시키는 경우의 수는

$1 \times 4 \times 4 - 3 = 13$이다.

따라서 학생 A가 받는 공의 개수가 2일 때의 경우의 수는

$12+12+13=37$이다.

(i), (ii), (iii)에서 구하는 경우의 수는

$22+34+37=93$

17 조건 (가), (나)에 의하여 학생 A에게 사탕 1개, 학생 B에게 초콜릿 1개를 먼저 나누어 주고 나머지 사탕 5개와 초콜릿 4개를 세 명의 학생에게 나누어 주는 경우의 수를 구하면 된다.

그런데 조건 (다)에 의하여 학생 C가 사탕이나 초콜릿을 적어도 1개 받아야 하므로 학생 C가 아무것도 받지 못하는 경우의 수를

빼면 된다.

따라서 구하는 경우의 수는

$$_3H_5 \times_3H_4 -_2H_5 \times_2H_4 =_7C_5 \times_6C_4 -_6C_5 \times_5C_4$$
$$=_7C_2 \times_6C_2 -_6C_1 \times_5C_1$$
$$=21 \times 15 - 6 \times 5 = 285$$

18 2명의 학생을 A, B라 하고 두 학생 A, B가 받는 볼펜의 개수를 (A, B)로 나타내면 (5, 0), (4, 1), (3, 2), (2, 3), (1, 4), (0, 5)의 6가지이다.

또한, A, B 학생에게 나눠 준 검은색 볼펜, 파란색 볼펜, 빨간색 볼펜의 개수를 각각 a, b, c라 하면

$a+b+c=5$ (단, $0 \leq a \leq 1$, $0 \leq b \leq 4$, $0 \leq c \leq 4$)

(i) (5, 0)인 경우

① $a=0$이면 $b+c=5$에서 순서쌍 (b, c)의 개수는 (4, 1), (3, 2), (2, 3), (1, 4)의 4이다.

② $a=1$이면 $b+c=4$이므로 순서쌍 (b, c)의 개수는

$$_2H_4 =_{2+4-1}C_4 =_5C_4 =5$$

(ii) (4, 1)인 경우

① B에게 검은색 볼펜을 나눠 준 경우

$b+c=4$이므로 순서쌍 (b, c)의 개수는 5이다.

② B에게 파란색 볼펜을 나눠 준 경우

$a+b+c=4$ (단, $0 \leq a \leq 1$, $0 \leq b \leq 3$, $0 \leq c \leq 4$)이고

㉠ $a=0$이면 $b+c=4$이므로 순서쌍 (b, c)의 개수는 (3, 1), (2, 2), (1, 3), (0, 4)의 4이다.

㉡ $a=1$이면 $b+c=3$이므로 순서쌍 (b, c)의 개수는

$$_2H_3 =_{2+3-1}C_3 =4$$

③ B에게 빨간색 볼펜을 나눠 준 경우도 (ii) ②와 같다.

(iii) (3, 2)인 경우

① B에게 검은색, 파란색 볼펜을 각각 1개씩 나눠 준 경우

$b+c=3$ (단, $0 \leq b \leq 3$, $0 \leq c \leq 4$)이므로 순서쌍 (b, c)의 개수는 4이다.

② B에게 검은색, 빨간색 볼펜을 각각 1개씩 나눠 준 경우도 (iii) ①과 같다.

③ B에게 파란색, 빨간색 볼펜을 각각 1개씩 나눠 준 경우

$a+b+c=3$ (단, $0 \leq a \leq 1$, $0 \leq b \leq 3$, $0 \leq c \leq 3$)

㉠ $a=0$이면 $b+c=3$이므로 순서쌍 (b, c)의 개수는 4이다.

㉡ $a=1$이면 $b+c=2$이므로 순서쌍 (b, c)의 개수는

$$_2H_2 =_{2+2-1}C_2 =3$$

④ B에게 파란색 볼펜을 2개 나눠 준 경우

$a+b+c=3$ (단, $0 \leq a \leq 1$, $0 \leq b \leq 2$, $0 \leq c \leq 4$)

㉠ $a=0$이면 $b+c=3$이므로 순서쌍 (b, c)의 개수는 (2, 1), (1, 2), (0, 3)의 3이다.

㉡ $a=1$이면 $b+c=2$이므로 순서쌍 (b, c)의 개수는 3이다.

⑤ B에게 빨간색 볼펜을 2개 나눠 준 경우는 (iii) ④의 경우와 같다.

또한, (2, 3), (1, 4), (0, 5)인 경우는 각각 (3, 2), (4, 1), (5, 0)인 경우와 같으므로 구하는 경우의 수는

$2\{(4+5)+(5+8\times2)+(4\times2+7+3\times2\times2)\}$
$=2 \times (9+21+27) = 2 \times 57 = 114$

19 조건 (나), (다)에 의하여 학생 A는 검은색 모자를 4개 또는 5개 받아야 하므로 다음과 같이 경우를 나누어 생각할 수 있다.

(ⅰ) 학생 A가 검은색 모자를 4개 받는 경우

　㉠ 나머지 세 학생 중 한 명의 학생이 검은색 모자를 2개 받는 경우

　　검은색 모자를 2개 받는 학생을 택하는 경우의 수는 3

　　이 각각에 대하여 다른 두 학생에게 흰색 모자 1개씩을 나누어 주고 나머지 흰색 모자 4개를 나누어 주는 경우의 수는 다음과 같다.

　　검은색 모자를 2개 받은 학생이 흰색 모자를 받지 않는 경우 나머지 흰색 모자 4개를 세 학생에게 나누어 주는 경우의 수에서 학생 A가 4개를 모두 받는 경우의 수를 빼면 되므로 $_3H_4-1=14$

　　검은색 모자를 2개 받은 학생이 흰색 모자를 1개 받는 경우 나머지 흰색 모자 3개를 세 학생에게 나누어 주면 되므로 $_3H_3=10$

　　그러므로 이 경우의 수는 $3\times(14+10)=72$

　㉡ 나머지 세 학생 중 두 명의 학생이 검은색 모자를 1개씩 받는 경우

　　검은색 모자를 흰색 모자보다 더 많이 받는 학생을 정하는 경우의 수는 3

　　이 각각에 대하여 나머지 두 학생 중에 검은색 모자를 받는 학생을 정하는 경우의 수는 2

　　이 각각에 대하여 검은색 모자를 흰색 모자보다 더 많이 받는 학생에게는 흰색 모자를 나누어 주면 안되고, 다른 두 학생에게는 흰색 모자를 1개 이상씩 나누어 주어야 한다.

　　즉, 두 학생에게 흰색 모자를 1개씩 나누어 주고 나머지 흰색 모자 4개를 나누어 주는 경우의 수는 학생 A가 4개를 모두 받는 한 가지 경우를 제외해야 하므로 $_3H_4-1=14$

　　그러므로 이 경우의 수는 $3\times2\times14=84$

(ⅱ) 학생 A가 검은색 모자를 5개 받는 경우

　　다른 세 학생 중 검은색 모자를 받는 학생을 정하는 경우의 수는 3

　　다른 두 학생에게 흰색 모자를 1개씩 나누어 주고, 검은색 모자를 1개 받은 학생을 제외한 세 명의 학생에게 나머지 흰색 모자 4개를 나누어 주는 경우의 수는 $_3H_4=15$

　　그러므로 이 경우의 수는 $3\times15=45$

(ⅰ), (ⅱ)에 의하여 구하는 경우의 수는

$72+84+45=201$

20 사인펜이 14개이므로 조건 (가)와 (다)에 의해 네 명의 학생 A, B, C, D 중 2명은 짝수 개의 사인펜을 받고 나머지 2명은 홀수 개의 사인펜을 받거나 네 명의 학생 모두 짝수 개의 사인펜을 받는다.

(ⅰ) 네 명의 학생 중 2명은 짝수 개의 사인펜을 받고 나머지 2명은 홀수 개의 사인펜을 받는 경우

　　4명의 학생 중 짝수 개의 사인펜을 받는 2명의 학생을 택하는 경우의 수는 $_4C_2$

　　두 명의 학생 A, B는 짝수 개의 사인펜을 받고 두 명의 학생 C, D는 홀수 개의 사인펜을 받는다고 하면 네 명의 학생 A, B, C, D가 받는 사인펜의 개수는 각각

　　$2a+2,\ 2b+2,\ 2c+1,\ 2d+1(a,\ b,\ c,\ d$는 음이 아닌 정수)

$(2a+2)+(2b+2)+(2c+1)+(2d+1)=14$에서

$a+b+c+d=4$

방정식 $a+b+c+d=4$를 만족시키는 음이 아닌 정수 $a,\ b,\ c,\ d$의 순서쌍 $(a,\ b,\ c,\ d)$의 개수는 $_4H_4$

조건 (나)에 의해 $a\neq4,\ b\neq4$이므로

주어진 조건을 만족시키는 경우의 수는

$_4C_2\times(_4H_4-2)=_4C_2\times(_7C_4-2)=198$

(ⅱ) 네 명의 학생 모두 짝수 개의 사인펜을 받는 경우

　　네 명의 학생 A, B, C, D가 받는 사인펜의 개수는 각각

　　$2a+2,\ 2b+2,\ 2c+2,\ 2d+2(a,\ b,\ c,\ d$는 음이 아닌 정수)

$(2a+2)+(2b+2)+(2c+2)+(2d+2)=14$에서

$a+b+c+d=3$

방정식 $a+b+c+d=3$을 만족시키는 음이 아닌 정수 $a,\ b,\ c,\ d$의 순서쌍 $(a,\ b,\ c,\ d)$의 개수는

$_4H_3=_6C_3=20$

(ⅰ), (ⅱ)에서 구하는 경우의 수는 $198+20=218$

21 왼쪽 검은색 카드의 왼쪽에 있는 흰색 카드의 개수를 a, 두 검은색 카드 사이에 있는 흰색 카드의 개수를 b, 오른쪽 검은색 카드의 오른쪽에 있는 흰색 카드의 개수를 c라고 하면

$a+b+c=8$

조건 (나)에 의하여 $b\geq2$이므로 $b=b'+2$로 두면

$a+(b'+2)+c=8$

$a+b'+c=6$ (단, $a,\ b',\ c$는 음이 아닌 정수)

이를 만족시키는 순서쌍 $(a,\ b',\ c)$의 개수는

$_3H_6=_{3+6-1}C_6=_8C_6=_8C_2=\dfrac{8\times7}{2}=28$

한편 조건 (다)에 의하여 두 검은색 카드 사이에 3의 배수가 적힌 흰색 카드가 없는 경우를 제외해야 하므로

그 경우를 순서쌍으로 나타내면 $(1,\ 2),\ (4,\ 5),\ (7,\ 8)$의 3가지

따라서 구하는 경우의 수는 $28-3=25$

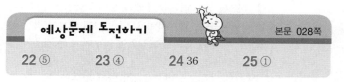

예상문제 도전하기　　　　　　본문 028쪽

22 ⑤	23 ④	24 36	25 ①

22 서로 다른 상자 A, B, C에 야구공 7개를 담는 방법의 수는 서로 다른 3개에서 중복을 허락하여 7개를 택하는 중복조합의 수와 같으므로 $_3H_7=_9C_7=_9C_2=36$

세 상자 A, B, C에 들어가는 야구공의 개수를 각각 $a,\ b,\ c$라 하면 5개 이하가 들어가야 하므로 $a\leq5,\ b\leq5,\ c\leq5$

즉, $a,\ b,\ c$ 중 어느 하나라도 6 이상인 경우는 제외해야 한다.

a가 6 이상인 경우는 $(a,\ b,\ c)$가 $(6,\ 1,\ 0),\ (6,\ 0,\ 1),\ (7,\ 0,\ 0)$의 3가지이고, $b,\ c$의 경우도 마찬가지이므로

$3\times3=9$

따라서 구하는 경우의 수는 $36-9=27$

23 A, B, C 3개의 폴더에서 중복을 허락하여 7개를 선택하는 중복조합의 수이므로 $_3H_7=_9C_7=_9C_2=36$

짱 중요한 유형 확률과 통계

24 서로 다른 3개의 화분에 민들레 꽃씨를 하나씩 먼저 심었다고 하자. 그러면 서로 다른 3개의 화분 중에서 중복을 허락하여 남은 7개의 민들레 꽃씨를 심을 화분 7개를 선택하는 중복조합의 수이므로 ${}_3H_7 = {}_9C_7 = {}_9C_2 = 36$

25 6회 이하로 움직인 후의 점 P의 위치를 (x, y) (x, y는 자연수)라 하면 $x+y \le 6$이고, 점 P가 제1사분면 위에 있어야 하므로 $x \ge 1$, $y \ge 1$이다.
즉, $2 \le x+y \le 6$이므로 $x+y=2$ 또는 $x+y=3$ 또는 $x+y=4$ 또는 $x+y=5$ 또는 $x+y=6$에 대하여 방정식을 만족시키는 양의 정수해의 개수를 구하면 된다.
x', y'을 음이 아닌 정수라 하면
$x=x'+1$, $y=y'+1$
(i) $x+y=2$에서 $x'+y'=0$이므로 음이 아닌 정수해의 개수는
　${}_2H_0 = {}_1C_0 = 1$
(ii) $x+y=3$에서 $x'+y'=1$이므로 음이 아닌 정수해의 개수는
　${}_2H_1 = {}_2C_1 = 2$
(iii) $x+y=4$에서 $x'+y'=2$이므로 음이 아닌 정수해의 개수는
　${}_2H_2 = {}_3C_2 = 3$
(iv) $x+y=5$에서 $x'+y'=3$이므로 음이 아닌 정수해의 개수는
　${}_2H_3 = {}_4C_3 = 4$
(v) $x+y=6$에서 $x'+y'=4$이므로 음이 아닌 정수해의 개수는
　${}_2H_4 = {}_5C_4 = 5$
(i)~(v)에서 구하는 점의 개수는
$1+2+3+4+5=15$

05 순열, 조합의 활용(함수의 개수)

기본문제 다지기

본문 031쪽

| 01 ④ | 02 ① | 03 ② | 04 14 |
| 05 48 | 06 4 | 07 ② | |

01 방정식 $x+y+z=6$을 만족시키는 음이 아닌 정수해의 개수는 서로 다른 세 문자 x, y, z에서 중복을 허락하여 6개를 택하는 중복조합의 수와 같으므로
${}_3H_6 = {}_{3+6-1}C_6 = {}_8C_6 = {}_8C_2 = 28$

02 방정식 $a+b+c=6$에서 a, b, c가 양의 정수이므로
$a \ge 1$, $b \ge 1$, $c \ge 1$
a', b', c'을 음이 아닌 정수라 하면
$a'=a-1$, $b'=b-1$, $c'=c-1$에서
$a'+b'+c'=3$
즉, 구하는 해의 개수는 $a'+b'+c'=3$을 만족시키는 음이 아닌 정수해의 개수와 같다.
따라서 a', b', c'에서 중복을 허락하여 3개를 택하는 중복조합의 수이므로
${}_3H_3 = {}_{3+3-1}C_3 = {}_5C_3 = {}_5C_2 = 10$
[다른 풀이]
방정식 $a+b+c=6$에서 $x_1+x_2+x_3=6$ 꼴이므로 양의 정수해의 개수는
${}_3H_{6-3} = {}_3H_3 = {}_5C_3 = 10$

03 (i) $a=1$일 때,
　　$b+c=9$
　　$\therefore {}_2H_7 = {}_{2+7-1}C_7 = {}_8C_7 = 8$
(ii) $a=2$일 때,
　　$b+c=8$
　　$\therefore {}_2H_6 = {}_{2+6-1}C_6 = {}_7C_6 = 7$
따라서 구하는 순서쌍의 개수는
$8+7=15$

04 (i) $a=1$, $b=5$일 때,
　　$c+d=6$
　　$\therefore {}_2H_6 = {}_{2+6-1}C_6 = {}_7C_6 = 7$
(ii) $a=5$, $b=1$일 때,
　　$c+d=6$
　　$\therefore {}_2H_6 = {}_{2+6-1}C_6 = {}_7C_6 = 7$
따라서 구하는 순서쌍의 개수는
$7+7=14$

05 조건 ㈎에서 $f(1)=1$이고
조건 ㈏에서 $f(2) \ne 2$이므로
$f(2)$의 값은 1, 3, 4 중 하나이다.
또 $f(3)$, $f(4)$의 값을 정하는 경우의 수는 1, 2, 3, 4의 서로 다른 4개에서 2개를 택하는 중복순열의 수와 같으므로
${}_4\Pi_2 = 4^2 = 16$
따라서 조건을 만족하는 함수의 개수는 $3 \times 16 = 48$

06 공역 $Y=\{3, 4, 5, 6\}$의 원소 중에서 순서에 상관없이 3개의 원소를 고르게 되면 선택된 3개의 원소는 각각의 대소에 따라서 정의역의 원소에 자동으로 대응된다.
즉, 선택된 원소가 3, 4, 6이면 $f(1)=3$, $f(2)=4$, $f(3)=6$이 된다.
따라서 조건을 만족시키는 함수의 개수는
${}_4C_3 = 4$

07 정의역의 원소 1, 2, 3, 4에 대한 함숫값은 5, 6, 7 중 하나이고, $f(1) \le f(2) \le f(3) \le f(4)$이어야 한다.
그러므로 함수의 개수는 5, 6, 7 중에서 중복을 허락하여 4개를 택

한 다음 작은 것부터 차례대로 $f(1)$, $f(2)$, $f(3)$, $f(4)$에 대응시
키는 방법의 수와 같다.

즉, 서로 다른 3개에서 중복을 허락하여 4개를 택하는 중복조합
의 수이므로

$$_3H_4 = {}_{3+4-1}C_4 = {}_6C_4 = {}_6C_2 = 15$$

또는

$$a-b=1, a+b=5$$

따라서, $a=2$, $b=3$ 또는 $a=3$, $b=2$이다.

또한, 조건 (가)에서

$$a+b+c+d+e=12$$

이므로 $c+d+e=7$이고 c, d, e는 자연수이므로

$$c=c'+1, d=d'+1, e=e'+1$$

$(c', d', e'$은 음이 아닌 정수)

로 놓으면

$$(c'+1)+(d'+1)+(e'+1)=7$$

$$c'+d'+e'=4$$

이를 만족시키는 모든 순서쌍 (c', d', e')

의 개수는

$$_3H_4 = {}_{3+4-1}C_4$$

$$= {}_6C_4$$

$$= {}_6C_2$$

$$= \frac{6 \times 5}{2 \times 1} = 15$$

따라서 구하는 모든 순서쌍 (a, b, c, d, e)의 개수는

$$2 \times 15 = 30$$

기출문제 맛보기   본문 032~034쪽

08 ④	**09** 74	**10** ①	**11** ③
12 332	**13** 196	**14** 336	**15** 84
16 ⑤	**17** 115	**18** 210	**19** ⑤
20 ①	**21** 15	**22** ⑤	**23** ②
24 108	**25** 260		

08 조건 (가)를 만족시키는 순서쌍 (x, y, z)의 개수는

$$_3H_{10} = {}_{3+10-1}C_{10}$$

$$= {}_{12}C_{10} = {}_{12}C_2$$

$$= \frac{12 \times 11}{2} = 66$$

$y+z=0$인 순서쌍 (x, y, z)의 개수는 $(10, 0, 0)$의 1이고,

$y+z=10$인 순서쌍 (x, y, z)의 개수는

$$_2H_{10} = {}_{2+10-1}C_{10} = {}_{11}C_{10}$$

$$= {}_{11}C_1 = 11$$

즉, 11이므로 구하는 순서쌍 (x, y, z)의 개수는

$$66 - 1 - 11 = 54$$

09 조건 (가)를 만족시키는 순서쌍의 개수는

$$_4H_6 = {}_{4+6-1}C_6$$

$$= {}_9C_6 = {}_9C_3$$

$$= 84$$

이 중에서 조건 (나)를 만족시키지 않는 순서쌍의 개수는 방정식
$a+b+c+d=6$을 만족시키는 자연수 a, b, c, d의 모든 순서쌍
(a, b, c, d)의 개수와 같다. 이 개수는

$$a=a'+1, b=b'+1, c=c'+1, d=d'+1$$

이라 하면

$a'+b'+c'+d'=2$를 만족시키는 음이 아닌 정수 a', b', c', d'
의 모든 순서쌍 (a', b', c', d')의 개수와 같으므로

$$_4H_2 = {}_{4+2-1}C_2$$

$$= {}_5C_2 = 10$$

따라서 구하는 순서쌍의 개수는

$$84 - 10 = 74$$

10 조건 (나)에서

$$a^2 - b^2 = -5 \text{ 또는 } a^2 - b^2 = 5$$

즉,

$$(b-a)(b+a)=5 \text{ 또는 } (a+b)(a+b)=5$$

이고 a, b는 자연수이므로

$$b-a=1, b+a=5$$

11 $a+b+c-d=9$에서 $a+b+c=9+d$

이때, $d \leq 4$이므로 다음과 같은 경우로 나눌 수 있다.

(i) $d=0$일 때, $a+b+c=9$

이때, $c \geq d$에서 $c \geq 0$이므로 주어진 순서쌍의 개수는

$$_3H_9 = {}_{11}C_9 = {}_{11}C_2 = 55$$

(ii) $d=1$일 때, $a+b+c=10$

이때, $c \geq d$에서 $c \geq 1$이므로 $c=c'+1$ $(c' \geq 0)$으로 놓으면

$$a+b+c'=9$$

그러므로 구하는 순서쌍의 개수는

$$_3H_9 = {}_{11}C_9 = {}_{11}C_2 = 55$$

(iii) $d=2$일 때, $a+b+c=11$

이때, $c \geq d$에서 $c \geq 2$이므로 $c=c'+2$ $(c' \geq 0)$으로 놓으면

$$a+b+c'=9$$

그러므로 구하는 순서쌍의 개수는

$$_3H_9 = {}_{11}C_9 = {}_{11}C_2 = 55$$

(iv) $d=3$일 때, $a+b+c=12$

이때, $c \geq d$에서 $c \geq 3$이므로 $c=c'+3$ $(c' \geq 0)$으로 놓으면

$$a+b+c'=9$$

그러므로 구하는 순서쌍의 개수는

$$_3H_9 = {}_{11}C_9 = {}_{11}C_2 = 55$$

(v) $d=4$일 때, $a+b+c=13$

이때, $c \geq d$에서 $c \geq 4$이므로 $c=c'+4$ $(c' \geq 0)$으로 놓으면

$$a+b+c'=9$$

그러므로 구하는 순서쌍의 개수는

$$_3H_9 = {}_{11}C_9 = {}_{11}C_2 = 55$$

(i)~(v)에서 구하는 순서쌍의 개수는

$$55 \times 5 = 275$$

12 (가)에서 $_4H_{12} = {}_{15}C_{12} = \frac{15!}{12!3!} = \frac{15 \times 14 \times 13}{3 \times 2 \times 1} = 455$

(나)에서

$a=2$이면 $b+c+d=10 \Rightarrow {}_3H_{10}={}_{12}C_{10}=\dfrac{12\times11}{2}=66$

$a+b+c=10$이면 $\Rightarrow {}_3H_{10}={}_{12}C_{10}=66$

$a=2,\ a+b+c=10$이면

$a=2,\ d=2,\ b+c=8 \Rightarrow {}_2H_8={}_9C_8=9$

$\therefore 455-(66+66-9)=332$

13 (i) $a\le b\le c\le d$인 순서쌍의 개수는 1, 2, 3, 4, 5, 6 중에서 중복을 허락하여 4개를 택한 다음 크지 않은 순서대로 $a,\ b,\ c,$ d의 값으로 정하는 경우의 수와 같으므로

$${}_6H_4={}_{6+4-1}C_4={}_9C_4$$
$$=\dfrac{9\times8\times7\times6}{4\times3\times2\times1}=126$$

(ii) $b\le a\le c\le d$인 순서쌍의 개수는 (i)과 마찬가지이므로

$${}_6H_4=126$$

(iii) $a=b\le c\le d$인 순서쌍의 개수는 1, 2, 3, 4, 5, 6 중에서 중복을 허락하여 3개를 택한 다음 크지 않은 순서대로 $a(=b),$ $c,\ d$의 값으로 정하는 경우의 수와 같으므로

$${}_6H_3={}_{6+3-1}C_3={}_8C_3$$
$$=\dfrac{8\times7\times6}{3\times2\times1}=56$$

(i), (ii), (iii)에서 구하는 순서쌍의 개수는

$126+126-56=196$

14 조건 (나)에서 $a\times d$가 홀수이므로 a와 d는 모두 홀수이고, $b+c$가 짝수이므로 b와 c가 모두 홀수이거나 b와 c가 모두 짝수이다.

(i) b와 c가 모두 홀수인 경우

$a,\ b,\ c,\ d$가 모두 13 이하의 홀수이다. 13 이하의 홀수의 개수는 7이고, 조건 (가)에서 $a\le b\le c\le d$이므로 조건을 만족시키는 모든 순서쌍 $(a,\ b,\ c,\ d)$의 개수는 서로 다른 7개에서 중복을 허락하여 4개를 택하는 중복조합의 수 ${}_7H_4$와 같다.

$${}_7H_4={}_{10}C_4=\dfrac{10\times9\times8\times7}{4\times3\times2\times1}=210$$

(ii) b와 c가 모두 짝수인 경우

$a<d$이므로 순서쌍 $(a,\ d)$에 대한 b와 c의 경우의 수는

① $a=1$인 경우

(1, 3)일 때, 1

(1, 5)일 때, ${}_2H_2$

(1, 7)일 때, ${}_3H_2$

(1, 9)일 때, ${}_4H_2$

(1, 11)일 때, ${}_5H_2$

(1, 13)일 때, ${}_6H_2$

② $a=3$인 경우

(3, 5)일 때, 1

(3, 7)일 때, ${}_2H_2$

(3, 9)일 때, ${}_3H_2$

(3, 11)일 때, ${}_4H_2$

(3, 13)일 때, ${}_5H_2$

③ $a=5$인 경우

(5, 7)일 때, 1

(5, 9)일 때, ${}_2H_2$

(5, 11)일 때, ${}_3H_2$

(5, 13)일 때, ${}_4H_2$

④ $a=7$인 경우

(7, 9)일 때, 1

(7, 11)일 때, ${}_2H_2$

(7, 13)일 때, ${}_3H_2$

⑤ $a=9$인 경우

(9, 11)일 때, 1

(9, 13)일 때, ${}_2H_2$

⑥ $a=11$인 경우

(11, 13)일 때, 1

따라서 구하는 순서쌍의 개수는

$6\times1+5\times{}_2H_2+4\times{}_3H_2+3\times{}_4H_2+2\times{}_5H_2+{}_6H_2$
$=126$

(i), (ii)에서 구하는 모든 순서쌍의 개수는

$210+126=336$

[다른 풀이]

(ii) b와 c가 모두 짝수인 경우

홀수 $a,\ d$와 짝수 $b,\ c$에 대하여

$1\le a\le b\le c\le d\le13$

이므로

$a=a',\ b-a=b',\ c-b=c',\ d-c=d',$

$14-d=e'$

이라 하면

$a',\ b',\ d',\ e'$은 홀수이고, c'은 0 또는 짝수이다.

$a'+b'+c'+d'+e'=14$

음이 아닌 정수 $a'',\ b'',\ c'',\ d'',\ e''$에 대하여

$a'=2a''+1,\ b'=2b''+1,\ c'=2c'',\ d'=2d''+1,$

$e'=2e''+1$

이라 하면

$a''+b''+c''+d''+e''=5$

그러므로 구하는 순서쌍의 개수는

$${}_5H_5={}_9C_5={}_9C_4=\dfrac{9\times8\times7\times6}{4\times3\times2\times1}=126$$

15 조건 (가)에서 $x_n\le x_{n+1}-2$이므로

$x_1\le x_2-2,\ x_2\le x_3-2$

이고, 조건 (나)에서 $x_3\le10$이므로

$0\le x_1\le x_2-2\le x_3-4\le6$

이때, $x_2-2=x_2',\ x_3-4=x_3'$ ($x_2',\ x_3'$은 음이 아닌 정수)이라 하면

$0\le x_1\le x_2'\le x_3'\le6$ ……㉠

이고, 주어진 조건을 만족시키는 음이 아닌 정수 $x_1,\ x_2,\ x_3$의 모든 순서쌍 $(x_1,\ x_2,\ x_3)$의 개수는 ㉠을 만족시키는 음이 아닌 정수 $x_1,\ x_2',\ x_3'$의 모든 순서쌍 $(x_1,\ x_2',\ x_3')$의 개수와 같다.

따라서 구하는 순서쌍의 개수는 0, 1, 2, ⋯, 6의 7개에서 중복을 허락하여 3개를 택하는 중복조합의 수와 같으므로

$${}_7H_3={}_{7+3-1}C_3={}_9C_3=\dfrac{9\times8\times7}{3\times2\times1}=84$$

16 $f(1)$은 1, 2, 3, 4 중 어느 것이 되어도 되므로 $f(1)$의 값을 정하는 경우의 수는 4이다.

$f(2)\le f(3)\le f(4)$를 만족시키도록 $f(2),\ f(3),\ f(4)$의 값을 정하는 경우는 1, 2, 3, 4 중에서 중복을 허락하여 3개를 택한 다음 큰 순서대로 $f(4),\ f(3),\ f(2)$의 값으로 정하는 경우이므로

$${}_4H_3={}_{4+3-1}C_3={}_6C_3$$

$$=\frac{6\times5\times4}{3\times2\times1}=20$$
따라서 구하는 함수 f의 개수는
$$4\times20=80$$

17 $f(1)=1$이면 조건 (가)에서 $f(1)=4$이므로 모순이다.

(i) $f(1)=2$인 경우

조건 (가)에서 $f(2)=4$

$f(3)$, $f(5)$의 값을 정하는 경우의 수는 2, 3, 4, 5 중에서 중복을 허락하여 2개를 택하는 중복조합의 수와 같으므로
$${}_4H_2={}_5C_2=10$$
$f(4)$의 값을 정하는 경우의 수는

5

이 경우 함수 f의 개수는 $10\times5=50$이다.

(ii) $f(1)=3$인 경우

조건 (가)에서 $f(3)=4$

$f(5)$의 값을 정하는 경우의 수는

2

$f(2)$, $f(4)$의 값을 정하는 경우의 수는
$$5\times5=25$$
이 경우 함수 f의 개수는 $2\times25=50$이다.

(iii) $f(1)=4$인 경우

조건 (가)에서 $f(4)=4$

$f(3)$, $f(5)$의 값을 정하는 경우의 수는 4, 5 중에서 중복을 허락하여 2개를 택하는 중복조합의 수와 같으므로
$${}_2H_2={}_3C_2=3$$
$f(2)$의 값을 정하는 경우의 수는

5

이 경우 함수 f의 개수는 $3\times5=15$이다.

(iv) $f(1)=5$인 경우

조건 (가)에서 $f(5)=4$

이 경우 조건 (나)를 만족시키지 않는다.

(i)~(iv)에서 구하는 함수 f의 개수는
$$50+50+15=115$$

18 예를 들어 함수 f에 의해 정의역에 속하는 1, 2, 3, 4가 대응되는 원소가 1, 3, 3, 7이라고 하면 조건을 만족시키기 위해서는 $f(1)=7$, $f(2)=3$, $f(3)=3$, $f(4)=1$이면 된다.

따라서 1, 2, 3, 4, 5, 6, 7의 7개 중 중복하여 4개를 선택하는 중복조합이므로 구하는 함수 f의 개수는
$${}_7H_4={}_{7+4-1}C_4={}_{10}C_4=210$$

19 (i) $f(4)=1$이면 $f(1)+f(2)+f(3)\geq3$

$f(1)$, $f(2)$, $f(3)$의 값은 집합 $\{2, 3, 4\}$의 원소 중 하나이다.

따라서 구하는 함수의 개수는 $3^3=27$(가지)이다.

(ii) $f(4)=2$이면 $f(1)+f(2)+f(3)\geq6$

$f(1)$, $f(2)$, $f(3)$의 값은 집합 $\{1, 3, 4\}$의 원소 중 하나이다.

따라서 $1+1+1=3$, $1+1+3=5$이므로 이것을 제외하면 구하는 함수의 개수는 $3^3-(1+3)=23$(가지)이다.

(iii) $f(4)=3$이면 $f(1)+f(2)+f(3)\geq9$

$f(1)$, $f(2)$, $f(3)$의 값은 집합 $\{1, 2, 4\}$의 원소 중 하나이다.

따라서 $4+4+4=12$, $4+4+2=10$, $4+4+1=9$이므로 구하는 함수의 개수는 $1+3+3=7$(가지)이다.

(iv) $f(4)=4$이면 $f(1)+f(2)+f(3)\geq12$

$f(1)$, $f(2)$, $f(3)$의 값은 집합 $\{1, 2, 3\}$의 원소 중 하나이다.

따라서 $3+3+3=9$이므로 만족하는 경우는 없다.
$$\therefore 27+23+7=57$$

20 조건 (가)에 의하여
$$f(1)\geq1$$
$$f(2)\geq\sqrt{2}>1$$
$$f(3)\geq\sqrt{3}>1$$
$$f(4)\geq\sqrt{4}=2$$
$$f(5)\geq\sqrt{5}>2$$
이고 조건 (나)에 의하여 치역으로 가능한 경우는

$\{1, 2, 3\}$, $\{1, 2, 4\}$, $\{1, 3, 4\}$, $\{2, 3, 4\}$

(i) 치역이 $\{1, 2, 3\}$인 경우

$f(1)=1$, $f(5)=3$이므로 $\{2, 3, 4\}$에서 $\{2, 3\}$으로의 함수 중에서 치역이 $\{3\}$인 함수를 제외하면 되므로 조건을 만족시키는 함수의 개수는 ${}_2\Pi_3-1=2^3-1=7$이다.

(ii) 치역이 $\{1, 2, 4\}$인 경우

(i)의 경우와 마찬가지로 조건을 만족시키는 함수의 개수는 7이다.

(iii) 치역이 $\{1, 3, 4\}$인 경우

$f(1)=1$이므로 $\{2, 3, 4, 5\}$에서 $\{3, 4\}$로의 함수 중에서 치역이 $\{3\}$, $\{4\}$인 함수를 제외하면 되므로 조건을 만족시키는 함수의 개수는 ${}_2\Pi_4-2=2^4-2=14$이다.

(iv) 치역이 $\{2, 3, 4\}$인 경우

① $f(5)=3$인 경우

$\{1, 2, 3, 4\}$에서 $\{2, 3, 4\}$로의 함수 중에서 치역이 $\{2\}$, $\{3\}$, $\{4\}$, $\{2, 3\}$, $\{3, 4\}$인 함수를 제외하면 되므로 조건을 만족시키는 함수의 개수는
$${}_3\Pi_4-\{3+({}_2\Pi_4-2)\times2\}$$
$$=3^4-\{3+(2^4-2)\times2\}$$
$$=81-31$$
$$=50$$

② $f(5)=4$인 경우

①의 경우와 마찬가지로 조건을 만족시키는 함수의 개수는 50이다.

(i), (ii), (iii), (iv)에 의하여 구하는 함수 f의 개수는
$$7+7+14+50\times2=128$$

21 집합 A에서 A로의 모든 함수의 개수는
$${}_4\Pi_4=4^4=256$$
조건을 만족시키는 함수의 개수는 조건 (가)에 의하여 다음 네 가지 경우로 나누어 생각할 수 있다.

(i) $f(1)=f(2)=3$인 경우

조건 (나)를 만족시키기 위하여 정의역의 원소 3, 4의 함숫값은 1, 2, 4 중에서 서로 다른 2개를 택하여 순서대로 짝지으면 된다.

따라서 이 경우의 수는
$${}_3P_2=6$$

(ii) $f(1)=f(2)=4$인 경우

(i)과 마찬가지로 생각하면 이 경우의 수는

6

(iii) $f(1)=3$, $f(2)=4$인 경우

조건 (나)를 만족시키기 위하여 치역의 원소의 개수가 3이 되어야 하므로 다음 세 가지 경우로 나누어 생각할 수 있다.

㉠ $f(3)$의 값이 3 또는 4인 경우

$f(4)$의 값은 1 또는 2가 되어야 하므로 이 경우의 수는
$$2 \times 2 = 4$$

㉡ $f(4)$의 값이 3 또는 4인 경우

$f(3)$의 값은 1 또는 2가 되어야 하므로 이 경우의 수는
$$2 \times 2 = 4$$

㉢ $f(3)$, $f(4)$의 값이 모두 1이거나 모두 2인 경우의 수는
2

따라서 이 경우의 수는
$$4 + 4 + 2 = 10$$

(iv) $f(1) = 4$, $f(2) = 3$인 경우

(iii)과 마찬가지로 생각하면 이 경우의 수는
10

(i)~(iv)에 의하여 조건을 만족시키는 함수의 개수는
$$6 + 6 + 10 + 10 = 32$$

따라서 $p = \dfrac{32}{256} = \dfrac{1}{8}$이므로

$$120p = 120 \times \dfrac{1}{8} = 15$$

22 조건 (가)에서 $f(1)$, $f(3)$, $f(5) \in \{1, 3, 5\}$

(i) f의 치역이 홀수, 짝수, 짝수인 경우

홀수 3개 중에서 1개를 택하는 경우의 수는 $_3\mathrm{C}_1$

$f(1)$, $f(3)$, $f(5)$의 값은 모두 홀수이어야 하므로 그 값이 같고 $f(2)$, $f(4)$의 값은 $f(2)=2$, $f(4)=4$인 경우뿐이므로 함수 f의 개수는
$$_3\mathrm{C}_1 \times 1 = 3$$

(ii) f의 치역이 홀수, 홀수, 짝수인 경우

조건 (나)에서 $f(2)$, $f(4)$의 값은 하나는 홀수, 다른 하나는 짝수이어야 하므로 홀수 3개 중에서 1개를 택하고 짝수 2개 중에서 1개를 택하는 경우의 수는
$$_3\mathrm{C}_1 \times _2\mathrm{C}_1 \qquad \cdots\cdots ㉠$$

치역의 홀수가 2개이므로 ㉠에서 택한 홀수를 제외하고 나머지 2개의 홀수 중에서 1개를 택하면 그 경우의 수는 $_2\mathrm{C}_1 = 2$

$f(1)$, $f(3)$, $f(5)$의 값은 두 홀수 중 하나이고 그중 $f(1)$, $f(3)$, $f(5)$의 값이 모두 ㉠에서 택한 홀수가 되면 함수 f의 치역의 원소가 2개가 되므로 조건 (다)를 만족시키지 못한다.

따라서 경우의 수는
$$_2\Pi_3 - 1 = 2^3 - 1 = 7$$

구하는 함수 f의 개수는
$$_3\mathrm{C}_1 \times _2\mathrm{C}_1 \times 2 \times 7 = 84$$

(iii) f의 치역이 홀수, 홀수, 홀수인 경우

치역은 $\{1, 3, 5\}$이고,

$f(2)$, $f(4)$의 값을 정하는 경우의 수는 $_3\mathrm{C}_2$

$f(1)$, $f(3)$, $f(5)$의 값은 $f(2)$, $f(4)$의 값, 즉 홀수 2개만 치역이 되는 경우를 제외해야 하므로 그 경우의 수는
$$_3\Pi_3 - _2\Pi_3 = 3^3 - 2^3 = 19$$

따라서 함수 f의 개수는 $_3\mathrm{C}_2 \times 19 = 57$

(i), (ii), (iii)에서 함수 f의 개수는
$$3 + 84 + 57 = 144$$

23 6의 약수는 1, 2, 3, 6이므로 조건 (가)에서

$f(1) \times f(6) = 1$ 또는 $f(1) \times f(6) = 2$ 또는

$f(1) \times f(6) = 3$ 또는 $f(1) \times f(6) = 6$

(i) $f(1) \times f(6) = 1$일 때

$f(1) = f(6) = 1$

따라서 조건 (나)에서

$2 \le f(2) \le f(3) \le f(4) \le f(5) \le 2$

즉, $f(2) = f(3) = f(4) = f(5) = 2$

따라서 이 조건을 만족시키는 함수 f의 개수는 1이다.

(ii) $f(1) \times f(6) = 2$일 때

$f(1) \le f(6)$이므로 $f(1) = 1$, $f(6) = 2$

따라서 조건 (나)에서

$2 \le f(2) \le f(3) \le f(4) \le f(5) \le 4$

이므로 $f(2)$, $f(3)$, $f(4)$, $f(5)$의 값을 정하는 경우의 수는 2, 3, 4 중에서 중복을 허락하여 4개를 선택하는 중복조합의 수와 같으므로

$$_3\mathrm{H}_4 = _{3+4-1}\mathrm{C}_4 = _6\mathrm{C}_4 = _6\mathrm{C}_2 = \dfrac{6 \times 5}{2 \times 1} = 15$$

따라서 이 조건을 만족시키는 함수 f의 개수는 15이다.

(iii) $f(1) \times f(6) = 3$일 때

$f(1) \le f(6)$이므로 $f(1) = 1$, $f(6) = 3$

따라서 조건 (나)에서

$2 \le f(2) \le f(3) \le f(4) \le f(5) \le 6$

이므로 $f(2)$, $f(3)$, $f(4)$, $f(5)$의 값을 정하는 경우의 수는 2, 3, 4, 5, 6 중에서 중복을 허락하여 4개를 선택하는 중복조합의 수와 같으므로

$$_5\mathrm{H}_4 = _{5+4-1}\mathrm{C}_4 = _8\mathrm{C}_4 = \dfrac{8 \times 7 \times 6 \times 5}{4 \times 3 \times 2 \times 1} = 70$$

따라서 이 조건을 만족시키는 함수 f의 개수는 70이다.

(iv) $f(1) \times f(6) = 6$일 때

$f(1) \le f(6)$이므로

$f(1) = 1$, $f(6) = 6$ 또는

$f(1) = 2$, $f(6) = 3$

① $f(1) = 1$, $f(6) = 6$일 때

조건 (나)에서

$2 \le f(2) \le f(3) \le f(4) \le f(5) \le 12$

이므로 $f(2)$, $f(3)$, $f(4)$, $f(5)$의 값을 정하는 경우의 수는 2, 3, 4, 5, 6 중에서 중복을 허락하여 4개를 선택하는 중복조합의 수와 같으므로

$$_5\mathrm{H}_4 = _{5+4-1}\mathrm{C}_4 = _8\mathrm{C}_4 = \dfrac{8 \times 7 \times 6 \times 5}{4 \times 3 \times 2 \times 1} = 70$$

② $f(1) = 2$, $f(6) = 3$일 때

조건 (나)에서

$4 \le f(2) \le f(3) \le f(4) \le f(5) \le 6$

이므로 $f(2)$, $f(3)$, $f(4)$, $f(5)$의 값을 정하는 경우의 수는 4, 5, 6 중에서 중복을 허락하여 4개를 선택하는 중복조합의 수와 같으므로

$$_3\mathrm{H}_4 = _{3+4-1}\mathrm{C}_4 = _6\mathrm{C}_4 = _6\mathrm{C}_2 = \dfrac{6 \times 5}{2 \times 1} = 15$$

따라서 이 조건을 만족시키는 함수 f의 개수는
$$70 + 15 = 85$$이다.

(i)~(iv)에서 구하는 함수 f의 개수는
$$1 + 15 + 70 + 85 = 171$$

24 조건 ㈎에서
$f(-2)\neq-2$, $f(-2)\neq-1$, $f(-1)\neq-2$, $f(1)\neq2$,
$f(2)\neq1$, $f(2)\neq2$
조건 ㈏에서
$f(-2)\geq f(-1)\geq f(0)\geq f(1)\geq f(2)$
(i) $f(-2)=0$인 경우
　$f(-1)$, $f(0)$, $f(1)$, $f(2)$의 값이 될 수 있는 경우의 수는
　-2, -1, 0 중에서 중복을 허락하여 4개를 택하는 중복조합
　의 수에서 $f(-1)=-2$인 경우를 제외하면 되므로
　${}_3H_4-1={}_6C_4-1={}_6C_2-1=14$
(ii) $f(-2)=1$인 경우
　$f(-1)$, $f(0)$, $f(1)$, $f(2)$의 값이 될 수 있는 경우의 수는
　-2, -1, 0, 1 중에서 중복을 허락하여 4개를 택하는 중복조
　합의 수에서 $f(-1)=-2$인 경우와 $f(2)=1$인 경우를 제
　외하면 되므로
　${}_4H_4-2={}_7C_4-2={}_7C_3-2=33$
(iii) $f(-2)=2$인 경우
　$f(-1)$, $f(0)$, $f(1)$, $f(2)$의 값이 될 수 있는 경우의 수는
　-2, -1, 0, 1, 2 중에서 중복을 허락하여 4개를 택하는 중
　복조합의 수에서 다음 경우의 수를 제외하면 된다.
　㉠ $f(-1)=-2$인 경우 1가지
　㉡ $f(1)=2$인 경우
　　$f(2)=-2$, -1, 0, 1, 2의 5가지
　㉢ $f(1)\neq2$, $f(2)=1$인 경우
　　$f(1)=1$이어야 하므로
　　$f(0)=1$, $f(-1)=1$
　　또는 $f(0)=1$, $f(-1)=2$
　　또는 $f(0)=2$, $f(-1)=2$
　　의 3가지
　그러므로 $f(-2)=2$인 경우의 수는
　${}_5H_4-1-5-3={}_8C_4-9=61$
(i), (ii), (iii)에서 조건을 만족시키는 함수의 개수는
$14+33+61=108$

25 조건 ㈐에서 함수 f는 상수함수일 수 없으므로
$n(A)=2$ 또는 $n(A)=3$
(i) $n(A)=2$인 경우
　집합 A를 정하는 경우의 수는
　${}_5C_2=10$
　$A=\{1,2\}$인 경우를 생각하면
　조건 ㈐에서 $f(1)=2$, $f(2)=1$
　$f(3)$, $f(4)$, $f(5)$의 값은 1, 2 중 하나이므로
　$f(3)$, $f(4)$, $f(5)$의 값을 정하는 경우의 수는
　${}_2\Pi_3=2^3=8$
　즉, $n(A)=2$인 경우 함수 f의 개수는
　$10\times8=80$
(ii) $n(A)=3$인 경우
　집합 A를 정하는 경우의 수는
　${}_5C_3=10$
　$A=\{1,2,3\}$인 경우를 생각하면
　조건 ㈐에서 순서쌍 $(f(1), f(2), f(3))$은
　$(2, 3, 1)$, $(3, 1, 2)$뿐이므로

$f(1)$, $f(2)$, $f(3)$의 값을 정하는 경우의 수는
　2
$f(4)$, $f(5)$의 값은 1, 2, 3 중 하나이므로
$f(4)$, $f(5)$의 값을 정하는 경우의 수는
　${}_3\Pi_2=3^2=9$
즉, $n(A)=3$인 경우 함수 f의 개수는
　$10\times2\times9=180$
(i), (ii)에서 구하는 함수 f의 개수는
$80+180=260$

본문 034~035쪽

26 ①	**27** ②	**28** ③	**29** 120
30 16	**31** 75	**32** ③	**33** ④
34 ③			

26 x, y, z가 양의 정수이므로 $x+y+z\geq3$에서
$3\leq x+y+z<5$이다.
즉, $x+y+z=3$ 또는 $x+y+z=4$에 대하여 양의 정수인 해의
개수를 구하면 된다.
(i) $x+y+z=3$에서 양의 정수인 해의 개수는
　${}_3H_{3-3}={}_3H_0={}_2C_0=1$
(ii) $x+y+z=4$에서 양의 정수인 해의 개수는
　${}_3H_{4-3}={}_3H_1={}_3C_1=3$
(i), (ii)에서 구하는 해의 개수는
$1+3=4$

27 방정식 $x+y+z=n$에서 음이 아닌 정수해의 개수는
$${}_3H_n={}_{2+n}C_n={}_{2+n}C_2=\frac{(2+n)(1+n)}{2}$$
즉, $\dfrac{(2+n)(1+n)}{2}=105$에서
$(2+n)(1+n)=210=15\times14$
$\therefore n=13$

28 $x\geq2$, $y\geq3$, $z\geq4$이므로 x', y', z'을 음이 아닌 정수라 하면
$x=x'+2$, $y=y'+3$, $z=z'+4$
$\therefore x'+y'+z'=6$
즉, 구하는 순서쌍 (x', y', z')의 개수는 방정식 $x'+y'+z'=6$
을 만족시키는 음이 아닌 정수해의 개수와 같다.
$\therefore {}_3H_6={}_8C_6$
　　$={}_8C_2=28$

29 방정식 $x+y+z+5w=20$에서
(i) $w=1$인 경우
　$x+y+z=15$에서 x, y, z가 양의 정수이고 $x\geq w$이므로
　$x\geq1$, $y\geq1$, $z\geq1$
　x', y', z'을 음이 아닌 정수라 하면
　$x'=x-1$, $y'=y-1$, $z'=z-1$에서

$x'+y'+z'=12$

즉, x', y', z'에서 중복을 허락하여 12개를 택하는 중복조합
의 수이므로

$_3H_{12}=_{14}C_{12}=_{14}C_2=91$

(ii) $w=2$인 경우

$x+y+z=10$에서 x, y, z가 양의 정수이고 $x \geq w$이므로

$x \geq 2, y \geq 1, z \geq 1$

x', y', z'을 음이 아닌 정수라 하면

$x'=x-2, y'=y-1, z'=z-1$에서

$x'+y'+z'=6$

즉, x', y', z'에서 중복을 허락하여 6개를 택하는 중복조합의
수이므로

$_3H_6=_8C_6=_8C_2=28$

(iii) $w=3$인 경우

$x+y+z=5$이므로

$x=3, y=1, z=1$의 1가지

(i), (ii), (iii)에서 구하는 순서쌍의 개수는

$91+28+1=120$

30 $a \geq 1, b \geq 2, c \geq 3, d \geq 4$이므로

a', b', c', d'을 음이 아닌 정수라 하면

$a=a'+1, b=b'+2, c=c'+3, d=d'+4$

즉, $a+b+c+d=13$에서

$a'+b'+c'+d'=3$이므로 음이 아닌 정수해의 개수는

$_4H_3=_6C_3=20$

그런데 $c=d$인 경우는

(i) $c=d=4$, 즉 $c'=1, d'=0$일 때

$a'+b'=2$이므로 음이 아닌 정수해의 개수는

$_2H_2=_3C_2=_3C_1=3$

(ii) $c=d=5$, 즉 $c'=2, d'=1$일 때

$a'+b'=0$이므로 음이 아닌 정수해의 개수는

$_2H_0=_1C_0=1$

따라서 구하는 정수해의 개수는

$20-(3+1)=16$

31 (i) $f(1)=0, f(2)=0$인 경우

$_5\Pi_2=5^2=25$

(ii) $f(1)=0, f(2)=1$인 경우

$_5\Pi_2=5^2=25$

(iii) $f(1)=1, f(2)=0$인 경우

$_5\Pi_2=5^2=25$

(i), (ii), (iii)에서 구하는 함수 f의 개수는

$25+25+25=75$

32 $f(3)$의 값이 짝수이므로 $f(3)=2$ 또는 $f(3)=4$이어야 한다.

(i) $f(3)=2$인 경우

1, 2는 1에 대응되고, 4, 5는 1, 2, 3, 4, 5 중에서 하나로 대응
되므로 함수의 개수는

$_1\Pi_2 \times _5\Pi_2=25$

(ii) $f(3)=4$인 경우

1, 2는 1, 2, 3 중에서 하나로 대응되고, 4, 5는 1, 2, 3, 4, 5
중에서 하나로 대응되므로 함수의 개수는

$_3\Pi_2 \times _5\Pi_2=225$

(i), (ii)에서 구하는 함수의 개수는

$25+225=250$

33 치역의 3개의 원소의 곱이 짝수이려면 (홀, 홀, 짝), (홀, 짝, 짝)이
어야 한다.

예를 들어 치역의 원소가 3, 5, 6인 경우의 함수의 개수는

정의역이 $X=\{3, 4, 5, 6, 7\}$, 공역이 $\{3, 5, 6\}$인 전체 함수의 개
수에서 치역이 1개인 경우와 치역이 2개인 경우를 빼면 되므로

$3^5-3-_3C_2(2^5-2)=150$

한편,

치역이 (홀, 홀, 짝)인 경우의 수가 $_3C_2 \times _2C_1=6$

치역이 (홀, 짝, 짝)인 경우의 수가 $_3C_1 \times _2C_2=3$

이므로

구하는 함수의 개수는

$150 \times (6+3)=1350$

34 조건 ㈎를 만족시키도록 $f(1), f(2), f(3)$을 결정하는 경우의 수
는 서로 다른 6개에서 3개를 택하는 조합의 수이므로

$_6C_3=20$

이 각각에 대하여 조건 ㈏를 만족시키도록 $f(4), f(5), f(6)$을
결정하는 경우의 수는 서로 다른 6개에서 3개를 택하는 중복조합
의 수이므로

$_6H_3=_{6+3-1}C_3=_8C_3=56$

따라서 구하는 함수 f의 개수는 $20 \times 56=1120$

06 확률 구하기 (1)

기본문제 다지기

본문 037쪽

01 ②	02 ③	03 ④	04 71
05 ①	06 ⑤		

01 서로 다른 두 개의 주사위를 던질 때 나올 수 있는 모든 경우의
수는 $6^2 = 36$
나오는 눈의 수를 순서쌍으로 나타내면 합이 4 이하인 경우는
$(1, 1), (1, 2), (2, 1), (1, 3), (2, 2), (3, 1)$
의 6가지이다.
따라서 구하는 확률은
$$\frac{6}{36} = \frac{1}{6}$$

02 네 개의 문자 A, B, C, D를 일렬로 나열하는 방법의 수는 4!
C, D를 묶어서 한 문자로 생각하여 3개의 문자를 일렬로 나열하
는 방법의 수는 3!이고, 이 각각의 경우에 C, D가 서로 자리를
바꾸는 방법의 수는 2!이므로 C, D가 서로 이웃하도록 나열하는
방법의 수는 $3! \times 2!$
따라서 구하는 확률은
$$\frac{3! \times 2!}{4!} = \frac{1}{2}$$

03 주머니에서 임의로 2개의 공을 뽑는 경우의 수는 $_7C_2 = 21$
두 개의 공의 색이 서로 다른 경우의 수는 $_3C_1 \times _4C_1 = 12$
따라서 구하는 확률은
$$\frac{12}{21} = \frac{4}{7}$$

04 주머니에서 임의로 2개를 뽑는 경우의 수는 $_8C_2 = 28$
노랑색과 파랑색의 구슬을 뽑는 경우의 수는 $_2C_1 \times _2C_1 = 4$
따라서 구하는 확률은
$$\frac{4}{28} = \frac{1}{7}$$
$$\therefore 10p + q = 70 + 1 = 71$$

05 주머니에서 임의로 3개의 구슬을 동시에 꺼내는 경우의 수는
$_9C_3 = 84$
노란 구슬 1개와 파란 구슬 2개가 나오는 경우의 수는
$_4C_1 \times _5C_2 = 4 \times 10 = 40$
따라서 구하는 확률은
$$\frac{40}{84} = \frac{10}{21}$$

06 적어도 한 개가 흰 공일 확률은 두 개 모두 검은 공일 사건의 여사
건의 확률이다.
주머니에서 임의로 두 개의 공을 동시에 꺼내는 경우의 수는
$_{10}C_2 = 45$
꺼낸 공이 모두 검은 공인 경우의 수는
$_8C_2 = 28$
주머니에서 임의로 두 개의 공을 동시에 꺼낼 때 두 개 모두 검은
공일 확률은
$$\frac{28}{45}$$
따라서 구하는 확률은
$$1 - \frac{28}{45} = \frac{17}{45}$$

기출문제 맛보기

본문 038~041쪽

07 ③	08 6	09 ③	10 ⑤
11 ③	12 ③	13 ③	14 ⑤
15 ③	16 ③	17 ②	18 ②
19 ⑤	20 ④	21 ②	22 12
23 ④	24 ⑤	25 51	

07 구하고자 하는 확률은
$$\frac{_3C_2 \times _4C_2}{_7C_4} = \frac{_3C_1 \times _4C_2}{_7C_3} = \frac{3 \times \frac{4 \times 3}{2 \times 1}}{\frac{7 \times 6 \times 5}{3 \times 2 \times 1}} = \frac{18}{35}$$

08 $p > 0$이므로 $p = q$에서 $q > 0$이다.
따라서 흰 공의 개수를 n $(2 \le n \le 39)$라 하면 검은 공의 개수는
$40 - n$이다. 이때
$$p = \frac{_nC_2}{_{40}C_2}, \quad q = \frac{_nC_1 \times _{40-n}C_1}{_{40}C_2}$$
이고, $p = q$이므로
$$_nC_2 = _nC_1 \times _{40-n}C_1$$
$$\frac{n(n-1)}{2} = n \times (40 - n)$$
$$n - 1 = 80 - 2n, \quad 3n = 81$$
$$n = 27$$
따라서 검은 공의 개수는
$40 - 27 = 13$이므로
$$r = \frac{_{13}C_2}{_{40}C_2} = \frac{\frac{13 \times 12}{2}}{\frac{40 \times 39}{2}} = \frac{1}{10}$$
$$\therefore 60r = 60 \times \frac{1}{10} = 6$$

09 흰색 손수건을 1장 이하 꺼내는 사건을 X라 하면 X는 흰색 손
수건을 0장 또는 1장 꺼내는 사건이다.
$$P(X) = \frac{_4C_0 \times _5C_4}{_9C_4} + \frac{_4C_1 \times _5C_3}{_9C_4}$$
$$= \frac{5}{\frac{9 \times 8 \times 7 \times 6}{4 \times 3 \times 2 \times 1}} + \frac{4 \times \frac{5 \times 4}{2}}{\frac{9 \times 8 \times 7 \times 6}{4 \times 3 \times 2 \times 1}}$$
$$= \frac{5}{126} + \frac{40}{126} = \frac{45}{126} = \frac{5}{14}$$

22 짱 중요한 유형 ↘ 확률과 통계

한편 X^C은 흰색 손수건을 2장 이상 꺼내는 사건이다.
따라서 여사건의 확률에 의하여

$$P(X^C)=1-P(X)=1-\frac{5}{14}=\frac{9}{14}$$

10 14개의 마스크 중에서 임의로 3개의 마스크를 동시에 꺼낼 때, 꺼낸 3개의 마스크가 모두 검은색일 확률은

$$\frac{{}_9\mathrm{C}_3}{{}_{14}\mathrm{C}_3}=\frac{\dfrac{9\times8\times7}{3\times2\times1}}{\dfrac{14\times13\times12}{3\times2\times1}}=\frac{3}{13}$$

따라서 여사건의 확률에 의하여 구하는 확률은

$$1-\frac{{}_9\mathrm{C}_3}{{}_{14}\mathrm{C}_3}=1-\frac{3}{13}=\frac{10}{13}$$

11 어느 학급의 학생 16명 중 과목 A를 선택한 학생이 9명이므로 16명 중에서 선택한 3명의 학생 모두 과목 A를 선택할 확률은

$$\frac{{}_9\mathrm{C}_3}{{}_{16}\mathrm{C}_3}=\frac{\dfrac{9\times8\times7}{3\times2\times1}}{\dfrac{16\times15\times14}{3\times2\times1}}=\frac{3}{20}$$

따라서 16명 중에서 선택한 3명의 학생 중 적어도 한 명이 과목 B를 선택한 학생일 확률은 여사건의 확률에 의해

$$1-\frac{3}{20}=\frac{17}{20}$$

12 숫자 1, 2, 3, 4, 5 중에서 중복을 허락하여 4개를 택해 일렬로 나열하여 만들 수 있는 모든 네 자리의 자연수의 개수는

$${}_5\Pi_4=5^4$$

이 중에서 3500보다 큰 경우는 다음과 같다.

(i) 천의 자리의 숫자가 3, 백의 자리의 숫자가 5인 경우
십의 자리의 숫자와 일의 자리의 숫자를 택하는 경우의 수는

$${}_5\Pi_2=5^2$$

(ii) 천의 자리의 숫자가 4 또는 5인 경우
천의 자리의 숫자를 택하는 경우의 수는 2
이 각각에 대하여 나머지 세 자리의 숫자를 택하는 경우의 수는

$${}_5\Pi_3=5^3$$

이므로 이 경우의 수는

$$2\times5^3$$

(i), (ii)에 의하여 3500보다 큰 자연수의 개수는

$$5^2+2\times5^3$$

따라서 구하는 확률은

$$\frac{5^2+2\times5^3}{5^4}=\frac{11}{25}$$

13 카드에 적혀 있는 세 자연수 중에서 가장 작은 수가 4 이하이거나 7 이상인 사건을 A라 하면 사건 A^C은 카드에 적혀 있는 세 자연수 중에서 가장 작은 수가 4보다 크고 7보다 작은 경우이다.
즉, 카드에 적혀 있는 세 자연수 중에서 가장 작은 수가 5 또는 6 이므로

$$P(A)=1-P(A^C)=1-\frac{{}_5\mathrm{C}_2+{}_4\mathrm{C}_2}{{}_{10}\mathrm{C}_3}$$

$$=1-\frac{\dfrac{5\times4}{2\times1}+\dfrac{4\times3}{2\times1}}{\dfrac{10\times9\times8}{3\times2\times1}}=1-\frac{16}{120}=\frac{13}{15}$$

14 두 수의 합이 10보다 큰 경우는

$$5+6=11$$

뿐이므로 양 끝에 놓인 카드에 적힌 두 수의 합이 10 이하인 사건을 A라 하면 사건 A^C은 양 끝에 놓인 카드에 적힌 두 수가 5, 6인 사건이다.

따라서 $P(A^C)=\dfrac{2!\times4!}{6!}=\dfrac{1}{15}$이므로

$$P(A)=1-P(A^C)=1-\frac{1}{15}=\frac{14}{15}$$

15 (i) A는 흰 공 1개와 검은 공 2개가 나오는 사건이므로

$$P(A)=\frac{{}_2\mathrm{C}_1\times{}_4\mathrm{C}_2}{{}_6\mathrm{C}_3}=\frac{2\times\dfrac{4\times3}{2\times1}}{\dfrac{6\times5\times4}{3\times2\times1}}=\frac{3}{5}$$

(ii) B는 2가 적혀 있는 공이 3개 나오는 사건이므로

$$P(B)=\frac{{}_4\mathrm{C}_3}{{}_6\mathrm{C}_3}=\frac{4}{20}=\frac{1}{5}$$

(iii) $A\cap B$는 2가 적혀 있는 흰 공 1개와 2가 적혀 있는 검은 공 2개가 나오는 사건이므로

$$P(A\cap B)=\frac{{}_1\mathrm{C}_1\times{}_3\mathrm{C}_2}{{}_6\mathrm{C}_3}=\frac{1\times3}{20}=\frac{3}{20}$$

(i), (ii), (iii)에서 확률의 덧셈정리에 의하여

$$P(A\cup B)=P(A)+P(B)-P(A\cap B)$$
$$=\frac{3}{5}+\frac{1}{5}-\frac{3}{20}=\frac{13}{20}$$

16 문자 a, b, c, d 중에서 중복을 허락하여 4개를 택해 일렬로 나열하여 만들 수 있는 모든 문자열의 개수는 ${}_4\Pi_4=4^4$
문자 a가 한 개만 포함되는 사건을 A, 문자 b가 한 개만 포함되는 사건을 B라 하면 구하는 확률은 $P(A\cup B)$
문자 a가 한 개만 포함되는 경우의 수는 문자 a가 나열될 한 곳을 택한 후 나머지 세 곳에는 b, c, d 중에서 중복을 허락하여 3개를 택해 일렬로 나열하는 경우의 수와 같으므로

$${}_4\mathrm{C}_1\times{}_3\Pi_3=4\times3^3$$
$$\therefore P(A)=\frac{4\times3^3}{4^4}=\frac{27}{64}$$

문자 b가 한 개만 포함되는 경우의 수는 문자 a가 한 개만 포함되는 경우의 수와 같으므로

$$P(B)=\frac{4\times3^3}{4^4}=\frac{27}{64}$$

한편 사건 $A\cap B$는 문자 a와 문자 b가 각각 한 개만 포함되는 사건이다.
문자 a와 문자 b가 각각 한 개만 포함되는 경우의 수는 문자 a와 문자 b가 나열될 두 곳을 택하여 두 문자 a, b를 나열하고, 나머지 두 곳에는 c, d 중에서 중복을 허락하여 2개를 택해 일렬로 나열하는 경우의 수와 같으므로

$${}_4\mathrm{P}_2\times{}_2\Pi_2=(4\times3)\times2^2=3\times4^2$$
$$\therefore P(A\cap B)=\frac{3\times4^2}{4^4}=\frac{3}{16}$$

따라서 구하는 확률은

$$P(A\cup B)=P(A)+P(B)-P(A\cap B)$$
$$=\frac{27}{64}+\frac{27}{64}-\frac{3}{16}=\frac{21}{32}$$

17 두 수 a, b를 선택하는 모든 경우의 수는 $_4C_1 \times _4C_1 = 4 \times 4 = 16$

(i) $a = 1$일 때,

$1 < \dfrac{b}{1} < 4$, 즉 $1 < b < 4$이므로 b는 존재하지 않는다.

(ii) $a = 3$일 때,

$1 < \dfrac{b}{3} < 4$, 즉 $3 < b < 12$이므로 $b = 4, 6, 8, 10$

(iii) $a = 5$일 때,

$1 < \dfrac{b}{5} < 4$, 즉 $5 < b < 20$이므로 $b = 6, 8, 10$

(iv) $a = 7$일 때,

$1 < \dfrac{b}{7} < 4$, 즉 $7 < b < 28$이므로 $b = 8, 10$

(i)~(iv)에서 주어진 조건을 만족시키도록 두 수 a, b를 선택하는 경우의 수는 $0 + 4 + 3 + 2 = 9$

따라서 구하는 확률은 $\dfrac{9}{16}$

18 $|a-3| + |b-3| = 2$인 사건을 A, $a = b$인 사건을 B라 하자.

(i) 사건 A가 일어나는 경우

$|a-3| = 0$이고 $|b-3| = 2$일 때, 순서쌍 (a, b)는

$(3, 1), (3, 5)$

$|a-3| = 1$이고 $|b-3| = 1$일 때, 순서쌍 (a, b)는

$(2, 2), (2, 4), (4, 2), (4, 4)$

$|a-3| = 2$이고 $|b-3| = 0$일 때, 순서쌍 (a, b)는

$(1, 3), (5, 3)$

$\therefore \mathrm{P}(A) = \dfrac{2+4+2}{6 \times 6} = \dfrac{8}{36}$

(ii) 사건 B가 일어나는 경우

$\mathrm{P}(B) = \dfrac{6}{6 \times 6} = \dfrac{6}{36}$

(iii) 사건 $A \cap B$가 일어나는 경우

(i), (ii)에서 두 사건 A와 B를 동시에 만족시키는 순서쌍 (a, b)는 $(2, 2), (4, 4)$

$\therefore \mathrm{P}(A \cap B) = \dfrac{2}{6 \times 6} = \dfrac{2}{36}$

따라서 구하는 확률은

$\mathrm{P}(A \cup B) = \mathrm{P}(A) + \mathrm{P}(B) - \mathrm{P}(A \cap B)$

$\qquad = \dfrac{8}{36} + \dfrac{6}{36} - \dfrac{2}{36} = \dfrac{1}{3}$

19 선택된 두 점 사이의 거리가 1보다 큰 사건을 A라 하면

A^C은 선택된 두 점 사이의 거리가 1보다 작거나 같은 사건이다.

이때, $\mathrm{P}(A^C) = \dfrac{17}{_{12}C_2} = \dfrac{17}{66}$이므로

$\mathrm{P}(A) = 1 - \mathrm{P}(A^C) = 1 - \dfrac{17}{66} = \dfrac{49}{66}$

20 9장의 카드를 일렬로 나열하는 경우의 수는 $9!$

문자 A가 적혀 있는 카드의 바로 양옆에 숫자가 적혀 있는 카드를 나열하는 경우의 수는 $_4P_2 = 12$

이 각각에 대하여 나머지 카드 6장과 함께 나열하는 경우의 수는 $7!$

따라서 구하는 확률은

$\dfrac{12 \times 7!}{9!} = \dfrac{1}{6}$

21 A, A, A, B, B, C의 문자가 하나씩 적혀 있는 6장의 카드를 일렬로 나열하는 경우의 수는 $\dfrac{6!}{3! \times 2!} = 60$

양 끝 모두에는 A가 적힌 카드가 나와야 하므로 A, B, B, C가 적혀 있는 4장의 카드를 A, A가 적혀 있는 2장의 카드 사이에 나열해야 한다. 카드를 나열하는 경우의 수는 $\dfrac{4!}{2!} = 12$

따라서 구하는 확률은 $\dfrac{12}{60} = \dfrac{1}{5}$

22 전체 경우의 수는 $7!$이고

4가 적혀 있는 흰 공과 검은 공이 이웃하는 경우의 수는 $6! \times 2!$

이므로 같은 숫자가 적혀 있는 공이 서로 이웃하지 않게 나열될 확률은

$1 - \dfrac{6! \times 2!}{7!} = 1 - \dfrac{2}{7} = \dfrac{5}{7}$

따라서 $p = 7$, $q = 5$이므로 $p + q = 12$

23 집합 $A = \{1, 2, 3, 4\}$에서 집합 $B = \{1, 2, 3\}$으로의 모든 함수 f의 개수는 $3^4 = 81$

$f(1) \geq 2$인 함수의 개수는 $2 \times 3^3 = 54$

치역이 B인 함수 f의 개수는 정의역을 원소의 개수가 2, 1, 1인 세 개의 집합으로 나눈 후 집합 B에 일대일대응을 시키면 되므로

$_4C_2 \times _2C_1 \times _1C_1 \times \dfrac{1}{2!} \times 3! = 36$

한편 $f(1) = 2$이고 치역이 B인 함수 f의 개수는 다음 두 가지 경우로 나누어 생각할 수 있다.

(i) $a \neq 1$인 a에 대하여 $f(a) = 2$인 a가 존재하는 경우

$3! = 6$

(ii) $a \neq 1$인 모든 a에 대하여 $f(a) \neq 2$인 경우

$_3C_2 \times 2! = 6$

따라서 $f(1) = 2$이고 치역이 B인 함수 f의 개수는

$6 + 6 = 12$

한편, $f(1) = 3$이고 치역이 B인 함수 f의 개수도 12이다.

따라서 구하는 확률은

$\dfrac{54 + 36 - (12 + 12)}{81} = \dfrac{22}{27}$

24 모든 순서쌍 (a_1, a_2, b_1, b_2)의 개수는

$_6C_2 \times _6C_2 = 15 \times 15$

$A \cap B = \varnothing$이기 위한 필요충분조건은

$a_2 < b_1$ 또는 $b_2 < a_1$이다.

따라서 $A \cap B = \varnothing$을 만족시키는 순서쌍 (a_1, a_2, b_1, b_2)의 개수는 다음과 같다.

(i) $a_2 < b_1$일 때

$a_2 = 2$일 때 $_1C_1 \times _4C_2 = 1 \times 6 = 6$

$a_2 = 3$일 때 $_2C_1 \times _3C_2 = 2 \times 3 = 6$

$a_2 = 4$일 때 $_3C_1 \times _2C_2 = 3 \times 1 = 3$

따라서 구하는 경우의 수는 $6 + 6 + 3 = 15$

(ii) $b_2 < a_1$일 때

(i)과 마찬가지이므로 이 경우의 수도 15이다.

$A \cap B = \varnothing$일 확률은 $\dfrac{15 + 15}{15 \times 15} = \dfrac{2}{15}$

이므로 여사건의 확률에 의해 $A \cap B \neq \varnothing$일 확률은

$$1-\frac{2}{15}=\frac{13}{15}$$

25 전체의 경우의 수는 8개의 공 중에서 2개를 꺼내는 경우의 수이
 므로 $_8C_2=28$

  (ⅰ) 서로 다른 색의 공을 꺼내는 경우

    $_4C_1\times_4C_1=16$

  (ⅱ) 흰 공을 2개 꺼내는 경우

    두 공에 적힌 수의 곱이 짝수인 경우의 수는 모든 경우에서 2
 개의 공에 적힌 수의 곱이 홀수가 되는 경우인 1, 3이 적힌 흰
 공을 꺼내는 경우를 빼면 되므로 $_4C_2-1=5$

  (ⅲ) 검은 공을 2개 꺼내는 경우

    꺼낸 두 공에 적힌 수의 곱이 24 이하의 짝수인 경우를 순서
 쌍으로 나타내면 $(4, 5)$, $(4, 6)$의 2가지

  (ⅰ), (ⅱ), (ⅲ)에서 구하는 확률은

$$\frac{16+5+2}{28}=\frac{23}{28}$$

$$\therefore p+q=28+23=51$$

예상문제 도전하기   본문 041쪽

26 ⑤	27 ⑤	28 ②	29 ③
30 ④	31 ①		

26 서로 다른 세 개의 주사위를 동시에 던질 때 나올 수 있는 모든 경
 우의 수는 $6^3=216$

나오는 눈의 수의 합이 5 이하가 되는 경우는

$(1, 1, 1)$,

$(1, 1, 2)$, $(1, 2, 1)$, $(2, 1, 1)$,

$(1, 1, 3)$, $(1, 3, 1)$, $(3, 1, 1)$,

$(1, 2, 2)$, $(2, 1, 2)$, $(2, 2, 1)$

의 10가지이다.

즉, $p=\frac{10}{216}=\frac{5}{108}$이므로 $\frac{5}{p}=108$

27 9개의 구슬 중에서 2개를 뽑는 경우의 수는 $_9C_2=36$

두 자연수의 합이 홀수이려면 하나는 짝수, 나머지 하나는 홀수
 이어야 하므로 $_4C_1\times_5C_1=20$

따라서 구하는 확률은

$$\frac{20}{36}=\frac{5}{9}$$

28 10명 중에서 4명을 선정하는 방법의 수는 $_{10}C_4=210$

철수를 포함하여 남학생 두 명을 선정하는 방법의 수는 $_5C_1=5$

영희를 포함하여 여학생 두 명을 선정하는 방법의 수는 $_3C_1=3$

따라서 구하는 확률은

$$\frac{5\times3}{210}=\frac{1}{14}$$

29 6명을 2명씩 3개의 복식조로 편성하는 방법의 수는

$$_6C_2\times_4C_2\times_2C_2\times\frac{1}{3!}=15$$

한편, A, B가 같은 조에 편성되고 C, D가 서로 다른 조에 편성
 되려면 E, F를 각각 C, D와 짝을 이루도록 해야 하므로 그 방법
 의 수는 $2!=2$

따라서 구하는 확률은 $\frac{2}{15}$이다.

30 6개의 점 중에서 임의로 두 점을 택하는 경우의 수는 $_6C_2=15$

두 점 사이의 거리가 1보다 작거나 같은 경우의 수는 7

따라서 구하는 확률은 $1-\frac{7}{15}=\frac{8}{15}$

31 카드를 4회 뽑는 전체 경우의 수는 $_6\Pi_4=6^4=1296$

서로 다른 두 수가 각각 2회씩 나오는 경우의 수는

$$_6C_2\times\frac{4!}{2!2!}=15\times6=90$$

따라서 구하는 확률은

$$\frac{90}{1296}=\frac{5}{72}$$

유형 **07** 확률 구하기 (2)

기본문제 다지기   본문 043쪽

01 ③	02 ④	03 ③	04 ③

01 주머니에서 임의로 2개를 뽑는 경우의 수는 $_9C_2=36$

흰 공을 2개 뽑는 경우의 수는 $_5C_2=10$

빨간 공을 2개 뽑는 경우의 수는 $_4C_2=6$

따라서 구하는 확률은

$$\frac{10+6}{36}=\frac{4}{9}$$

02 9개의 공 중에서 임의로 2개를 뽑는 경우의 수는 $_9C_2=36$

임의로 뽑은 2개가 1이 적힌 공일 경우의 수는 $_2C_2=1$

임의로 뽑은 2개가 2가 적힌 공일 경우의 수는 $_3C_2=3$

임의로 뽑은 2개가 3이 적힌 공일 경우의 수는 $_4C_2=6$

따라서 구하는 확률은

$$\frac{1+3+6}{36}=\frac{5}{18}$$

03 한 개의 주사위를 두 번 던질 때 나올 수 있는 모든 경우의 수는

$$6^2=36$$

한 개의 주사위를 두 번 던져 나오는 두 수 x, y에 대하여 부등식
 $y>2x-1$이 성립하려면

(i) $x=1$일 때,

$y>1$이어야 하므로 순서쌍 (x, y)는

$(1, 2), (1, 3), (1, 4), (1, 5), (1, 6)$

의 5가지

(ii) $x=2$일 때,

$y>3$이어야 하므로 순서쌍 (x, y)는

$(2, 4), (2, 5), (2, 6)$

의 3가지

(iii) $x=3$일 때,

$y>5$이어야 하므로 순서쌍 (x, y)는

$(3, 6)$

의 1가지

(i), (ii), (iii)에서 부등식 $y>2x-1$이 성립하는 경우의 수는 9이 므로 구하는 확률은

$\dfrac{9}{36}=\dfrac{1}{4}$

04 한 개의 주사위를 두 번 던질 때 나오는 두 수 a, b의 곱이 짝수인 경우는

(i) a가 짝수이고, b도 짝수일 때, $_3C_1 \times _3C_1 = 9$

(ii) a가 짝수이고, b는 홀수일 때, $_3C_1 \times _3C_1 = 9$

(iii) a가 홀수이고, b는 짝수일 때, $_3C_1 \times _3C_1 = 9$

(i), (ii), (iii)에서 두 수 a, b의 곱이 짝수인 경우의 수는 27이므로 a와 b가 모두 짝수일 확률은

$\dfrac{9}{27}=\dfrac{1}{3}$

본문 043~046쪽

기출문제 맛보기

05 ②	06 ②	07 ①	08 ⑤
09 ②	10 ④	11 ③	12 ⑤
13 ⑤	14 ③	15 11	16 ④
17 ④	18 ④	19 ①	20 ②
21 89	22 19	23 22	

05 $a>b, a>c$를 만족시키는 경우는

(i) $a=2$인 경우

$b=1$

$c=1$

(ii) $a=3$인 경우

$b=1, 2$

$c=1, 2$

(iii) $a=4$인 경우

$b=1, 2, 3$

$c=1, 2, 3$

(iv) $a=5$인 경우

$b=1, 2, 3, 4$

$c=1, 2, 3, 4$

(v) $a=6$인 경우

$b=1, 2, 3, 4, 5$

$c=1, 2, 3, 4, 5$

(i)~(v)에 의하여 주어진 조건을 만족시키는 경우의 수는

$1 \times 1 + 2 \times 2 + 3 \times 3 + 4 \times 4 + 5 \times 5$

$= 1 + 4 + 9 + 16 + 25$

$= 55$

한편, 한 개의 주사위를 세 번 던질 때 나오는 경우의 수는

$6^3 = 216$

따라서 구하는 확률은 $\dfrac{55}{216}$ 이다.

06 세 수를 곱해서 4가 나오는 경우는 1, 1, 4 또는 1, 2, 2이다.

(i) 1, 1, 4인 경우

$3 \times \left(\dfrac{1}{6}\right)^3 = \dfrac{1}{72}$

(ii) 1, 2, 2인 경우

$3 \times \left(\dfrac{1}{6}\right)^3 = \dfrac{1}{72}$

따라서 구하는 확률은

$\dfrac{1}{72} + \dfrac{1}{72} = \dfrac{1}{36}$

07 $a \times b \times c \times d = 12 = 2^2 \times 3$

이므로 a, b, c, d가 될 수 있는 경우의 수는

6, 2, 1, 1 또는 4, 3, 1, 1 또는 3, 2, 2, 1이다.

따라서 구하는 확률은

$\dfrac{\dfrac{4!}{2!} + \dfrac{4!}{2!} + \dfrac{4!}{2!}}{6^4} = \dfrac{12 + 12 + 12}{6^4} = \dfrac{1}{36}$

08 a와 b가 짝수이고 짝수의 개수가 3개이므로 다음 두 가지로 나눌 수 있다.

(i) 선택한 공이 짝수 1개, 홀수 2개인 경우를 사건 A라 하면

$P(A) = \dfrac{_3C_1 \times _4C_2}{_7C_3} = \dfrac{18}{35}$

(ii) 선택한 공이 짝수 2개, 홀수 1개인 경우를 사건 B라 하면

$P(B) = \dfrac{_3C_2 \times _4C_1}{_7C_3} = \dfrac{12}{35}$

(i), (ii)에서 구하는 확률은

$P(A \cup B) = P(A) + P(B)$

$= \dfrac{18}{35} + \dfrac{12}{35} = \dfrac{6}{7}$

09 7명이 원 모양의 탁자에 일정한 간격을 두고 둘러앉는 경우의 수는

$(7-1)! = 6!$

A가 B와 이웃하는 사건을 E,

A가 C와 이웃하는 사건을 F라 하면

구하는 확률은 $P(E \cup F)$이다.

(i) A가 B와 이웃하는 경우

A와 B를 한 명이라 생각하고 6명이 원 모양의 탁자에 둘러앉 는 경우의 수는

$5!$

A와 B가 서로 자리를 바꾸는 경우의 수는

2

즉, $P(E) = \dfrac{5! \times 2}{6!} = \dfrac{1}{3}$

(ii) A가 C와 이웃하는 경우

A와 C를 한 명이라 생각하고 6명이 원 모양의 탁자에 둘러앉는 경우의 수는

$5!$

A와 C가 서로 자리를 바꾸는 경우의 수는

2

즉, $P(F) = \dfrac{5! \times 2}{6!} = \dfrac{1}{3}$

(iii) A가 B, C와 모두 이웃하는 경우

A, B, C를 한 명이라 생각하고 5명이 원 모양의 탁자에 둘러앉는 경우의 수는

$4!$

A를 가운데 두고 B와 C가 서로 자리를 바꾸는 경우의 수는

2

즉, $P(E \cap F) = \dfrac{4! \times 2}{6!} = \dfrac{1}{15}$

(i), (ii), (iii)에서 구하는 확률은

$P(E \cup F) = P(E) + P(F) - P(E \cap F)$

$= \dfrac{1}{3} + \dfrac{1}{3} - \dfrac{1}{15}$

$= \dfrac{3}{5}$

10 만들 수 있는 모든 네 자리 자연수의 개수는

$_5P_4 = 5 \times 4 \times 3 \times 2$

$= 120$

5의 배수인 네 자리 자연수는 일의 자릿수가 5이어야 하므로

5의 배수인 네 자리 자연수의 개수는

$_4P_3 = 4 \times 3 \times 2$

$= 24$

즉, 택한 수가 5의 배수일 확률은

$\dfrac{24}{120} = \dfrac{1}{5}$

또 천의 자릿수가 3이고 3500 이상인 네 자리 자연수의 개수는

$_3P_2 = 3 \times 2$

$= 6$

천의 자릿수가 4인 네 자리 자연수의 개수는

$_4P_3 = 4 \times 3 \times 2$

$= 24$

천의 자릿수가 5인 네 자리 자연수의 개수는

$_4P_3 = 4 \times 3 \times 2$

$= 24$

이므로 3500 이상인 네 자리 자연수의 개수는

$6 + 24 + 24 = 54$

즉, 택한 수가 3500 이상일 확률은

$\dfrac{54}{120} = \dfrac{9}{20}$

이때 5의 배수이고 3500 이상인 네 자리 자연수는 천의 자릿수가 4이고 일의 자릿수가 5인 경우이므로 그 개수는

$_3P_2 = 3 \times 2$

$= 6$

즉, 택한 수가 5의 배수이고 3500 이상일 확률은

$\dfrac{6}{120} = \dfrac{1}{20}$

따라서 구하는 확률은

$\dfrac{1}{5} + \dfrac{9}{20} - \dfrac{1}{20} = \dfrac{3}{5}$

11 3의 배수의 집합을 S_0, 3으로 나누었을 때의 나머지가 1인 수의 집합을 S_1, 3으로 나누었을 때의 나머지가 2인 수의 집합을 S_2라 하면

$S_0 = \{3, 6, 9\}$

$S_1 = \{1, 4, 7, 10\}$

$S_2 = \{2, 5, 8\}$

세 수의 곱이 5의 배수이어야 하므로 5 또는 10이 반드시 포함되어야 한다.

또 세 수의 합이 3의 배수이어야 하므로 세 집합 S_0, S_1, S_2에서 각각 한 원소씩을 택하거나, 하나의 집합에서 세 원소를 택해야 한다.

(i) 5가 포함되는 경우

두 집합 S_0, S_1에서 한 원소씩을 택하는 경우의 수는

$_3C_1 \times _4C_1 = 12$

S_2에서 두 원소를 택하는 경우의 수는

$_2C_2 = 1$

즉, 경우의 수는 $12 + 1 = 13$

(ii) 10이 포함되는 경우

두 집합 S_0, S_2에서 한 원소씩을 택하는 경우의 수는

$_3C_1 \times _3C_1 = 9$

S_1에서 두 원소를 택하는 경우의 수는

$_3C_2 = 3$

즉, 경우의 수는 $9 + 3 = 12$

(iii) 5와 10이 모두 포함되는 경우

집합 S_0에서 한 원소를 택하는 경우의 수는

$_3C_1 = 3$

(i), (ii), (iii)에서

조건을 만족시키도록 세 수를 택하는 경우의 수는

$13 + 12 - 3 = 22$

세 수를 택하는 모든 경우의 수는

$_{10}C_3 = 120$이므로 구하는 확률은

$\dfrac{22}{120} = \dfrac{11}{60}$

12 전체 경찰관 9명 중에서 3명을 선택하는 경우의 수는 $_9C_3 = 84$

근무조 A, B에서 각각 적어도 1명을 포함하여 총 3명을 선택하는 경우는

A에서 1명, B에서 2명 또는 A에서 2명, B에서 1명을 선택하는 경우이므로

$_5C_1 \times _4C_2 + _5C_2 \times _4C_1 = 30 + 40 = 70$

따라서 구하는 확률은 $\dfrac{70}{84} = \dfrac{5}{6}$

13 확률을 경우로 나누면 다음과 같다.

(i) 같은 숫자가 적혀 있는 카드가 2장일 때,

이 사건을 A라 하면 같은 숫자가 적힌 카드를 택하는 경우의 수는 $_4C_1$이고 이 각각에 대하여 이 숫자가 적힌 카드 3장 중 2장의 카드를 택하는 경우의 수는 $_3C_2$이다. 이 각각에 대하여

나머지 다른 숫자가 적힌 카드를 택하는 경우의 수는 9이므로

$$P(A) = \frac{{}_4C_1 \times {}_3C_2 \times 9}{{}_{12}C_3} = \frac{27}{55}$$

(ii) 같은 숫자가 적혀 있는 카드가 3장일 때,

이 사건을 B라 하면 같은 숫자가 적힌 카드를 택하는 경우의 수는 ${}_4C_1$이므로

$$P(B) = \frac{{}_4C_1}{{}_{12}C_3} = \frac{1}{55}$$

(i), (ii)에서 구하는 확률은

$$P(A) + P(B) = \frac{27}{55} + \frac{1}{55}$$

$$= \frac{28}{55}$$

14 주사위 1개를 던져서 나오는 눈의 수가 6의 약수인 경우는 1, 2, 3, 6이므로 그 확률은 $\frac{4}{6} = \frac{2}{3}$

동전을 3개 동시에 던져서 앞면이 1개 나올 확률은 $\frac{3}{8}$

또 주사위 1개를 던져서 나오는 눈의 수가 6의 약수가 아닌 경우는 4, 5이므로 그 확률은 $\frac{2}{6} = \frac{1}{3}$

동전을 2개 동시에 던져서 앞면이 1개 나올 확률은 $\frac{2}{4} = \frac{1}{2}$

따라서 구하는 확률은

$$\frac{2}{3} \times \frac{3}{8} + \frac{1}{3} \times \frac{1}{2} = \frac{1}{4} + \frac{1}{6} = \frac{5}{12}$$

15 갑이 주머니 A에서 두 장의 카드를 꺼내고, 을이 주머니 B에서 두 장의 카드를 꺼내는 경우의 수는

${}_4C_2 \times {}_4C_2 = 6 \times 6 = 36$

갑이 가진 두 장의 카드에 적힌 수의 합과 을이 가진 두 장의 카드에 적힌 수의 합이 같은 경우는 다음과 같다.

(i) 갑과 을이 꺼낸 두 장의 카드에 적힌 숫자가 모두 같을 때,

${}_4C_2 = 6$

(ii) 갑이 1과 4가 적힌 카드를 꺼내고 을은 2와 3이 적힌 카드를 꺼내거나 갑이 2와 3이 적힌 카드를 꺼내고 을은 1과 4가 적힌 카드를 꺼낼 때의 경우의 수는 2

(i), (ii)에서 갑이 가진 두 장의 카드에 적힌 수의 합과 을이 가진 두 장의 카드에 적힌 수의 합이 같을 확률은

$$\frac{6+2}{36} = \frac{2}{9}$$

따라서 $p=9$, $q=2$이므로 $p+q = 9+2 = 11$

16 X에서 Y로의 일대일함수 f의 개수는

${}_7P_4 = 7 \times 6 \times 5 \times 4$

조건 (나)에서 $f(1) \times f(2) \times f(3) \times f(4)$는 4의 배수이므로

$f(1) \times f(3) \times f(4)$는 2의 배수, 즉 짝수이다.

따라서 치역에서 4와 6 중 적어도 하나가 포함되어야 한다.

함수 f의 치역에 4가 포함되는 사건을 A

함수 f의 치역에 6이 포함되는 사건을 B

라고 하자.

(i) $P(A)$

함숫값이 4인 정의역의 원소를 정하는 경우의 수는

${}_3C_1 = 3$

X의 나머지 원소 두 개의 함숫값을 정하는 경우의 수는

${}_5P_2$

$$\therefore P(A) = \frac{3 \times {}_5P_2}{{}_7P_4}$$

(ii) $P(B)$

(i)과 같은 방법으로 구하면 마찬가지로

$$P(B) = \frac{3 \times {}_5P_2}{{}_7P_4}$$

(iii) $P(A \cap B)$

함숫값이 4, 6인 정의역의 원소를 각각 정하는 경우의 수는

${}_3P_2 = 3 \times 2 = 6$

X의 나머지 원소 한 개의 함숫값을 정하는 경우의 수는

${}_4C_1 = 4$

$$\therefore P(A \cap B) = \frac{6 \times 4}{{}_7P_4}$$

(i), (ii), (iii)에서 구하는 확률은

$$P(A \cup B) = P(A) + P(B) - P(A \cap B)$$

$$= \frac{3 \times {}_5P_2}{{}_7P_4} + \frac{3 \times {}_5P_2}{{}_7P_4} - \frac{24}{{}_7P_4}$$

$$= \frac{96}{7 \times 6 \times 5 \times 4} = \frac{4}{35}$$

17 $f : X \longrightarrow X$인 모든 함수 f 중에서 임의로 선택한 함수 f가 조건을 만족시키는 사건을 A, $f(4)$가 짝수인 사건을 B라 하면 구하는 확률은

$$P(B|A) = \frac{P(A \cap B)}{P(A)}$$

이다. 한편 a가 b의 약수이면 b는 a의 배수이므로 주어진 조건을 다음과 같이 해석할 수 있다.

'$a \in X$, $b \in X$에 대하여 b가 a의 배수이면 $f(b)$는 $f(a)$의 배수이다.'

이때 다음의 경우로 나누어 생각할 수 있다.

(i) $f(1) = 4$인 경우

2, 3, 4 모두 1의 배수이므로 $f(2)$, $f(3)$, $f(4)$ 모두 $f(1)$인 4의 배수이어야 한다. 4의 배수인 X의 원소는 4뿐이므로

$f(1) = f(2) = f(3) = f(4) = 4$

이어야 한다.

이 경우 조건을 만족시키는 함수 f의 개수는 1이고, $f(4)$가 짝수인 함수 f의 개수는 1이다.

(ii) $f(1) = 3$인 경우

2, 3, 4 모두 1의 배수이므로 $f(2)$, $f(3)$, $f(4)$ 모두 $f(1)$인 3의 배수이어야 한다. 3의 배수인 X의 원소는 3뿐이므로

$f(1) = f(2) = f(3) = f(4) = 3$

이어야 한다.

이 경우 조건을 만족시키는 함수 f의 개수는 1이고, $f(4)$가 짝수인 함수 f의 개수는 0이다.

(iii) $f(1) = 2$인 경우

2는 1의 배수이므로 $f(2)$는 $f(1)$인 2의 배수이어야 한다. 2의 배수인 X의 원소는 2, 4이므로

$f(2) = 2$ 또는 $f(2) = 4$

이다. 이때 각각의 경우에 대하여 $f(4)$는 $f(2)$의 배수이어야 하므로 $f(2)$와 $f(4)$의 순서쌍 $(f(2), f(4))$는

$(2, 2)$, $(2, 4)$, $(4, 4)$

이다.

한편 위의 각각의 경우에 대하여
$$f(3)=2 \text{ 또는 } f(3)=4$$
이므로 이 경우 조건을 만족시키는 함수 f의 개수는
$$3 \times 2 = 6$$
이고, $f(4)$가 짝수인 함수 f의 개수도 6이다.

(iv) $f(1)=1$인 경우

2는 1의 배수이므로 $f(2)$는 $f(1)$인 1의 배수이어야 한다.
즉, $f(2)$는 1 또는 2 또는 3 또는 4이다. 이때 각각의 경우에 대하여 $f(4)$는 $f(2)$의 배수이어야 하므로 $f(2)$와 $f(4)$의 순서쌍 $(f(2), f(4))$는
$$(1, 1), (1, 2), (1, 3), (1, 4),$$
$$(2, 2), (2, 4),$$
$$(3, 3),$$
$$(4, 4)$$
이다.

한편 위의 각각의 경우에 대하여 $f(3)$은 1 또는 2 또는 3 또는 4이므로 이 경우 조건을 만족시키는 함수 f의 개수는
$$(4+2+1+1) \times 4 = 32$$
이고, $f(4)$가 짝수인 함수 f의 개수는
$$(2+2+1) \times 4 = 20$$
이다.

(i)~(iv)에서
$$n(A) = 1+1+6+32 = 40$$
$$n(A \cap B) = 1+6+20 = 27$$
이므로
$$P(B|A) = \frac{P(A \cap B)}{P(A)} = \frac{n(A \cap B)}{n(A)} = \frac{27}{40}$$

18 주사위를 세 번 던져서 나오는 모든 경우의 수는 216이다.
$a < b-2 \le c$를 만족시키는 경우이므로 a를 기준으로 b, c가 될 수 있는 경우의 수를 구해 보면

(i) $a=1$일 때, $b=4$이면 c는 2, 3, 4, 5, 6의 5
(ii) $a=1$일 때, $b=5$이면 c는 3, 4, 5, 6의 4
(iii) $a=1$일 때, $b=6$이면 c는 4, 5, 6의 3
(iv) $a=2$일 때, $b=5$이면 c는 3, 4, 5, 6의 4
(v) $a=2$일 때, $b=6$이면 c는 4, 5, 6의 3
(vi) $a=3$일 때, $b=6$이면 c는 4, 5, 6의 3

(i)~(vi)에서 $a < b-2 \le c$를 만족시키는 경우의 수는 22이다.
따라서 구하는 확률은
$$\frac{22}{216} = \frac{11}{108}$$

19 동전의 앞면은 H, 뒷면은 T로 나타내기로 하자.

(i) 앞면이 3번 나오는 경우

H 3개와 T 4개를 일렬로 나열하는 경우의 수는 $_7C_3 = 35$
H가 이웃하지 않는 경우의 수는 $_5C_3 = 10$

즉 조건 (나)를 만족시킬 확률은 $(35-10) \times \left(\frac{1}{2}\right)^7$

(ii) 앞면이 4번 나오는 경우

H 4개와 T 3개를 일렬로 나열하는 경우의 수는 $_7C_4 = 35$
H가 이웃하지 않는 경우의 수는 1

즉 조건 (나)를 만족시킬 확률은 $(35-1) \times \left(\frac{1}{2}\right)^7$

(iii) 앞면이 5번 이상 나오는 경우

조건 (나)를 항상 만족시키므로 이 경우의 확률은
$$(_7C_5 + _7C_6 + _7C_7) \times \left(\frac{1}{2}\right)^7$$

(i)~(iii)에서 구하는 확률은
$$(25+34+29) \times \left(\frac{1}{2}\right)^7 = \frac{88}{128} = \frac{11}{16}$$

20 공집합이 아닌 서로 다른 15개의 집합에서 임의로 서로 다른 세 부분집합을 뽑아 일렬로 나열하는 경우의 수는 $15 \times 14 \times 13$
세 부분집합이 A, B, C로 나열되었을 때, $A \subset B \subset C$를 만족시켜야 하므로 다음 그림과 같고 다음 세 조건을 만족시켜야 한다.
$A \ne \varnothing$이고 $B-A \ne \varnothing$이고 $C-B \ne \varnothing$

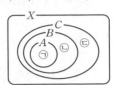

위에서 A, $B-A$, $C-B$를 각각 ㉠, ㉡, ㉢이라 하고 이 부분에 들어갈 원소의 개수로 경우를 나누면 다음과 같다.

(i) ㉡: 1개, ㉢: 1개

1, 2, 3, 4 중 ㉡과 ㉢에 들어갈 서로 다른 2개를 택하는 경우의 수는 4×3
이 각각에 대하여 ㉠에 2개가 들어가는 경우의 수는 1이고 ㉠에 1개가 들어가는 경우의 수는 2이므로 경우의 수는 3
따라서 이 경우의 수는 $4 \times 3 \times 3$

(ii) ㉡: 1개, ㉢: 2개

1, 2, 3, 4 중 ㉡과 ㉢에 원소를 배정하는 경우의 수는
$$4 \times _3C_2 = 4 \times 3$$
나머지 원소 1개는 ㉠에 들어가야 하므로 경우의 수는
$$4 \times 3 \times 1 = 4 \times 3$$

(iii) ㉡: 2개, ㉢: 1개

(ii)와 같은 방법으로 하면 경우의 수는 4×3
따라서 구하는 사건을 E라 하면
$$P(E) = \frac{4 \times 3 \times 3 + 4 \times 3 \times 2}{15 \times 14 \times 13}$$
$$= \frac{4 \times 3 \times 5}{15 \times 14 \times 13}$$
$$= \frac{2}{7 \times 13} = \frac{2}{91}$$

21 모든 순서쌍 (a, b, c)의 개수는 서로 다른 3개에서 중복을 허락하여 9개를 택하는 중복조합의 수와 같으므로
$$_3H_9 = _{11}C_9 = _{11}C_2 = 55$$
$a<2$ 또는 $b<2$인 사건을 A라 하면 A^C은 $a \ge 2$이고 $b \ge 2$인 사건이다.
$a=a'+2$, $b=b'+2$ $(a' \ge 0, b' \ge 0)$로 놓으면
$(a'+2)+(b'+2)+c=9$에서 $a'+b'+c=5$
방정식 $a'+b'+c=5$를 만족시키는 음이 아닌 정수 a', b', c의 모든 순서쌍 (a', b', c)의 개수는 서로 다른 3개에서 중복을 허락하여 5개를 택하는 중복조합의 수와 같으므로
$$_3H_5 = _7C_5 = _7C_2 = 21$$

$P(A^C)=\dfrac{21}{55}$이므로

$P(A)=1-P(A^C)=1-\dfrac{21}{55}=\dfrac{34}{55}$

따라서 $p=55$, $q=34$이므로

$p+q=55+34=89$

22 동전의 앞면을 H, 동전의 뒷면을 T라 하자. 6의 눈이 나올 때 동전의 앞면의 개수와 뒷면의 개수가 서로 바뀌므로 주어진 시행을 3번 반복했을 때, 6의 눈이 나온 횟수를 기준으로 경우를 나누어 5개의 동전이 모두 앞면이 보이도록 놓여 있을 확률을 구하면 다음과 같다.

(i) 6의 눈이 세 번 나온 경우

각 자리에 있는 동전이 TTHHH이므로 주어진 상황을 만족시키지 않는다.

(ii) 6의 눈이 두 번 나온 경우

3번의 시행 이후, 가능한 경우는

H가 1개, T가 4개 또는 H가 3개, T가 2개

이므로 주어진 상황을 만족시키지 않는다.

(iii) 6의 눈이 한 번 나온 경우

주어진 상황을 만족시키려면 1번째 자리, 2번째 자리의 동전을 각각 한 번씩 뒤집고, 5개의 동전을 한 번씩 뒤집어야 한다. 즉, 주사위의 눈의 수 1, 2, 6이 각각 한 번씩 나와야 한다.

이를 만족하는 경우의 수는 1, 2, 6을 일렬로 나열하는 경우의 수와 같으므로 $3!=6$

그러므로 이 경우의 확률은

$\left(\dfrac{1}{6}\times\dfrac{1}{6}\times\dfrac{1}{6}\right)\times3!=\dfrac{1}{36}$

(iv) 6의 눈이 한 번도 나오지 않는 경우

주어진 상황을 만족시키려면 3번째 자리, 4번째 자리, 5번째 자리의 동전을 각각 한 번씩 뒤집어야 한다.

즉, 주사위의 눈의 수 3, 4, 5가 각각 한 번씩 나와야 한다.

이를 만족하는 경우의 수는 3, 4, 5를 일렬로 나열하는 경우의 수와 같으므로 $3!=6$

그러므로 이 경우의 확률은

$\left(\dfrac{1}{6}\times\dfrac{1}{6}\times\dfrac{1}{6}\right)\times3!=\dfrac{1}{36}$

(i)~(iv)에 의해 구하는 확률은

$\dfrac{1}{36}+\dfrac{1}{36}=\dfrac{1}{18}$

따라서 $p=18$, $q=1$이므로 $p+q=19$

23 a_k ($1\leq k\leq6$)를 순서쌍 $(a_1, a_2, a_3, a_4, a_5, a_6)$으로 나타내면 순서쌍의 개수는

$\dfrac{6!}{2!2!2!}=90$

이때 $m>n$이기 위해서는 $a_1>a_4$ 또는 $a_1=a_4$, $a_2>a_5$이어야 한다.

(i) $a_1>a_4$인 순서쌍은

$(2, a_2, a_3, 1, a_5, a_6)$ 또는 $(3, a_2, a_3, 1, a_5, a_6)$

또는 $(3, a_2, a_3, 2, a_5, a_6)$이므로 그 개수는

$3\times\dfrac{4!}{2!}=36$

(ii) $a_1=a_4$, $a_2>a_5$인 순서쌍은

$(1, 3, a_3, 1, 2, a_6)$ 또는 $(2, 3, a_3, 2, 1, a_6)$

또는 $(3, 2, a_3, 3, 1, a_6)$이므로 그 개수는

$3\times2!=6$

(i), (ii)에서 구하는 확률은

$\dfrac{36+6}{90}=\dfrac{7}{15}$

따라서 $p=15$, $q=7$이므로

$p+q=22$

예상문제 도전하기 · 본문 046~047쪽

| 24 ⑤ | 25 ① | 26 ④ | 27 73 |
| 28 ⑤ | 29 ④ | 30 ④ | |

24 전체 경우의 수는 $6\times6=36$

이차함수 $y=x^2+ax+b$의 그래프가 x축과 만나려면

$a^2-4b\geq0$, 즉 $a^2\geq4b$이어야 한다.

(i) $a=2$일 때, $b=1$이므로 1가지

(ii) $a=3$일 때, $b=1$, 2이므로 2가지

(iii) $a=4$일 때, $b=1$, 2, 3, 4이므로 4가지

(iv) $a=5$일 때, $b=1$, 2, 3, 4, 5, 6이므로 6가지

(v) $a=6$일 때, $b=1$, 2, 3, 4, 5, 6이므로 6가지

(i)~(v)에서 구하는 확률은

$\dfrac{1+2+4+6+6}{36}=\dfrac{19}{36}$

25 (i) 나오는 순서가 홀수, 짝수, 짝수인 경우

$\dfrac{3}{5}\times\dfrac{2}{5}\times\dfrac{1}{4}=\dfrac{3}{50}$

(ii) 나오는 순서가 짝수, 홀수, 짝수인 경우

$\dfrac{2}{5}\times\dfrac{3}{4}\times\dfrac{1}{4}=\dfrac{3}{40}$

따라서 구하는 확률은

$\dfrac{3}{50}+\dfrac{3}{40}=\dfrac{27}{200}$

26 첫 번째 시행에서 3이 나오고, 두 번째 시행에서 5가 나오는 경우는 다음과 같다.

(i) 첫 번째 시행: (주사위 A에서 1, 주사위 B에서 3)

두 번째 시행: (주사위 A에서 1, 주사위 B에서 5)

또는

(주사위 A에서 2, 주사위 C에서 5)

$\dfrac{1}{3}\times\dfrac{1}{3}\times\left(\dfrac{1}{3}\times\dfrac{1}{6}+\dfrac{2}{3}\times\dfrac{1}{6}\right)=\dfrac{1}{54}$

(ii) 첫 번째 시행: (주사위 A에서 2, 주사위 C에서 3)

두 번째 시행: (주사위 A에서 1, 주사위 B에서 5)

또는

(주사위 A에서 2, 주사위 C에서 5)

$\dfrac{2}{3}\times\dfrac{1}{6}\times\left(\dfrac{1}{3}\times\dfrac{1}{6}+\dfrac{2}{3}\times\dfrac{1}{6}\right)=\dfrac{1}{54}$

(i), (ii)에서 구하는 확률은 $\dfrac{1}{54}+\dfrac{1}{54}=\dfrac{1}{27}$

27 9개의 공 중에서 임의로 4개의 공을 동시에 꺼내는 경우의 수는
$_9C_4=126$
꺼낸 공에 적혀 있는 수 중에서 가장 큰 수를 M, 가장 작은 수를 m이라 하면 $M+m=7$ 또는 $M+m=8$을 만족시키는 경우는 다음과 같다.
(i) $m=1$, $M=6$일 때,
2, 3, 4, 5가 적혀 있는 공 중에서 두 개를 꺼내야 하므로 그 경우의 수는 $_4C_2=6$
(ii) $m=1$, $M=7$일 때,
2, 3, 4, 5, 6이 적혀 있는 공 중에서 두 개를 꺼내야 하므로 그 경우의 수는 $_5C_2=10$
(iii) $m=2$, $M=5$일 때,
3, 4가 적혀 있는 공 중에서 두 개를 꺼내야 하므로 그 경우의 수는 $_2C_2=1$
(iv) $m=2$, $M=6$일 때,
3, 4, 5가 적혀 있는 공 중에서 두 개를 꺼내야 하므로 그 경우의 수는 $_3C_2=3$
(i)~(iv)에서 주어진 조건을 만족시키는 경우의 수는
$6+10+1+3=20$
따라서 가장 큰 수와 가장 작은 수의 합이 7 또는 8일 확률은
$$\frac{20}{126}=\frac{10}{63}$$
따라서 $p=63$, $q=10$이므로 $p+q=73$

28 (i) 주머니 A에서 꺼낸 공이 흰 공일 때
$$\frac{2}{5}\times\frac{_4C_2}{_7C_2}=\frac{2}{5}\times\frac{6}{21}=\frac{4}{35}$$
(ii) 주머니 A에서 꺼낸 공이 검은 공일 때
$$\frac{3}{5}\times\frac{_4C_3}{_7C_3}=\frac{3}{5}\times\frac{4}{35}=\frac{12}{175}$$
따라서 구하는 확률은
$$\frac{4}{35}+\frac{12}{175}=\frac{20+12}{175}=\frac{32}{175}$$

29 서로 다른 세 점을 선택하여 삼각형을 만드는 경우의 수는
$_{12}C_3-_6C_3\times2=220-40=180$
(i) 삼각형의 넓이가 1인 경우
$b=1$인 점들 중에서 두 점 사이의 거리가 2인 두 점과
$b=2$인 점들 중 한 점을 택하거나
$b=2$인 점들 중에서 두 점 사이의 거리가 2인 두 점과
$b=1$인 점들 중 한 점을 택해야 한다.
$4\times6\times2=48$
(ii) 삼각형의 넓이가 2인 경우
$b=1$인 점들 중에서 두 점 사이의 거리가 4인 두 점과
$b=2$인 점들 중 한 점을 택하거나
$b=2$인 점들 중에서 두 점 사이의 거리가 4인 두 점과
$b=1$인 점들 중 한 점을 택해야 한다.
$2\times6\times2=24$
(i), (ii)에서 구하는 확률은
$$\frac{48+24}{180}=\frac{2}{5}$$

30 그림과 같이 관이 두 갈래로 나누어지는 지점을 각각 A_i $(i=1, 2, \cdots, 6)$라 하고 구슬이 양쪽 방향으로 갈 확률은 각각 $\frac{1}{2}$이므로

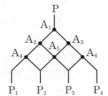

(i) P_1에 도착할 확률
$A_1\to A_2\to A_4\to P_1$:
$$\frac{1}{2}\times\frac{1}{2}\times\frac{1}{2}=\frac{1}{8}$$
(ii) P_3에 도착할 확률
$A_1\to A_2\to A_5\to P_3$: $\frac{1}{2}\times\frac{1}{2}\times\frac{1}{2}=\frac{1}{8}$
$A_1\to A_3\to A_5\to P_3$: $\frac{1}{2}\times\frac{1}{2}\times\frac{1}{2}=\frac{1}{8}$
$A_1\to A_3\to A_6\to P_3$: $\frac{1}{2}\times\frac{1}{2}\times\frac{1}{2}=\frac{1}{8}$
$$\therefore \frac{1}{8}+\frac{1}{8}+\frac{1}{8}=\frac{3}{8}$$
(i), (ii)에서 구하는 확률은
$$\frac{1}{8}+\frac{3}{8}=\frac{1}{2}$$

유형 **08** 조건부확률

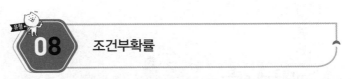

기본문제 다지기   본문 049쪽

01 ②   **02** ③   **03** ①   **04** ④
05 ②

01 $A=\{3, 6\}$, $B=\{1, 3, 5\}$이므로 $A\cap B=\{3\}$
$$\therefore P(A\cap B)=\frac{1}{6}, P(B)=\frac{1}{2}$$
$$\therefore P(A|B)=\frac{P(A\cap B)}{P(B)}=\frac{\frac{1}{6}}{\frac{1}{2}}=\frac{1}{3}$$

02 $A=\{2, 4, 6\}$, $B=\{1, 2, 3, 6\}$이므로 $A\cap B=\{2, 6\}$
$$\therefore P(A\cap B)=\frac{1}{3}, P(B)=\frac{2}{3}$$
따라서 구하는 확률은
$$P(A|B)=\frac{P(A\cap B)}{P(B)}=\frac{\frac{1}{3}}{\frac{2}{3}}=\frac{1}{2}$$

03 A, B 두 학급 학생들 중에서 임의로 뽑은 한 명이 경주를 선택한 학생인 사건을 T, B반 학생인 사건을 B라 하면 구하는 확률은
$$P(B|T)=\frac{P(B\cap T)}{P(T)}=\frac{\frac{10}{47}}{\frac{25}{47}}=\frac{2}{5}$$

[다른 풀이]

A, B 두 학급의 학생들 중에서 경주를 선택한 학생의 집합을 T, B반 학생의 집합을 B라 하자.

두 집합 T, B의 관계를 벤다이어그램으로 나타내고, 각 영역의 원소의 개수를 나타내면 그림과 같다.

따라서 구하는 확률은

$$P(B|T) = \frac{n(T \cap B)}{n(T)} = \frac{10}{25} = \frac{2}{5}$$

04 1200명의 학생 중에서 임의로 택한 한 명이 휴대 전화로 인증을 받아 점심 식사를 한 학생인 사건을 A, 3학년인 사건을 B라 하면 구하는 확률은

$$P(B|A) = \frac{P(A \cap B)}{P(A)} = \frac{\frac{84}{1200}}{\frac{140}{1200}} = \frac{3}{5}$$

05 학급에서 임의로 뽑은 한 명이 남학생인 사건을 M, A자격증이 있는 사건을 A라 하면 구하는 확률은

$$P(A|M) = \frac{P(A \cap M)}{P(M)} = \frac{\frac{5}{35}}{\frac{20}{35}} = \frac{1}{4}$$

기출문제 맛보기

본문 050~052쪽

06 ③	**07** ②	**08** ③	**09** ②
10 ①	**11** ③	**12** 49	**13** 191
14 50	**15** 43	**16** 9	**17** ①
18 ④			

06 전체 학생 360명 중에서 체험 학습 A를 선택한 학생은 남학생 90명과 여학생 70명이므로 체험 학습 B를 선택한 학생은 총 200명이다.

이때, 체험 학습 B를 선택한 남학생의 수를 a, 여학생의 수를 $200-a$라 하고 표로 나타내면 다음과 같다.

(단위: 명)

	남자	여자	합계
체험 학습 A	90	70	160
체험 학습 B	a	$200-a$	200
합계	$90+a$	$270-a$	360

한편, 이 학교의 학생 중 임의로 뽑은 1명의 학생이 체험 학습 B를 선택한 학생일 때, 이 학생이 남학생일 확률이 $\frac{2}{5}$이므로 체험 학습 B를 선택할 사건을 A, 남학생일 사건을 B라 하면

$$P(B|A) = \frac{P(A \cap B)}{P(A)} = \frac{\frac{a}{360}}{\frac{200}{360}} = \frac{a}{200} = \frac{2}{5}$$

$5a = 400$ ∴ $a = 80$

따라서 이 학교의 여학생의 수는 $270 - 80 = 190$

07 전체 학생이 100명이므로 축구를 선택한 학생은 70명, 야구를 선택한 학생은 30명이다. 이 학교 전체 학생을 여학생과 남학생, 축구를 선택한 학생과 야구를 선택한 학생으로 나누어 표로 나타내면 다음과 같다.

(단위: 명)

	축구	야구	합계
여학생	a	b	40
남학생	c	d	60
합계	70	30	100

이 학교의 학생 중 임의로 뽑은 1명이 여학생 사건을 A라 하면 남학생인 사건은 A^C이고, 축구를 선택한 학생인 사건을 B라 하면 야구를 선택한 학생인 사건은 B^C이다.

임의로 뽑은 1명이 축구를 선택한 남학생일 확률이 $\frac{2}{5}$이므로

$$P(B \cap A^C) = \frac{c}{100} = \frac{2}{5}$$에서 $c = 40$

$a + c = 70$에서 $a = 30$

$c + d = 60$에서 $d = 20$

$a + b = 40$에서 $b = 10$

따라서 이 학교의 학생 중 임의로 뽑은 1명이 야구를 선택한 학생일 때, 이 학생이 여학생일 확률은

$$P(A|B^C) = \frac{P(A \cap B^C)}{P(B^C)} = \frac{\frac{10}{100}}{\frac{30}{100}} = \frac{1}{3}$$

08 한 개의 주사위를 두 번 던질 때, 6의 눈이 한 번도 나오지 않는 사건을 A, 나온 두 눈의 수의 합이 4의 배수인 사건을 B라 하면

$$P(A) = \frac{5}{6} \times \frac{5}{6} = \frac{25}{36}$$

한 개의 주사위를 두 번 던질 때 나오는 눈의 수를 차례대로 a, b라 하자.

사건 $A \cap B$를 순서쌍 (a, b)로 나타내면 다음과 같다.

$\{(1, 3), (2, 2), (3, 1), (3, 5), (4, 4), (5, 3)\}$

즉, $P(A \cap B) = \frac{6}{36}$

$$\therefore P(B|A) = \frac{P(A \cap B)}{P(A)} = \frac{\frac{6}{36}}{\frac{25}{36}} = \frac{6}{25}$$

09 $a \times b$가 4의 배수인 사건을 A, $a + b \leq 7$인 사건을 B라 하면 구하는 확률은 $P(B|A)$이다.

$a \times b$가 4의 배수가 되는 확률 $P(A)$를 구하면

(i) a, b가 모두 짝수일 때

$${}_2C_2\left(\frac{1}{2}\right)^2 = \frac{1}{4}$$

(ii) a, b 중 하나는 홀수이고 다른 하나는 4일 때

$${}_2C_1\left(\frac{1}{2}\right)\left(\frac{1}{6}\right) = \frac{1}{6}$$

(i), (ii)에서 $P(A) = \frac{1}{4} + \frac{1}{6} = \frac{5}{12}$

$a \times b$가 4의 배수이고 $a + b \leq 7$일 확률 $P(A \cap B)$를 구하면

(iii) a, b가 모두 짝수이면서 $a+b\leq7$인 순서쌍 (a, b)는
$(2, 2)$, $(2, 4)$, $(4, 2)$의 3가지
(iv) a, b 중 하나는 홀수이고 다른 하나는 4인 동시에 $a+b\leq7$인
순서쌍 (a, b)는 $(4, 1)$, $(4, 3)$, $(1, 4)$, $(3, 4)$의 4가지
한 개의 주사위를 두 번 던질 때 나오는 모든 경우의 수는
$6\times6=36$이므로
(iii), (iv)에서 $P(A\cap B)=\dfrac{3+4}{36}=\dfrac{7}{36}$
따라서 구하는 확률은

$$P(B|A)=\frac{P(A\cap B)}{P(A)}=\frac{\dfrac{7}{36}}{\dfrac{5}{12}}=\frac{7}{15}$$

10 주머니에서 꺼낸 2개의 공이 모두 흰 공인 사건을 E, 주사위의 눈의 수가 5 이상인 사건을 F라 하면 구하는 확률은

$$P(F|E)=\frac{P(E\cap F)}{P(E)}$$

$$P(E)=\frac{1}{3}\times\frac{_2C_2}{_6C_2}+\frac{2}{3}\times\frac{_3C_2}{_6C_2}$$

$$=\frac{1}{3}\times\frac{1}{15}+\frac{2}{3}\times\frac{3}{15}$$

$$=\frac{1}{45}+\frac{6}{45}=\frac{7}{45}$$

$$P(E\cap F)=\frac{1}{3}\times\frac{_2C_2}{_6C_2}=\frac{1}{45}$$

따라서

$$P(F|E)=\frac{P(E\cap F)}{P(E)}=\frac{\dfrac{1}{45}}{\dfrac{7}{45}}=\frac{1}{7}$$

11 이 시행에서 꺼낸 공에 적혀 있는 수가 같은 것이 있는 사건을 A, 꺼낸 공 중 검은 공이 2개인 사건을 B라 하면 구하는 확률은
$P(B|A)$
이 시행에서 일어날 수 있는 모든 경우의 수는 $_8C_4$
사건 A가 일어나는 경우는 수가 같은 것이 3만 있는 경우,
수가 같은 것이 4만 있는 경우,
3, 4가 적힌 흰 공과 3, 4가 적힌 검은 공을 동시에 꺼내는 경우
로 나누어 생각할 수 있으므로

$$P(A)=\frac{_6C_2-1}{_8C_4}+\frac{_6C_2-1}{_8C_4}+\frac{1}{_8C_4}$$

$$=\frac{14}{70}+\frac{14}{70}+\frac{1}{70}=\frac{29}{70}$$

한편, 사건 A와 사건 B가 동시에 일어나는 경우는 수가 같은 것이 3만 있고 검은 공이 2개인 경우,
수가 같은 것이 4만 있고 검은 공이 2개인 경우,
3, 4가 적힌 흰 공과 3, 4가 적힌 검은 공을 동시에 꺼내는 경우
로 나누어 생각할 수 있으므로
$P(A\cap B)$

$$=\frac{_3C_1\times_3C_1-1}{_8C_4}+\frac{_3C_1\times_3C_1-1}{_8C_4}+\frac{1}{_8C_4}$$

$$=\frac{8}{70}+\frac{8}{70}+\frac{1}{70}=\frac{17}{70}$$

$$\therefore P(B|A)=\frac{P(A\cap B)}{P(A)}=\frac{\dfrac{17}{70}}{\dfrac{29}{70}}=\frac{17}{29}$$

12 주어진 시행을 3번 반복한 후 6장의 카드에 보이는 모든 수의 합이 짝수인 사건을 A, 주사위의 1의 눈이 한 번만 나오는 사건을 B라 하면 구하는 확률은 $P(B|A)$이다.
(i) 사건 A가 일어날 확률
주어진 시행을 3번 반복한 후 6장의 카드에 보이는 모든 수의 합이 짝수인 경우는 홀수가 보이는 카드의 개수가 0 또는 2이어야 하므로 주사위를 3번 던질 때 홀수의 눈이 나오는 횟수가 3 또는 1이어야 한다.
이때 독립시행의 확률에 의하여 홀수의 눈이 3번 나올 확률은

$$_3C_3\left(\frac{1}{2}\right)^3=\frac{1}{8} \qquad\cdots\cdots\text{㉠}$$

홀수의 눈이 1번 나올 확률은

$$_3C_1\left(\frac{1}{2}\right)^1\left(\frac{1}{2}\right)^2=\frac{3}{8} \qquad\cdots\cdots\text{㉡}$$

㉠, ㉡의 두 사건은 서로 배반사건이므로 확률의 덧셈정리에 의하여

$$P(A)=\frac{1}{8}+\frac{3}{8}=\frac{1}{2}$$

(ii) 사건 $A\cap B$가 일어날 확률
㉠에서 1의 눈이 한 번만 나오는 경우는 3번의 시행 중 1의 눈이 한 번 나오고 나머지 두 번은 3 또는 5의 눈이 나오는 경우이므로 이 확률은

$$_3C_1\left(\frac{1}{6}\right)^1\times_2C_2\left(\frac{2}{6}\right)^2=3\times\frac{1}{6}\times1\times\frac{1}{9}=\frac{1}{18}$$

㉡에서 1의 눈이 한 번만 나오는 경우는 3번의 시행 중 1의 눈이 한 번 나오고 나머지 두 번은 짝수의 눈이 나오는 경우이므로 이 확률은

$$_3C_1\left(\frac{1}{6}\right)^1\times_2C_2\left(\frac{1}{2}\right)^2=3\times\frac{1}{6}\times1\times\frac{1}{4}=\frac{1}{8}$$

따라서

$$P(A\cap B)=\frac{1}{18}+\frac{1}{8}=\frac{13}{72}$$

(i), (ii)에서 구하는 조건부확률은

$$P(B|A)=\frac{P(A\cap B)}{P(A)}=\frac{13}{36}$$

이므로
$p+q=36+13=49$

13 $a_5+b_5\geq7$인 사건을 A, $a_k=b_k$인 자연수 $k(1\leq k\leq5)$가 존재하는 사건을 B라 하자.
사건 A가 일어나는 경우는
$a_5+b_5=7=2+2+1+1+1$
$a_5+b_5=8=2+2+2+1+1$
$a_5+b_5=9=2+2+2+2+1$
$a_5+b_5=10=2+2+2+2+2$
이고 주사위의 눈의 수가 5 이상일 확률은 $\dfrac{1}{3}$, 4 이하일 확률은 $\dfrac{2}{3}$이므로
(i) $a_5+b_5=7$일 확률은

$$_5C_2\left(\frac{1}{3}\right)^2\left(\frac{2}{3}\right)^3=10\times\frac{8}{3^5}$$

(ii) $a_5+b_5=8$일 확률은

$$_5C_3\left(\frac{1}{3}\right)^3\left(\frac{2}{3}\right)^2=10\times\frac{4}{3^5}$$

(iii) $a_5+b_5=9$일 확률은

$$_5C_4\left(\frac{1}{3}\right)^4\left(\frac{2}{3}\right)^1=5\times\frac{2}{3^5}$$

(iv) $a_5+b_5=10$일 확률은

$$_5C_5\left(\frac{1}{3}\right)^5=\frac{1}{3^5}$$

(i), (ii), (iii), (iv)에 의하여

$$P(A)=10\times\frac{8}{3^5}+10\times\frac{4}{3^5}+5\times\frac{2}{3^5}+\frac{1}{3^5}$$

또한, 사건 $A\cap B$인 경우는 (i), (ii)의 경우 3번째 시행까지 5 이상의 눈의 수가 1번, 4 이하의 눈의 수가 2번 일어나야 하고 (iii), (iv)인 경우는 사건 $A\cap B$은 일어나지 않는다.

$P(A\cap B)$

$$=_3C_1\left(\frac{1}{3}\right)^1\left(\frac{2}{3}\right)^2\times_2C_1\left(\frac{1}{3}\right)^1\left(\frac{2}{3}\right)^1+_3C_1\left(\frac{1}{3}\right)^1\left(\frac{2}{3}\right)^2\times\left(\frac{1}{3}\right)^2$$

$$=3\times\frac{16}{3^5}+3\times\frac{4}{3^5}$$

그러므로, 구하는 확률은

$P(B|A)$

$$=\frac{P(A\cap B)}{P(A)}$$

$$=\frac{3\times\frac{16}{3^5}+3\times\frac{4}{3^5}}{10\times\frac{8}{3^5}+10\times\frac{4}{3^5}+5\times\frac{2}{3^5}+\frac{1}{3^5}}$$

$$=\frac{48+12}{80+40+10+1}=\frac{60}{131}$$

이므로

$p=131$, $q=60$

따라서, $p+q=131+60=191$

14 갑이 꺼낸 카드에 적힌 수가 을이 꺼낸 카드에 적힌 수보다 큰 사건을 E, 갑이 꺼낸 카드에 적힌 수가 을과 병이 꺼낸 카드에 적힌 수의 합보다 큰 사건을 F라 하면 구하는 확률은

$$P(F|E)=\frac{P(E\cap F)}{P(E)}$$이다.

갑, 을, 병이 한 장씩 카드를 꺼내는 경우의 수는

$6\times3\times3=54$

갑, 을, 병이 꺼낸 카드에 적힌 수를 각각 a, b, c라 하면

$a\le b$인 경우를 순서쌍 (a,b)로 나타내면

$(1,1)$, $(1,2)$, $(1,3)$, $(2,2)$, $(2,3)$, $(3,3)$의 6가지이므로

$$P(E)=1-\frac{6\times3}{54}=1-\frac{1}{3}=\frac{2}{3}$$

한편, $a>b+c$인 경우는

$a=3$, $b=1$일 때, $c=1$

$a=4$, $b=1$일 때, $c=1,2$

$a=4$, $b=2$일 때, $c=1$

$a=5$, $b=1$일 때, $c=1,2,3$

$a=5$, $b=2$일 때, $c=1,2$

$a=5$, $b=3$일 때, $c=1$

$a=6$, $b=1$일 때, $c=1,2,3$

$a=6$, $b=2$일 때, $c=1,2,3$

$a=6$, $b=3$일 때, $c=1,2$

의 18가지이므로

$$P(E\cap F)=\frac{18}{54}=\frac{1}{3}$$

따라서

$$k=P(F|E)=\frac{P(E\cap F)}{P(E)}=\frac{1}{2}$$이므로

$$100k=100\times\frac{1}{2}=50$$

15 $2m\ge n$인 사건을 A, 흰 공의 개수가 2인 사건을 B라 하자.

(i) $m=1$, $n=2$일 확률

$$\frac{_3C_1\times_4C_2}{_7C_3}=\frac{18}{35}$$

(ii) $m=2$, $n=1$일 확률

$$\frac{_3C_2\times_4C_1}{_7C_3}=\frac{12}{35}$$

(iii) $m=3$, $n=0$일 확률

$$\frac{_3C_3}{_7C_3}=\frac{1}{35}$$

(i), (ii), (iii)에 의하여

$$P(A)=\frac{18}{35}+\frac{12}{35}+\frac{1}{35}=\frac{31}{35}$$

$$P(A\cap B)=\frac{12}{35}$$이므로

$$P(B|A)=\frac{P(A\cap B)}{P(A)}=\frac{\frac{12}{35}}{\frac{31}{35}}=\frac{12}{31}$$

따라서 $p=31$, $q=12$이므로

$p+q=43$

16 $b-a\ge5$인 사건을 E, $c-a\ge10$인 사건을 F라 하면 구하는 확률은 $P(F|E)=\frac{P(E\cap F)}{P(E)}$이다.

모든 순서쌍 (a,b,c)의 개수는 $_{12}C_3=220$

이때 $b-a\ge5$를 만족시키는 순서쌍 (a,b)는

$(1,6)$, $(1,7)$, $(1,8)$, $\cdots$, $(1,11)$

$(2,7)$, $(2,8)$, $\cdots$, $(2,11)$

$\vdots$

$(6,11)$

$a=1$일 때 c의 개수는 $6+5+4+3+2+1=21$

$a=2$일 때 c의 개수는 $5+4+3+2+1=15$

$a=3$일 때 c의 개수는 $4+3+2+1=10$

$a=4$일 때 c의 개수는 $3+2+1=6$

$a=5$일 때 c의 개수는 $2+1=3$

$a=6$일 때 c의 개수는 1

이므로 $b-a\ge5$를 만족시키는 모든 순서쌍 (a,b,c)의 개수는

$21+15+10+6+3+1=56$

즉, $P(E)=\frac{56}{220}=\frac{14}{55}$

한편, $b-a\ge5$이고 $c-a\ge10$인 경우는

$a=1$, $c=11$일 때, $b=6,7,8,9,10$

$a=1$, $c=12$일 때, $b=6,7,8,9,10,11$

$a=2$, $c=12$일 때, $b=7,8,9,10,11$

이므로 $b-a\ge5$이고 $c-a\ge10$인 모든 순서쌍 (a,b,c)의 개수는 $5+6+5=16$

즉, $P(E \cap F) = \dfrac{16}{220} = \dfrac{4}{55}$

$\therefore P(F|E) = \dfrac{P(E \cap F)}{P(E)} = \dfrac{\dfrac{4}{55}}{\dfrac{14}{55}} = \dfrac{2}{7}$

즉, $p=7$, $q=2$이므로

$p+q=7+2=9$

17 시행을 5번 반복한 후 4개의 동전이 모두 같은 면이 보이도록 놓여 있는 사건을 A, 모두 앞면이 보이도록 놓여 있는 사건을 B라 하면 구하는 확률은 $P(B|A)$이다. 동전을 왼쪽부터 ①, ②, ③, ④로 나타내자.

(i) 시행을 5번 반복한 후 4개의 동전이 모두 앞면이 보이도록 놓여 있는 경우

  ㉠ ④만 5번 뒤집는 경우의 수는 1

  ㉡ ④를 3번, ①, ②, ③ 중에서 1개를 2번 뒤집는 경우의 수는

  $_3C_1 \times \dfrac{5!}{3!2!} = 30$

  ㉢ ④를 1번, ①, ②, ③ 중에서 1개를 4번 뒤집는 경우의 수는

  $_3C_1 \times \dfrac{5!}{4!} = 15$

  ㉣ ④를 1번, ①, ②, ③ 중에서 서로 다른 2개를 각각 2번씩 뒤집는 경우의 수는

  $_3C_2 \times \dfrac{5!}{2!2!} = 90$

  ㉠~㉣에서 이 경우의 수는

  $1+30+15+90=136$

(ii) 시행을 5번 반복한 후 4개의 동전이 모두 뒷면이 보이도록 놓여 있는 경우

  ㉤ ①, ②, ③ 중에서 1개를 3번, 나머지 2개를 각각 1번씩 뒤집는 경우의 수는

  $_3C_1 \times \dfrac{5!}{3!} = 60$

  ㉥ ①, ②, ③을 각각 1번씩 뒤집고, ④를 2번 뒤집는 경우의 수는

  $\dfrac{5!}{2!} = 60$

  ㉤, ㉥에서 이 경우의 수는

  $60+60=120$

(i), (ii)에서

$P(A) = \dfrac{136+120}{4^5} = \dfrac{1}{4}$

$P(A \cap B) = \dfrac{136}{4^5} = \dfrac{17}{128}$

$\therefore P(B|A) = \dfrac{P(A \cap B)}{P(A)} = \dfrac{\dfrac{17}{128}}{\dfrac{1}{4}} = \dfrac{17}{32}$

18 상자 B에 들어 있는 공의 개수가 8인 사건을 E, 상자 B에 들어 있는 검은 공의 개수가 2인 사건을 F라 하면

구하는 확률은 $P(F|E) = \dfrac{P(E \cap F)}{P(E)}$

한 번의 시행에서 상자 B에 넣는 공의 개수는 1 또는 2 또는 3이므로 4번의 시행 후 상자 B에 들어 있는 공의 개수가 8인 경우는

$8=3+3+1+1$

$8=3+2+2+1$

$8=2+2+2+2$

뿐이다.

(i) $8=3+3+1+1$인 경우

  상자 B에 들어 있는 검은 공의 개수는 2이다.

  주머니에서 숫자 1이 적힌 카드 2장, 숫자 4가 적힌 카드 2장을 꺼내야 하므로 이 경우의 확률은

  $\dfrac{4!}{2! \times 2!} \times \left(\dfrac{1}{4}\right)^4 = 6 \times \left(\dfrac{1}{4}\right)^4$

(ii) $8=3+2+2+1$인 경우

  상자 B에 들어 있는 검은 공의 개수는 3이다.

  주머니에서 숫자 1이 적힌 카드 1장, 숫자 2 또는 3이 적힌 카드 2장, 숫자 4가 적힌 카드 1장을 꺼내야 하므로 이 경우의 확률은

  $\dfrac{4!}{2!} \times \left\{ \left(\dfrac{1}{4}\right) \times \left(\dfrac{2}{4}\right)^2 \times \left(\dfrac{1}{4}\right) \right\} = 48 \times \left(\dfrac{1}{4}\right)^4$

(iii) $8=2+2+2+2$인 경우

  상자 B에 들어 있는 검은 공의 개수는 4이다.

  주머니에서 숫자 2 또는 3이 적힌 카드 4장을 꺼내야 하므로 이 경우의 확률은

  $\left(\dfrac{2}{4}\right)^4 = 16 \times \left(\dfrac{1}{4}\right)^4$

(i), (ii), (iii)에서

$P(E) = 6 \times \left(\dfrac{1}{4}\right)^4 + 48 \times \left(\dfrac{1}{4}\right)^4 + 16 \times \left(\dfrac{1}{4}\right)^4 = 70 \times \left(\dfrac{1}{4}\right)^4$

$P(E \cap F) = 6 \times \left(\dfrac{1}{4}\right)^4$

$\therefore P(F|E) = \dfrac{P(E \cap F)}{P(E)} = \dfrac{6 \times \left(\dfrac{1}{4}\right)^4}{70 \times \left(\dfrac{1}{4}\right)^4} = \dfrac{3}{35}$

예상문제 도전하기　　　본문 052~053쪽

| 19 ③ | 20 ③ | 21 ⑤ | 22 ③ |
| 23 ④ | 24 ② | 25 ④ | 26 ④ |

19 참가한 사람 600명 중에서 임의로 선택한 1명이 여성일 사건을 A, 컴퓨터를 이용하여 응모했을 사건을 B라 하면 구하는 확률은

$P(B|A) = \dfrac{P(A \cap B)}{P(A)}$

$= \dfrac{\dfrac{140}{600}}{\dfrac{260}{600}} = \dfrac{7}{13}$

20 임의로 택한 한 제품이 수출하는 제품인 사건을 A, 휴대폰인 사건을 B라 하면

$P(A) = 0.4$, $P(A \cap B) = 0.12$

$\therefore P(B|A) = \dfrac{P(A \cap B)}{P(A)} = \dfrac{0.12}{0.4} = 0.3$

21 3학년 전체 학생 중에서 임의로 뽑은 한 명이 남학생인 사건을 A, 우유 급식을 신청한 학생인 사건을 B라 하면 구하는 확률은

$$P(B|A)=\frac{P(A\cap B)}{P(A)}=\frac{\frac{30}{100}}{\frac{48}{100}}=\frac{5}{8}$$

22 150명 중에서 임의로 선택된 사람이 $1\,g$을 섭취한 사람일 사건을 A, $5\,g$을 섭취한 사람일 사건을 A^{C}, 양성반응일 사건을 B라 하면

$$p_1=P(B|A)=\frac{P(A\cap B)}{P(A)}=\frac{\frac{11}{150}}{\frac{25}{150}}=\frac{11}{25}$$

$$p_2=P(B|A^{C})=\frac{P(A^{C}\cap B)}{P(A^{C})}=\frac{\frac{12}{150}}{\frac{125}{150}}=\frac{12}{125}$$

$$\therefore\ \frac{p_1}{p_2}=\frac{\frac{11}{25}}{\frac{12}{125}}=\frac{55}{12}$$

23 주어진 조건을 표로 나타내면 다음과 같다.

(단위: 명)

	A역	B역	
	승차	하차	승차
남자	135	27	90
여자	90	18	90

B역에서 C역으로 가는 도중 기차에 타고 있는
남자 승객의 수는 $135-27+90=198$,
여자 승객의 수는 $90-18+90=162$
이므로 전체 승객은 360명이다.
임의로 선택된 한 승객이 여자인 사건을 W, A역에서 승차한 승객인 사건을 A라 하면 구하는 확률은

$$P(A|W)=\frac{P(A\cap W)}{P(W)}=\frac{\frac{72}{360}}{\frac{162}{360}}=\frac{4}{9}$$

24 임의로 선택한 한 상자에서 공을 꺼낼 때, 상자 A에서 공을 꺼낼 사건을 A, 상자 B에서 공을 꺼낼 사건을 B, 꺼낸 공이 검은 공일 사건을 X라 하면
$$P(X)=P(A\cap X)+P(B\cap X)$$
$$=\frac{1}{2}\times\frac{2}{4}+\frac{1}{2}\times\frac{1}{3}=\frac{5}{12}$$

따라서 구하는 확률은

$$P(B|X)=\frac{P(B\cap X)}{P(X)}=\frac{\frac{1}{6}}{\frac{5}{12}}=\frac{2}{5}$$

25 임의로 꺼낸 공이 흰 공일 사건을 A, 짝수가 적혀 있는 주머니에서 꺼낸 공일 사건을 B라 하면
$$P(A)=P(A\cap B)+P(A\cap B^{C})$$
$$=\left(\frac{1}{6}\times\frac{2}{6}+\frac{1}{6}\times\frac{4}{6}+\frac{1}{6}\times\frac{6}{6}\right)$$

$$+\left(\frac{1}{6}\times\frac{1}{6}+\frac{1}{6}\times\frac{3}{6}+\frac{1}{6}\times\frac{5}{6}\right)$$
$$=\frac{12}{36}+\frac{9}{36}=\frac{21}{36}$$
따라서 구하는 확률은
$$P(B|A)=\frac{P(B\cap A)}{P(A)}=\frac{\frac{12}{36}}{\frac{21}{36}}=\frac{4}{7}$$

26 1000명의 학생 중에서 임의로 뽑은 한 명이 여학생일 사건을 F, 인문사회계열을 선택한 학생일 사건을 A라 하면
$$P(A)=P(F^{C}\cap A)+P(F\cap A)$$
$$=0.6\times0.55+0.4\times0.65=0.59$$
따라서 구하는 확률은
$$P(F|A)=\frac{P(F\cap A)}{P(A)}=\frac{0.26}{0.59}=\frac{26}{59}$$

유형 **09** 독립시행의 확률

기본문제 다지기

본문 055쪽

01 ②　　02 ③　　03 ③　　04 ⑤
05 ①　　06 ③

01 1번의 시행에서 5의 눈이 나올 확률은 $\frac{1}{6}$, 5 이외의 눈이 나올 확률은 $\frac{5}{6}$이므로 3번의 시행에서 5의 눈이 2번 나올 확률은

$${}_3C_2\left(\frac{1}{6}\right)^2\left(\frac{5}{6}\right)^{3-2}=3\times\frac{1}{6^2}\times\frac{5}{6}=\frac{5}{72}$$

02 한 경기에서 골을 넣을 확률이 $\frac{3}{5}$, 골을 넣지 못할 확률은 $\frac{2}{5}$이므로 7경기에 출전하여 4경기에서 골을 넣을 확률은

$${}_7C_4\left(\frac{3}{5}\right)^4\left(\frac{2}{5}\right)^{7-4}=35\times\frac{3^4}{5^4}\times\frac{2^3}{5^3}=\frac{56\times3^4}{5^6}$$

03 한 개의 주사위를 한 번 던져서 짝수의 눈이 나올 확률은 $\frac{1}{2}$이므로

(i) 짝수의 눈이 7번 나올 확률은

$${}_8C_7\left(\frac{1}{2}\right)^7\left(\frac{1}{2}\right)^{8-7}={}_8C_1\left(\frac{1}{2}\right)^8=8\left(\frac{1}{2}\right)^8$$

(ii) 짝수의 눈이 8번 나올 확률은

$${}_8C_8\left(\frac{1}{2}\right)^8\left(\frac{1}{2}\right)^{8-8}=\left(\frac{1}{2}\right)^8$$

따라서 구하는 확률은

$$8\left(\frac{1}{2}\right)^8+\left(\frac{1}{2}\right)^8=\frac{9}{256}$$

04 6문제를 풀 때, k개의 문제를 맞힐 확률을 P_k라 하면

$$P_k = {}_6C_k\left(\frac{1}{2}\right)^k\left(\frac{1}{2}\right)^{6-k} = {}_6C_k\left(\frac{1}{2}\right)^6$$

이때, 적어도 3문제를 맞히는 사건은 3문제 미만을 맞히는 사건의 여사건이므로 구하는 확률 P는

$$P = 1 - (P_0 + P_1 + P_2)$$
$$= 1 - \left\{ {}_6C_0\left(\frac{1}{2}\right)^6 + {}_6C_1\left(\frac{1}{2}\right)^6 + {}_6C_2\left(\frac{1}{2}\right)^6 \right\}$$
$$= 1 - (1 + 6 + 15)\left(\frac{1}{2}\right)^6$$
$$= 1 - \frac{22}{64}$$
$$= \frac{21}{32}$$

05 A팀이 6번째 시합에서 우승하려면 5번째 시합까지 A팀이 3승 2 패하고, 6번째 시합에서 A팀이 이겨야 한다.

한 번의 시합에서 A팀이 이길 확률은 $\frac{1}{2}$이므로 5번째 시합까지

A팀이 3승 2패할 확률은

$${}_5C_3\left(\frac{1}{2}\right)^3\left(\frac{1}{2}\right)^{5-3}$$

따라서 구하는 확률은

$${}_5C_3\left(\frac{1}{2}\right)^3\left(\frac{1}{2}\right)^2 \times \frac{1}{2} = {}_5C_3\left(\frac{1}{2}\right)^6$$

[참고]

6번의 시합 중 4번을 이기면 되는 경우로 풀면 안된다. 왜냐하면 '승 승승승패패'의 경우도 포함하게 되어 문제의 조건에 맞지 않는다.

06 점 O에서 출발하여 점 A에 도착하려면 북쪽으로 3칸, 동쪽으로 4칸 가면 된다.

즉, 동전을 7번 던져서 앞면이 3번, 뒷면이 4번 나오면 된다.

따라서 구하는 확률은

$${}_7C_3\left(\frac{1}{2}\right)^3\left(\frac{1}{2}\right)^{7-3} = {}_7C_3\left(\frac{1}{2}\right)^7 = \frac{35}{128}$$

기출문제 맛보기

본문 056~058쪽

07 ①	08 ①	09 ①	10 43
11 ⑤	12 137	13 ②	14 ①
15 ①	16 ③	17 ④	18 587
19 ①	20 ③	21 62	

07 1번의 시행에서 4의 눈이 나올 확률은 $\frac{1}{6}$, 4 이외의 눈이 나올 확

률은 $\frac{5}{6}$이므로 3번의 시행에서 4의 눈이 한 번만 나올 확률은

$${}_3C_1\left(\frac{1}{6}\right)^1\left(\frac{5}{6}\right)^2 = \frac{75}{216} = \frac{25}{72}$$

08 한 개의 동전을 5번 던질 때, 앞면이 나오는 횟수를 a, 뒷면이 나오는 횟수를 b라 하면 $ab=6$인 경우는 다음과 같다.

(i) $a=2$, $b=3$일 때,

$${}_5C_2\left(\frac{1}{2}\right)^2\left(\frac{1}{2}\right)^3 = \frac{5}{16}$$

(ii) $a=3$, $b=2$일 때,

$${}_5C_3\left(\frac{1}{2}\right)^3\left(\frac{1}{2}\right)^2 = \frac{5}{16}$$

(i), (ii)에서 구하는 확률은

$$\frac{5}{16} + \frac{5}{16} = \frac{5}{8}$$

09 행운권 추첨에 4회 참여하여 회원 점수가 16점 올라가려면 3회는 5점, 1회는 1점이 올라가야 한다.

따라서 구하는 확률은 ${}_4C_3\left(\frac{1}{3}\right)^3\left(\frac{2}{3}\right)^1 = \frac{8}{81}$

10 앞면이 6회, 뒷면이 0회 나올 확률은 ${}_6C_0\left(\frac{1}{2}\right)^6$

앞면이 5회, 뒷면이 1회 나올 확률은 ${}_6C_1\left(\frac{1}{2}\right)^6$

앞면이 4회, 뒷면이 2회 나올 확률은 ${}_6C_2\left(\frac{1}{2}\right)^6$

따라서 구하는 확률은

$${}_6C_0\left(\frac{1}{2}\right)^6 + {}_6C_1\left(\frac{1}{2}\right)^6 + {}_6C_2\left(\frac{1}{2}\right)^6$$
$$= ({}_6C_0 + {}_6C_1 + {}_6C_2) \times \left(\frac{1}{2}\right)^6 = (1 + 6 + 15) \times \left(\frac{1}{2}\right)^6$$
$$= \frac{22}{64} = \frac{11}{32}$$

이므로 $p + q = 32 + 11 = 43$

11 주사위의 눈의 수 중에서 3의 배수는 3, 6이므로 주사위 한 개를

던져서 3의 배수의 눈이 나올 확률은 $\frac{2}{6} = \frac{1}{3}$

$a + b = 6$인 경우는 다음과 같다.

(i) $a=3$, $b=3$인 경우

$${}_4C_3\left(\frac{1}{3}\right)^3\left(\frac{2}{3}\right)^1 \times {}_3C_3\left(\frac{1}{3}\right)^3\left(\frac{2}{3}\right)^0 = \frac{8}{3^7}$$

(ii) $a=4$, $b=2$인 경우

$${}_4C_4\left(\frac{1}{3}\right)^4\left(\frac{1}{3}\right)^0 \times {}_3C_2\left(\frac{1}{3}\right)^2\left(\frac{2}{3}\right)^1 = \frac{6}{3^7}$$

(i), (ii)에서 구하는 확률은

$$\frac{8}{3^7} + \frac{6}{3^7} = \frac{14}{3^7}$$

12 $a - b = 3$이므로 다음 각 경우로 나눌 수 있다.

(i) $a=5$이고 $b=2$인 경우

주사위를 5번 던질 때, 홀수의 눈이 5번 나오고 동전을 4번 던질 때, 앞면이 2번 나와야 하므로

$${}_5C_5\left(\frac{1}{2}\right)^5\left(\frac{1}{2}\right)^0 \times {}_4C_2\left(\frac{1}{2}\right)^2\left(\frac{1}{2}\right)^2 = \frac{1}{2^5} \times \frac{3}{2^3} = \frac{3}{2^8}$$

(ii) $a=4$이고 $b=1$인 경우

주사위를 5번 던질 때, 홀수의 눈이 4번 나오고 동전을 4번 던질 때, 앞면이 1번 나와야 하므로

$${}_5C_4\left(\frac{1}{2}\right)^4\left(\frac{1}{2}\right)^1 \times {}_4C_1\left(\frac{1}{2}\right)^1\left(\frac{1}{2}\right)^3 = \frac{5}{2^5} \times \frac{1}{2^2} = \frac{5}{2^7}$$

(iii) $a=3$이고 $b=0$인 경우

주사위를 5번 던질 때, 홀수의 눈이 3번 나오고 동전을 4번 던질 때, 앞면이 0번 나와야 하므로

$${}_5C_3\left(\frac{1}{2}\right)^3\left(\frac{1}{2}\right)^2\times{}_4C_0\left(\frac{1}{2}\right)^0\left(\frac{1}{2}\right)^4=\frac{5}{2^4}\times\frac{1}{2^4}=\frac{5}{2^8}$$

따라서 구하는 확률은

$$\frac{3}{2^8}+\frac{5}{2^7}+\frac{5}{2^8}=\frac{18}{2^8}=\frac{9}{2^7}=\frac{9}{128}$$이므로

$$p+q=128+9=137$$

13 $0\le m\le 3$, $0\le n\le 3$이고 $m+n=3$이므로

$$|m-n|=3 \text{ 또는 } |m-n|=1$$

그런데 $i^{|m-n|}=-i$이므로 $|m-n|=3$

(i) $m=3$, $n=0$일 때, ${}_3C_3\left(\frac{1}{4}\right)^3\left(\frac{3}{4}\right)^0=\frac{1}{64}$

(ii) $m=0$, $n=3$일 때, ${}_3C_0\left(\frac{1}{4}\right)^0\left(\frac{3}{4}\right)^3=\frac{27}{64}$

(i), (ii)에 의하여 구하는 확률은 $\frac{1}{64}+\frac{27}{64}=\frac{7}{16}$

14 (i) 동전 A의 경우

$1+1+1=3$이 될 확률은 ${}_3C_3\left(\frac{1}{2}\right)^3\left(\frac{1}{2}\right)^0=\frac{1}{2^3}$

위와 같은 방법으로

$1+1+2=4$가 될 확률은 $\frac{3}{2^3}$

$1+2+2=5$가 될 확률은 $\frac{3}{2^3}$

$2+2+2=6$이 될 확률은 $\frac{1}{2^3}$

(ii) 동전 B의 경우

$3+3+3+3=12$가 될 확률은 $\frac{1}{2^4}$

$3+3+3+4=13$이 될 확률은 $\frac{4}{2^4}$

$3+3+4+4=14$가 될 확률은 $\frac{6}{2^4}$

$3+4+4+4=15$가 될 확률은 $\frac{4}{2^4}$

$4+4+4+4=16$이 될 확률은 $\frac{1}{2^4}$

(i), (ii)에서 합이 19가 될 확률은

$$\left(\frac{1}{2^3}\times\frac{1}{2^4}\right)+\left(\frac{3}{2^3}\times\frac{4}{2^4}\right)+\left(\frac{3}{2^3}\times\frac{6}{2^4}\right)+\left(\frac{1}{2^3}\times\frac{4}{2^4}\right)=\frac{35}{2^7}$$

또 합이 20이 될 확률은

$$\left(\frac{3}{2^3}\times\frac{1}{2^4}\right)+\left(\frac{3}{2^3}\times\frac{4}{2^4}\right)+\left(\frac{1}{2^3}\times\frac{6}{2^4}\right)=\frac{21}{2^7}$$

따라서 구하는 확률은 $\frac{35}{2^7}+\frac{21}{2^7}=\frac{7}{16}$

15 (i) 꺼낸 2개의 공의 색이 다를 확률은 $\frac{{}_4C_1\times{}_3C_1}{{}_7C_2}=\frac{4}{7}$

꺼낸 2개의 공의 색이 다를 때, 1개의 동전을 3번 던져 앞면이 2번 나올 확률은

$$\frac{4}{7}\times{}_3C_2\left(\frac{1}{2}\right)^2\left(\frac{1}{2}\right)^1=\frac{4}{7}\times\frac{3}{8}=\frac{3}{14}$$

(ii) 꺼낸 2개의 공의 색이 같을 확률은 $\frac{{}_4C_2+{}_3C_2}{{}_7C_2}=\frac{3}{7}$

꺼낸 2개의 공의 색이 같을 때, 1개의 동전을 2번 던져 앞면이 2번 나올 확률은

$$\frac{3}{7}\times{}_2C_2\left(\frac{1}{2}\right)^2=\frac{3}{7}\times\frac{1}{4}=\frac{3}{28}$$

(i), (ii)에서 구하는 확률은 $\frac{3}{14}+\frac{3}{28}=\frac{9}{28}$

16 동전의 앞면이 나온 횟수를 a, 뒷면이 나온 횟수를 b라 하자.

$b=3$인 경우를 순서쌍 (a, b)로 나타내면

$$(0, 3), (1, 3), (2, 3)$$

(i) $a=0$, $b=3$인 경우

$${}_3C_3\left(\frac{1}{2}\right)^3\left(\frac{1}{2}\right)^0=\frac{1}{8}$$

(ii) $a=1$, $b=3$인 경우

$${}_3C_2\left(\frac{1}{2}\right)^2\left(\frac{1}{2}\right)^1\times\frac{1}{2}=\frac{3}{16}$$

(iii) $a=2$, $b=3$인 경우

$${}_4C_2\left(\frac{1}{2}\right)^2\left(\frac{1}{2}\right)^2\times\frac{1}{2}=\frac{3}{16}$$

(i), (ii), (iii)에서 구하는 확률은 $\dfrac{\dfrac{3}{16}}{\dfrac{1}{8}+\dfrac{3}{16}+\dfrac{3}{16}}=\dfrac{3}{8}$

17 주사위를 한 번 던져 나온 눈의 수가 6의 약수일 확률은

$$\frac{4}{6}=\frac{2}{3}$$

6의 약수가 아닐 확률은

$$1-\frac{2}{3}=\frac{1}{3}$$

4번째 시행 후 점 P의 좌표가 2 이상이려면 4번의 시행 중 주사위의 눈의 수가 6의 약수인 경우가 2번 이상이면 된다.

주사위의 눈의 수가 6의 약수인 경우가 0번일 확률은

$${}_4C_0\left(\frac{2}{3}\right)^0\left(\frac{1}{3}\right)^4=\frac{1}{81}$$

주사위의 눈의 수가 6의 약수인 경우가 1번일 확률은

$${}_4C_1\left(\frac{2}{3}\right)^1\left(\frac{1}{3}\right)^3=\frac{8}{81}$$

따라서 구하는 확률은

$$1-\left(\frac{1}{81}+\frac{8}{81}\right)=1-\frac{1}{9}=\frac{8}{9}$$

18 다음 각 경우로 나눌 수 있다.

(i) 꺼낸 공의 수가 3인 경우

주머니에서 꺼낸 공의 수가 3일 확률은 $\frac{2}{5}$

주사위를 3번 던져 나오는 눈의 수의 합이 10인 경우는 순서를 생각하지 않으면

$$(6, 3, 1), (6, 2, 2), (5, 4, 1), (5, 3, 2), (4, 4, 2), (4, 3, 3)$$

이때의 확률은

$$\left(3!+\frac{3!}{2!1!}+3!+3!+\frac{3!}{2!1!}+\frac{3!}{2!1!}\right)\times\left(\frac{1}{6}\right)^3=\frac{1}{8}$$

$$\therefore \frac{2}{5}\times\frac{1}{8}=\frac{1}{20}$$

(ii) 꺼낸 공의 수가 4인 경우

주머니에서 꺼낸 공의 수가 4일 확률은 $\dfrac{3}{5}$

주사위를 4번 던져 나오는 눈의 수의 합이 10인 경우는 순서를 생각하지 않으면

$(6, 2, 1, 1)$, $(5, 3, 1, 1)$, $(5, 2, 2, 1)$, $(4, 4, 1, 1)$,
$(4, 3, 2, 1)$, $(4, 2, 2, 2)$, $(3, 3, 3, 1)$, $(3, 3, 2, 2)$

이때의 확률은

$$\left(\dfrac{4!}{2!1!1!} + \dfrac{4!}{2!1!1!} + \dfrac{4!}{2!1!1!} + \dfrac{4!}{2!2!} + 4! \right.$$
$$\left. + \dfrac{4!}{3!1!} + \dfrac{4!}{3!1!} + \dfrac{4!}{2!2!} \right) \times \left(\dfrac{1}{6}\right)^4$$

$$= 80 \times \left(\dfrac{1}{6}\right)^4$$

$$\therefore \dfrac{3}{5} \times 80 \times \left(\dfrac{1}{6}\right)^4 = \dfrac{1}{27}$$

따라서 (i), (ii)에서 구하는 확률은 $\dfrac{1}{20} + \dfrac{1}{27} = \dfrac{47}{540}$

이고 $p = 540$, $q = 47$이므로 $p + q = 587$

19 동전의 앞면이 나온 횟수와 뒷면이 나온 횟수가 같을 사건을 A, 동전을 4번 던졌을 사건을 B라 하자.

이때, 사건 A가 일어날 확률은

$$P(A) = \dfrac{6}{36} \times {}_4C_2\left(\dfrac{1}{2}\right)^2\left(\dfrac{1}{2}\right)^2 + \dfrac{30}{36} \times {}_2C_1\left(\dfrac{1}{2}\right)\left(\dfrac{1}{2}\right)$$
$$= \dfrac{1}{6} \times \dfrac{3}{8} + \dfrac{5}{6} \times \dfrac{1}{2} = \dfrac{3+20}{48} = \dfrac{23}{48}$$

또, 사건 A와 사건 B가 동시에 일어날 확률은

$$P(A \cap B) = \dfrac{6}{36} \times {}_4C_2\left(\dfrac{1}{2}\right)^2\left(\dfrac{1}{2}\right)^2 = \dfrac{1}{16}$$

따라서 구하는 확률은

$$P(B|A) = \dfrac{P(A \cap B)}{P(A)} = \dfrac{\dfrac{1}{16}}{\dfrac{23}{48}} = \dfrac{3}{23}$$

20 동전을 던져서 앞면과 뒷면이 나오는 확률은 $\dfrac{1}{2}$로 같다.

상자 B에 들어 있는 공의 개수가 6번째 시행 후 처음으로 8이 되어야 하므로 5번째 시행 후에는 7, 4번째 시행 후에는 6이어야 한다.

4번째 시행 후에 6이 되기 위해서는 앞면과 뒷면이 각각 2번씩 나와야 하고, 첫 번째와 두 번째 모두 앞면이 나오는 경우를 제외해야 하므로 구하는 확률은

$$\left\{({}_4C_2-1) \times \left(\dfrac{1}{2}\right)^4\right\} \times \dfrac{1}{2} \times \dfrac{1}{2} = \dfrac{5}{64}$$

[다른 풀이]

상자 B에 들어 있는 공의 개수가 6번째 시행 후 처음으로 8이 되는 경우를 직접 세어보면

(앞, 뒤, 앞, 뒤, 앞, 앞), (앞, 뒤, 뒤, 앞, 앞, 앞),
(뒤, 앞, 뒤, 앞, 앞, 앞), (뒤, 뒤, 앞, 앞, 앞, 앞),
(뒤, 앞, 앞, 뒤, 앞, 앞)의 5가지이다.

전체 경우의 수는 $2^6 = 64$이므로 구하는 확률은 $\dfrac{5}{64}$이다.

21 동전을 두 번 던져 앞면이 나온 횟수가 2일 확률은 $\dfrac{1}{4}$

앞면이 나온 횟수가 0 또는 1일 확률은

$$1 - \dfrac{1}{4} = \dfrac{3}{4}$$

문자 B가 보이도록 카드가 놓이려면 뒤집는 횟수가 홀수이어야 한다.

따라서 구하는 확률은 5번의 시행 중 앞면이 두 번 나온 횟수가 1 또는 3 또는 5인 확률이므로

$$p = {}_5C_1\left(\dfrac{1}{4}\right)^1\left(\dfrac{3}{4}\right)^4 + {}_5C_3\left(\dfrac{1}{4}\right)^3\left(\dfrac{3}{4}\right)^2 + {}_5C_5\left(\dfrac{1}{4}\right)^5\left(\dfrac{3}{4}\right)^0$$

$$= \dfrac{405 + 90 + 1}{4^5}$$

$$= \dfrac{31}{64}$$

$$\therefore 128 \times p = 128 \times \dfrac{31}{64} = 62$$

예상문제 도전하기

본문 058~059쪽

22 91	**23** ①	**24** 11	**25** ⑤
26 ④	**27** ③	**28** ②	**29** 43

22 세 번의 자유투에서 2점을 얻으려면 두 번은 성공하고, 한 번은 실패하면 된다.

한 번의 자유투를 성공할 확률은 $\dfrac{3}{4}$,

실패할 확률은 $1 - \dfrac{3}{4} = \dfrac{1}{4}$

이므로 구하는 확률은 ${}_3C_2\left(\dfrac{3}{4}\right)^2\left(\dfrac{1}{4}\right)^1 = \dfrac{27}{64}$

따라서 $p = 64$, $q = 27$이므로 $p + q = 91$

23 (i) 3개의 예선문제를 모두 맞힐 확률은

$${}_3C_3\left(\dfrac{1}{3}\right)^3 = \dfrac{1}{27}$$

(ii) 예선문제를 2개 맞히고, 찬스문제를 맞힐 확률은

$${}_3C_2\left(\dfrac{1}{3}\right)^2\left(\dfrac{2}{3}\right)^1 \times \dfrac{1}{4} = \dfrac{1}{18}$$

(i), (ii)에서 구하는 확률은 $\dfrac{1}{27} + \dfrac{1}{18} = \dfrac{5}{54}$

24 서로 다른 두 개의 주사위를 던져서 나온 두 눈의 수의 곱이 홀수이려면 두 눈의 수가 모두 홀수이어야 하므로 두 눈의 수의 곱이 홀수일 확률은 $\dfrac{1}{2} \times \dfrac{1}{2} = \dfrac{1}{4}$

두 눈의 수의 곱이 짝수일 확률은 $1 - \dfrac{1}{4} = \dfrac{3}{4}$

따라서 주어진 시행에서 뒷면이 나온 동전이 2개일 확률은

$$\dfrac{1}{4} \times {}_3C_2\left(\dfrac{1}{2}\right)^3 + \dfrac{3}{4} \times {}_4C_2\left(\dfrac{1}{2}\right)^4 = \dfrac{3}{8}$$

$$\therefore p + q = 8 + 3 = 11$$

25 주원이가 이기려면 보석이가 3점을 얻기 전에 먼저 2점을 얻어야 한다.

즉, (보석의 점수) : (주원의 점수)가 2 : 5 또는 3 : 5 또는 4 : 5이어야 한다.

보석이가 1점을 얻을 확률은 $\frac{1}{3}$, 주원이가 1점을 얻을 확률은 $\frac{2}{3}$

이므로 구하는 확률은

$${}_2C_2\left(\frac{2}{3}\right)^2+{}_2C_1\left(\frac{2}{3}\right)^1\left(\frac{1}{3}\right)^1\times\frac{2}{3}+{}_3C_1\left(\frac{2}{3}\right)^1\left(\frac{1}{3}\right)^2\times\frac{2}{3}$$

$$=\frac{4}{9}+\frac{8}{27}+\frac{4}{27}=\frac{8}{9}$$

26 빨간색, 노란색, 파란색 구슬이 나올 확률은 각각 $\frac{1}{2}$, $\frac{1}{3}$, $\frac{1}{6}$이고,

빨간색, 노란색, 파란색 구슬이 나오는 횟수를 각각 x, y, z라 하면

$x+y+z=3$, $x+2y+3z=5$에서

$x=1, y=2, z=0$ 또는 $x=2, y=0, z=1$이므로

(i) $x=1, y=2, z=0$일 확률은

$${}_3C_1\,\frac{1}{2}\left(\frac{1}{3}\right)^2\left(\frac{1}{6}\right)^0=\frac{1}{6}$$

(ii) $x=2, y=0, z=1$일 확률은

$${}_3C_2\left(\frac{1}{2}\right)^2\left(\frac{1}{3}\right)^0\frac{1}{6}=\frac{1}{8}$$

(i), (ii)에서 구하는 확률은 $\frac{1}{6}+\frac{1}{8}=\frac{7}{24}$

27 5번의 시행에서 9의 약수가 나온 횟수를 x라 하면 그 이외의 숫자가 나온 횟수는 $5-x$이므로 점수의 총합은

$10x-5(5-x)=15x-25$ (점)

즉, 얻은 점수가 30점 이상이 되려면

$15x-25\geq30$, $15x\geq55$

$\therefore x\geq3.\times\times\times$

이때, x는 $0\leq x\leq5$인 정수이므로 $x=4$ 또는 $x=5$

9의 약수가 나올 확률은 $\frac{3}{9}=\frac{1}{3}$이고, 그 이외의 숫자가 나올 확률은 $1-\frac{1}{3}=\frac{2}{3}$이므로 구하는 확률은

$${}_5C_4\left(\frac{1}{3}\right)^4\frac{2}{3}+{}_5C_5\left(\frac{1}{3}\right)^5=\frac{10}{3^5}+\frac{1}{3^5}=\frac{11}{3^5}$$

28 시행을 5번 한 후 앞면이 나온 횟수를 k라 하면

점 P의 좌표는 $(k, 5-k)$

점 P가 직선 $x-y=3$ 위에 있으려면

$k-(5-k)=3$이므로 $k=4$

따라서 $k=4$일 확률은

$${}_5C_4\left(\frac{1}{2}\right)^4\left(\frac{1}{2}\right)^1=\frac{5}{32}$$

29 $a=6$이고 $0\leq b\leq6$이므로 $a+b$가 3의 배수가 되는 경우는

$b=0$ 또는 $b=3$ 또는 $b=6$

따라서 $a+b$가 3의 배수가 될 확률은

$${}_6C_0\left(\frac{1}{2}\right)^0\left(\frac{1}{2}\right)^6+{}_6C_3\left(\frac{1}{2}\right)^3\left(\frac{1}{2}\right)^3+{}_6C_6\left(\frac{1}{2}\right)^6\left(\frac{1}{2}\right)^0$$

$$=\frac{1}{64}+\frac{20}{64}+\frac{1}{64}=\frac{11}{32}$$

$\therefore p+q=32+11=43$

유형 10 이산확률분포

01 확률의 총합은 1이므로

$$\frac{1}{5}+a+\frac{3}{10}+b=1$$

$$\therefore a+b=\frac{1}{2} \quad\cdots\cdots\text{㉠}$$

또 $E(X)=\frac{7}{5}$이므로

$$E(X)=0\times\frac{1}{5}+1\times a+2\times\frac{3}{10}+3\times b=\frac{7}{5}$$

$$\therefore a+3b=\frac{4}{5} \quad\cdots\cdots\text{㉡}$$

㉠, ㉡을 연립하여 풀면

$$a=\frac{7}{20}, b=\frac{3}{20}$$

$$\therefore \frac{b}{a}=\frac{3}{7}$$

02 확률의 총합은 1이므로

$$\frac{1}{10}+\frac{2}{10}+\frac{3}{10}+a=1$$

$$\therefore a=\frac{4}{10}$$

$$E(X)=1\times\frac{1}{10}+2\times\frac{2}{10}+3\times\frac{3}{10}+4\times\frac{4}{10}=3$$

$$V(X)=E(X^2)-\{E(X)\}^2$$

$$=1^2\times\frac{1}{10}+2^2\times\frac{2}{10}+3^2\times\frac{3}{10}+4^2\times\frac{4}{10}-3^2$$

$$=10-9$$

$$=1$$

$$\therefore \sigma(X)=\sqrt{V(X)}=1$$

$$\therefore E(X)+\sigma(X)=3+1=4$$

03 주어진 확률분포표에서 확률의 합은 1이므로

$$a+b+\frac{1}{4}=1, a+b=\frac{3}{4} \quad\cdots\cdots\text{㉠}$$

또 확률변수 X의 평균 $E(X)=\frac{7}{3}$이므로

$$1\times a+2\times b+4\times\frac{1}{4}=\frac{7}{3}, a+2b=\frac{4}{3} \quad\cdots\cdots\text{㉡}$$

㉡-㉠을 계산하면

$$b=\frac{7}{12}이고, a=\frac{1}{6}$$

확률변수 Y의 평균 $E(Y)$는

$$E(Y)=1\times\frac{1}{6}+2\times\frac{1}{4}+4\times\frac{7}{12}=\frac{2+6+28}{12}=3$$

$$V(Y)=(1-3)^2\times\frac{1}{6}+(2-3)^2\times\frac{1}{4}+(4-3)^2\times\frac{7}{12}$$

$$=\frac{8+3+7}{12}=\frac{3}{2}$$

04 $E(X)=1\times\dfrac{1}{5}+2\times\dfrac{3}{5}+3\times\dfrac{1}{5}=2$

$\therefore V(X)=E(X^2)-\{E(X)\}^2$

$\qquad=1^2\times\dfrac{1}{5}+2^2\times\dfrac{3}{5}+3^2\times\dfrac{1}{5}-2^2$

$\qquad=\dfrac{22}{5}-4$

$\qquad=\dfrac{2}{5}$

05 $E(X)=5,\ V(X)=E(X^2)-\{E(X)\}^2=3$이므로

$E(X^2)=\{E(X)\}^2+3=5^2+3=28$

06 확률변수 X의 확률분포를 표로 나타내면 다음과 같다.

X	1	2	3	계
$P(X=x)$	$\dfrac{1}{6}$	$\dfrac{2}{6}$	$\dfrac{3}{6}$	1

$E(X)=1\times\dfrac{1}{6}+2\times\dfrac{2}{6}+3\times\dfrac{3}{6}=\dfrac{7}{3}$

$\therefore V(X)=E(X^2)-\{E(X)\}^2$

$\qquad=1^2\times\dfrac{1}{6}+2^2\times\dfrac{2}{6}+3^2\times\dfrac{3}{6}-\left(\dfrac{7}{3}\right)^2$

$\qquad=6-\dfrac{49}{9}$

$\qquad=\dfrac{5}{9}$

기출문제 맛보기
본문 062 ~ 063쪽

07 11	08 ⑤	09 ⑤	10 78
11 121	12 ①	13 ④	14 28
15 ③	16 20	17 ②	

07 $E(X)=(-5)\times\dfrac{1}{5}+0\times\dfrac{1}{5}+5\times\dfrac{3}{5}=2$

$\therefore E(4X+3)=4E(X)+3=4\times2+3=11$

08 $P(0\le X\le2)=P(X=0)+P(X=1)+P(X=2)$

$\qquad=\dfrac{1}{8}+\dfrac{3+a}{8}+\dfrac{1}{8}$

$\qquad=\dfrac{a+5}{8}$

즉, $\dfrac{a+5}{8}=\dfrac{7}{8}$이므로 $a=2$

$\therefore E(X)=(-1)\times\dfrac{1}{8}+0\times\dfrac{1}{8}+1\times\dfrac{5}{8}+2\times\dfrac{1}{8}=\dfrac{3}{4}$

09 $E(X)=0\times\dfrac{1}{10}+1\times\dfrac{1}{2}+a\times\dfrac{2}{5}=\dfrac{1}{2}+\dfrac{2}{5}a$

$E(X^2)=0\times\dfrac{1}{10}+1\times\dfrac{1}{2}+a^2\times\dfrac{2}{5}=\dfrac{1}{2}+\dfrac{2}{5}a^2$

이때 주어진 조건에서

$\{\sigma(X)\}^2=\{E(X)\}^2$이고,

$V(X)=E(X^2)-\{E(X)\}^2$이므로

$V(X)=\{E(X)\}^2$에서

$\{E(X)\}^2=E(X^2)-\{E(X)\}^2$

$2\{E(X)\}^2=E(X^2)$

$2\times\left(\dfrac{1}{2}+\dfrac{2}{5}a\right)^2=\dfrac{1}{2}+\dfrac{2}{5}a^2$

$\dfrac{2}{25}a(a-10)=0$

$a>0$이므로 $a=10$

따라서

$E(X^2)+E(X)=\dfrac{1}{2}+\dfrac{2}{5}a^2+\dfrac{1}{2}+\dfrac{2}{5}a$

$\qquad=\dfrac{1}{2}+\dfrac{2}{5}\times100+\dfrac{1}{2}+\dfrac{2}{5}\times10$

$\qquad=45$

10 확률변수 X가 갖는 값이 $X=5$에 대하여 확률분포가 대칭이므로

$E(X)=5$

또 $V(X)=\dfrac{31}{5}$이므로

$E(X^2)-\{E(X)\}^2=\dfrac{31}{5}$에서

$E(X^2)=25+\dfrac{31}{5}$

이때,

$E(X^2)=1^2\times a+3^2\times b+5^2\times c+7^2\times b+9^2\times a$

$\qquad=82a+58b+25c$

이므로

$82a+58b+25c=25+\dfrac{31}{5}$ ……㉠

한편, 확률변수 Y가 갖는 값이 $Y=5$에 대하여 확률분포가 대칭이므로

$E(Y)=5$이고

$E(Y^2)$

$=1^2\times\left(a+\dfrac{1}{20}\right)+3^2\times b+5^2\times\left(c-\dfrac{1}{10}\right)$

$\qquad\qquad\qquad+7^2\times b+9^2\times\left(a+\dfrac{1}{20}\right)$

$=82a+58b+25c+\dfrac{1}{20}-\dfrac{5}{2}+\dfrac{81}{20}$

$=82a+58b+25c+\dfrac{8}{5}$

㉠에서

$E(Y^2)=25+\dfrac{31}{5}+\dfrac{8}{5}=25+\dfrac{39}{5}$

따라서

$V(Y)=E(Y^2)-\{E(Y)\}^2$

$\qquad=25+\dfrac{39}{5}-5^2=\dfrac{39}{5}$

이므로

$10\times V(Y)=10\times\dfrac{39}{5}=78$

11 $Y=10X+1$이고

$V(X)=E(X^2)-\{E(X)\}^2$

$\qquad=5-2^2=1$

이므로

$E(Y)+V(Y)=E(10X+1)+V(10X+1)$

$\qquad\qquad=10E(X)+1+100V(X)$

$$= 10 \times 2 + 1 + 100 \times 1$$
$$= 121$$

12 $P(X=-1)+P(X=0)+P(X=1)+P(X=2)=1$이므로

$$\frac{-a+2}{10}+\frac{2}{10}+\frac{a+2}{10}+\frac{2a+2}{10}=1$$

$$\frac{2a+8}{10}=1 \qquad \therefore a=1$$

즉, 확률변수 X의 확률분포를 표로 나타내면 다음과 같다.

X	-1	0	1	2	계
$P(X=x)$	$\frac{1}{10}$	$\frac{2}{10}$	$\frac{3}{10}$	$\frac{4}{10}$	1

$$E(X)=(-1)\times\frac{1}{10}+0\times\frac{2}{10}+1\times\frac{3}{10}+2\times\frac{4}{10}=1$$

$$V(X)=E(X^2)-\{E(X)\}^2$$

$$=(-1)^2\times\frac{1}{10}+0^2\times\frac{2}{10}+1^2\times\frac{3}{10}+2^2\times\frac{4}{10}-1^2$$

$$=2-1=1$$

$$\therefore V(3X+2)=3^2 V(X)=9\times1=9$$

13 $k=0$, $k=2$일 때,

$P(X=0)=P(X=2)=P(X=4)$

$k=1$일 때, $P(X=1)=P(X=3)$

$P(X=0)=a$, $P(X=1)=b$라 할 때,

이산확률변수 X의 확률분포를 표로 나타내면 다음과 같다.

X	0	1	2	3	4	합계
$P(X=x)$	a	b	a	b	a	1

확률변수 X가 갖는 모든 값에 대한 확률의 합은 1이므로

$3a+2b=1$ ...... ㉠

$E(X^2)=0^2\times a+1^2\times b+2^2\times a+3^2\times b+4^2\times a$

이고 $E(X^2)=\frac{35}{6}$이므로

$20a+10b=\frac{35}{6}$ ...... ㉡

㉠, ㉡에서

$a=\frac{1}{6}$, $b=\frac{1}{4}$

$$\therefore P(X=0)=\frac{1}{6}$$

14 $E(X)=\sum_{k=1}^{5}kP(X=k)=4$

$E(Y)=\sum_{k=1}^{5}kP(Y=k)$

$=\sum_{k=1}^{5}k\left\{\frac{1}{2}P(X=k)+\frac{1}{10}\right\}$

$=\frac{1}{2}\sum_{k=1}^{5}kP(X=k)+\frac{1}{10}\sum_{k=1}^{5}k$

$=\frac{1}{2}\times4+\frac{1}{10}\times\frac{5\times6}{2}$

$=2+\frac{3}{2}=\frac{7}{2}$

따라서 $a=\frac{7}{2}$이므로

$8a=8\times\frac{7}{2}=28$

15 주사위의 눈 1, 2, 3, 4, 5, 6을 4로 나눈 나머지는 각각 1, 2, 3, 0, 1, 2이므로 확률변수 X의 확률분포를 표로 나타내면 다음과 같다.

X	0	1	2	3	계
$P(X=x)$	$\frac{1}{6}$	$\frac{2}{6}$	$\frac{2}{6}$	$\frac{1}{6}$	1

$$\therefore E(X)=0\times\frac{1}{6}+1\times\frac{2}{6}+2\times\frac{2}{6}+3\times\frac{1}{6}=\frac{3}{2}$$

16 모든 경우의 수는 $_5C_2=10$

(i) 작은 수가 1인 경우는

   $(1, 2)$, $(1, 3)$, $(1, 4)$, $(1, 5)$의 4가지

(ii) 작은 수가 2인 경우는

   $(2, 3)$, $(2, 4)$, $(2, 5)$의 3가지

(iii) 작은 수가 3인 경우는

   $(3, 4)$, $(3, 5)$의 2가지

(iv) 작은 수가 4인 경우는

   $(4, 5)$의 1가지

즉, 확률변수 X의 확률분포를 표로 나타내면 다음과 같다.

X	1	2	3	4	계
$P(X=x)$	$\frac{4}{10}$	$\frac{3}{10}$	$\frac{2}{10}$	$\frac{1}{10}$	1

$$E(X)=1\times\frac{4}{10}+2\times\frac{3}{10}+3\times\frac{2}{10}+4\times\frac{1}{10}=2$$

$$\therefore E(10X)=10E(X)=10\times2=20$$

17 $P(Y=0)=P(X=0)$

$=_4C_0\left(\frac{1}{2}\right)^4=\frac{1}{16}$

$P(Y=1)=P(X=1)$

$=_4C_1\left(\frac{1}{2}\right)^4=\frac{1}{4}$

$P(Y=2)=1-P(Y=0)-P(Y=1)$

$=1-\frac{1}{16}-\frac{1}{4}=\frac{11}{16}$

확률변수 Y의 확률분포를 표로 나타내면 다음과 같다.

Y	0	1	2	계
$P(Y=y)$	$\frac{1}{16}$	$\frac{1}{4}$	$\frac{11}{16}$	1

따라서

$$E(Y)=0\times\frac{1}{16}+1\times\frac{1}{4}+2\times\frac{11}{16}=\frac{13}{8}$$

예상문제 도전하기

본문 063~064쪽

18 ③	**19** ④	**20** 13	**21** ②
22 1	**23** ②	**24** ⑤	

18 확률의 총합은 1이므로

$a+2a+b=1$

$\therefore 3a+b=1$ ······ ㉠

또 $P(X\geq1)=\dfrac{4}{5}$ 이므로

$P(X=1)+P(X=2)=\dfrac{4}{5}$

$\therefore 2a+b=\dfrac{4}{5}$ ······ ㉡

㉠, ㉡을 연립하여 풀면

$a=\dfrac{1}{5},\ b=\dfrac{2}{5}$

$E(X)=0\times\dfrac{1}{5}+1\times\dfrac{2}{5}+2\times\dfrac{2}{5}=\dfrac{6}{5}$

$\therefore E(10X-2)=10E(X)-2$

$\qquad\qquad\qquad =10\times\dfrac{6}{5}-2=10$

19 확률의 총합은 1이므로

$a+b+3a-\dfrac{1}{2}=1$

$\therefore 4a+b=\dfrac{3}{2}$ ······ ㉠

또 $E(X)=2$ 이므로

$E(X)=1\times a+2\times b+3\times\left(3a-\dfrac{1}{2}\right)=2$

$10a+2b=\dfrac{7}{2}$

$\therefore 5a+b=\dfrac{7}{4}$ ······ ㉡

㉠, ㉡을 연립하여 풀면

$a=\dfrac{1}{4},\ b=\dfrac{1}{2}$

$V(X)=E(X^2)-\{E(X)\}^2$

$\qquad =1^2\times\dfrac{1}{4}+2^2\times\dfrac{1}{2}+3^2\times\dfrac{1}{4}-2^2$

$\qquad =\dfrac{9}{2}-4$

$\qquad =\dfrac{1}{2}$

$\therefore V(1-4X)=(-4)^2 V(X)$

$\qquad\qquad\quad =16\times\dfrac{1}{2}=8$

20 $a+\dfrac{1}{3}+b=1$에서 $a+b=\dfrac{2}{3}$ ······ ㉠

$E(X)=-a+b,\ E(X^2)=a+b=\dfrac{2}{3}$ 이므로

$V(X)=E(X^2)-\{E(X)\}^2$

$\qquad =\dfrac{2}{3}-(-a+b)^2=\dfrac{5}{12}$

$\therefore (a-b)^2=\dfrac{1}{4}$

$\therefore a-b=\dfrac{1}{2}\ (\because a>b)$ ······ ㉡

㉠-㉡을 계산하면

$2b=\dfrac{2}{3}-\dfrac{1}{2}=\dfrac{1}{6},\ b=\dfrac{1}{12}$

따라서 $E(Y)=(-1)\times\dfrac{1}{3}+1\times\dfrac{1}{12}=-\dfrac{1}{4}$

$\therefore E(-12Y+10)=-12E(Y)+10$

$\qquad\qquad\qquad\quad =3+10=13$

21 $P(X=1)+P(X=2)+P(X=3)+P(X=4)$

$\qquad\qquad\qquad\qquad\qquad +P(X=5)=1$

이므로

$\dfrac{1}{a}+\dfrac{4}{a}+\dfrac{9}{a}+\dfrac{16}{a}+\dfrac{25}{a}=1$ $\therefore a=55$

$\therefore P(2\leq X\leq3)=P(X=2)+P(X=3)$

$\qquad\qquad\qquad =\dfrac{4}{55}+\dfrac{9}{55}$

$\qquad\qquad\qquad =\dfrac{13}{55}$

22 $P(X=0)+P(X=1)+P(X=2)+P(X=3)=1$이므로

$\dfrac{a}{10}+\dfrac{a-1}{10}+\dfrac{a-2}{10}+\dfrac{a-3}{10}=1$

$4a=16$

$\therefore a=4$

즉, 확률변수 X의 확률분포를 표로 나타내면 다음과 같다.

X	0	1	2	3	계
$P(X=x)$	$\dfrac{4}{10}$	$\dfrac{3}{10}$	$\dfrac{2}{10}$	$\dfrac{1}{10}$	1

$E(X)=0\times\dfrac{4}{10}+1\times\dfrac{3}{10}+2\times\dfrac{2}{10}+3\times\dfrac{1}{10}=1$

$\therefore V(X)=E(X^2)-\{E(X)\}^2$

$\qquad =0^2\times\dfrac{4}{10}+1^2\times\dfrac{3}{10}+2^2\times\dfrac{2}{10}+3^2\times\dfrac{1}{10}-1^2$

$\qquad =2-1=1$

23 확률변수 X가 취할 수 있는 값은 0, 1, 2, 3이고, 그 확률은 각각 다음과 같다.

$P(X=0)=\dfrac{2}{5}$

$P(X=1)=\dfrac{3}{5}\times\dfrac{2}{4}=\dfrac{3}{10}$

$P(X=2)=\dfrac{3}{5}\times\dfrac{2}{4}\times\dfrac{2}{3}=\dfrac{1}{5}$

$P(X=3)=\dfrac{3}{5}\times\dfrac{2}{4}\times\dfrac{1}{3}\times\dfrac{2}{2}=\dfrac{1}{10}$

$\therefore E(X)=0\times\dfrac{2}{5}+1\times\dfrac{3}{10}+2\times\dfrac{1}{5}+3\times\dfrac{1}{10}=1$

24 모든 경우의 수는 $6\times6=36$

(i) 두 눈의 수가 같은 경우는

$(1,1),(2,2),(3,3),(4,4),(5,5),(6,6)$의 6가지

(ii) 두 눈의 수 중 큰 수가 2인 경우는

$(1,2),(2,1)$의 2가지

(iii) 두 눈의 수 중 큰 수가 3인 경우는

$(1,3),(2,3),(3,1),(3,2)$의 4가지

(iv) 두 눈의 수 중 큰 수가 4인 경우는

$(1,4),(2,4),(3,4),(4,1),(4,2),(4,3)$의 6가지

(v) 두 눈의 수 중 큰 수가 5인 경우는

$(1,5),(2,5),(3,5),(4,5),(5,1),(5,2),(5,3),$

$(5,4)$의 8가지

(vi) 두 눈의 수 중 큰 수가 6인 경우는

$(1,6),(2,6),(3,6),(4,6),(5,6),(6,1),(6,2),$

$(6,3),(6,4),(6,5)$의 10가지

즉, 확률변수 X의 확률분포를 표로 나타내면 다음과 같다.

X	0	2	3	4	5	6	계
$P(X=x)$	$\frac{6}{36}$	$\frac{2}{36}$	$\frac{4}{36}$	$\frac{6}{36}$	$\frac{8}{36}$	$\frac{10}{36}$	1

$$\therefore E(X)=0\times\frac{6}{36}+2\times\frac{2}{36}+3\times\frac{4}{36}+4\times\frac{6}{36}+5\times\frac{8}{36}$$
$$+6\times\frac{10}{36}$$
$$=\frac{35}{9}$$

11 이항분포

기본문제 다지기

본문 067쪽

01 ③ **02** ① **03** ② **04** ①
05 ① **06** 920

01 $V(X)=n\times\frac{1}{3}\times\frac{2}{3}=30$

$\therefore n=30\times\frac{9}{2}=135$

02 $E(X)=np=\frac{7}{8}$, $\sigma(X)=\sqrt{np(1-p)}=\frac{7}{8}$이므로

$\sqrt{\frac{7}{8}\times(1-p)}=\frac{7}{8}$

$1-p=\frac{7}{8}$

$\therefore p=\frac{1}{8}$

03 확률변수 X가 이항분포 $B\left(100,\frac{1}{4}\right)$을 따르므로

$E(X)=100\times\frac{1}{4}=25$

04 확률변수 X가 이항분포 $B\left(36,\frac{1}{6}\right)$을 따르므로

$E(X)=36\times\frac{1}{6}=6$

$V(X)=36\times\frac{1}{6}\times\frac{5}{6}=5$

$\therefore \sum_{x=0}^{36}x^2P(X=x)=E(X^2)$
$$=V(X)+\{E(X)\}^2$$
$$=5+36$$
$$=41$$

05 확률변수 X가 이항분포 $B\left(n,\frac{1}{2}\right)$을 따르므로

$V(X)=n\times\frac{1}{2}\times\frac{1}{2}=25$

$\therefore n=100$

$\therefore E(X)=n\times\frac{1}{2}=100\times\frac{1}{2}=50$

06 확률변수 X는 이항분포 $B\left(90,\frac{1}{3}\right)$을 따르므로

확률변수 X의 평균과 분산은

$E(X)=90\times\frac{1}{3}=30$

$V(X)=90\times\frac{1}{3}\times\frac{2}{3}=20$

$V(X)=E(X^2)-\{E(X)\}^2$에서

$E(X^2)=20+30^2=920$

기출문제 맛보기

본문 068~070쪽

07 ① **08** 15 **09** 32 **10** 20
11 ④ **12** 80 **13** ① **14** ④
15 50 **16** ① **17** 30 **18** ④
19 ③ **20** ⑤

07 이항분포 $B\left(30,\frac{1}{5}\right)$을 따르는 확률변수 X의 평균은

$E(X)=30\times\frac{1}{5}=6$

08 $E(X)=80p$이므로

$80p=20$에서 $p=\frac{1}{4}$

따라서

$V(X)=20\times\left(1-\frac{1}{4}\right)=15$

09 확률변수 X가 이항분포 $B\left(n,\frac{1}{4}\right)$을 따르고 $V(X)=6$이므로

$V(X)=n\times\frac{1}{4}\times\frac{3}{4}=6$

$\therefore n=32$

10 $V(X)=n\times\frac{1}{3}\times\frac{2}{3}=\frac{2}{9}n$

$V(3X)=3^2V(X)=9\times\frac{2}{9}n=2n=40$

$\therefore n=20$

11 $V(X)=n\times\frac{1}{3}\times\frac{2}{3}=\frac{2}{9}n$

이므로

$V(2X)=4V(X)$
$$=4\times\frac{2}{9}n$$
$$=\frac{8}{9}n=40$$

따라서, $n=45$

12 이항분포 $B\left(n, \dfrac{1}{2}\right)$을 따르는 확률변수 X의 분산은

$$V(X)=n\times\dfrac{1}{2}\times\dfrac{1}{2}=\dfrac{n}{4}$$

$$V\left(\dfrac{1}{2}X+1\right)=\dfrac{1}{4}V(X)=5$$이므로

$$V(X)=4\times5=20$$

따라서 $\dfrac{n}{4}=20$이므로 $n=80$

13 확률변수 X가 이항분포 $B\left(n, \dfrac{1}{2}\right)$을 따르므로

$$E(X)=\dfrac{n}{2}$$

$V(X)=E(X^2)-\{E(X)\}^2$에서

$E(X^2)=V(X)+\{E(X)\}^2$이므로 주어진 조건에 의하여

$$\{E(X)\}^2=25$$

즉, $\dfrac{n^2}{4}=25$이므로 $n=10$

14 $E(X)=9p$, $V(X)=9p(1-p)$이므로

$(9p)^2=9p(1-p)$, $9p=1-p$ $(\because 0<p<1)$

$$\therefore p=\dfrac{1}{10}$$

15 확률변수 X가 이항분포 $B(10, p)$를 따르고

$P(X=4)=\dfrac{1}{3}P(X=5)$이므로

$${}_{10}C_4 p^4(1-p)^6=\dfrac{1}{3}{}_{10}C_5 p^5(1-p)^5$$

$$210\times p^4(1-p)^6=\dfrac{1}{3}\times252\times p^5(1-p)^5$$

$$1-p=\dfrac{2}{5}p$$

$$\therefore p=\dfrac{5}{7}$$

즉, 확률변수 X는 이항분포 $B\left(10, \dfrac{5}{7}\right)$를 따르므로

$$E(X)=10\times\dfrac{5}{7}=\dfrac{50}{7}$$

$$\therefore E(7X)=7E(X)=7\times\dfrac{50}{7}=50$$

16 확률변수 X는 이항분포 $B(n, p)$를 따르므로

$$E(X)=np=1 \quad\cdots\cdots\text{㉠}$$

$$V(X)=np(1-p)=\dfrac{9}{10} \quad\cdots\cdots\text{㉡}$$

㉠을 ㉡에 대입하면

$$1-p=\dfrac{9}{10} \quad\therefore p=\dfrac{1}{10}$$

$p=\dfrac{1}{10}$을 ㉠에 대입하면 $n=10$

$$\therefore P(X<2)=P(X=0)+P(X=1)$$

$$={}_{10}C_0\left(\dfrac{1}{10}\right)^0\left(\dfrac{9}{10}\right)^{10}+{}_{10}C_1\left(\dfrac{1}{10}\right)^1\left(\dfrac{9}{10}\right)^9$$

$$=\dfrac{19}{10}\left(\dfrac{9}{10}\right)^9$$

17 동전 2개 모두 앞면이 나올 확률은

$$\dfrac{1}{2}\times\dfrac{1}{2}=\dfrac{1}{4}$$

즉, 확률변수 X는 이항분포 $B\left(10, \dfrac{1}{4}\right)$을 따르므로

$$V(X)=10\times\dfrac{1}{4}\times\dfrac{3}{4}=\dfrac{15}{8}$$

$$\therefore V(4X+1)=4^2V(X)=16\times\dfrac{15}{8}=30$$

18 한 모둠에서 2명을 선택할 때, 남학생들만 선택될 확률은

$$\dfrac{{}_3C_2}{{}_5C_2}=\dfrac{3}{10}$$

따라서 확률변수 X는 이항분포 $B\left(10, \dfrac{3}{10}\right)$을 따르므로

$$E(X)=10\times\dfrac{3}{10}=3$$

19 주사위를 15번 던져서 2 이하의 눈이 나오는 횟수를 확률변수 Y 라 하면 확률변수 Y는 이항분포 $B\left(15, \dfrac{1}{3}\right)$을 따르므로

$$E(Y)=15\times\dfrac{1}{3}=5$$

원점에 있던 점 P가 이동된 점의 좌표는

$(3Y, 15-Y)$

이고, 이 점과 직선 $3x+4y=0$ 사이의 거리 X는

$$X=\dfrac{|3\times3Y+4\times(15-Y)|}{\sqrt{3^2+4^2}}$$

$$=\dfrac{|5Y+60|}{5}=Y+12$$

$$\therefore E(X)=E(Y+12)$$
$$=E(Y)+12$$
$$=5+12$$
$$=17$$

20 $f(m)$이 0보다 큰 경우는 $m=1$ 또는 $m=2$일 때이므로

$$P(A)=\dfrac{2}{6}=\dfrac{1}{3}$$

따라서 확률변수 X는 이항분포 $B\left(15, \dfrac{1}{3}\right)$을 따르므로

$$E(X)=15\times\dfrac{1}{3}=5$$

예상문제 도전하기

본문 070~071쪽

21 128	22 ③	23 ③	24 21
25 ②	26 ②	27 ②	28 ③
29 102			

21 $B\left(n, \dfrac{1}{4}\right)$에서

$$E(X)=n\times\dfrac{1}{4}=\dfrac{n}{4}$$

$$V(X)=n\times\dfrac{1}{4}\times\dfrac{3}{4}=\dfrac{3n}{16}$$

$$\therefore E(X)+V(X)=\dfrac{n}{4}+\dfrac{3n}{16}=\dfrac{7n}{16}=56$$

$$\therefore n=128$$

22 $B\left(n, \frac{1}{6}\right)$에서

$V(X) = n \times \frac{1}{6} \times \frac{5}{6} = \frac{5n}{36}$

$V(2X+5) = 4V(X) = 4 \times \frac{5n}{36} = \frac{5n}{9} = 40$

$\therefore n = 72$

따라서

$E(X) = 72 \times \frac{1}{6} = 12$, $V(X) = \frac{5}{36} \times 72 = 10$이므로

$E(X^2) = V(X) + \{E(X)\}^2 = 10 + 12^2 = 154$

23 $E(3X+1) = 3E(X) + 1 = 11$이므로 $E(X) = \frac{10}{3}$

$V(3X+1) = 3^2 V(X) = 20$이므로 $V(X) = \frac{20}{9}$

$E(X) = np = \frac{10}{3}$ ······㉠

$V(X) = np(1-p) = \frac{20}{9}$ ······㉡

㉠을 ㉡에 대입하면

$1 - p = \frac{2}{3}$ $\therefore p = \frac{1}{3}$

$p = \frac{1}{3}$을 ㉠에 대입하면 $n = 10$

$\therefore n + p = \frac{31}{3}$

24 확률변수 X가 이항분포 $B\left(n, \frac{1}{2}\right)$을 따르고

$P(X=2) = 10P(X=1)$이므로

${}_n C_2 \left(\frac{1}{2}\right)^2 \left(\frac{1}{2}\right)^{n-2} = 10 {}_n C_1 \left(\frac{1}{2}\right)^1 \left(\frac{1}{2}\right)^{n-1}$

$\frac{n(n-1)}{2} = 10n$, $n^2 - 21n = 0$

$n(n-21) = 0$ $\therefore n = 21$

25 $E(2X+3) = 2E(X) + 3 = 15$이므로 $E(X) = 6$

또 $E(X^2) = 40$이므로

$V(X) = E(X^2) - \{E(X)\}^2 = 40 - 6^2 = 4$

$E(X) = np = 6$,

$V(X) = np(1-p) = 4$이므로

$n = 18$, $p = \frac{1}{3}$

$\therefore a = \frac{P(X=2)}{P(X=1)} = \frac{{}_{18}C_2 \left(\frac{1}{3}\right)^2 \left(\frac{2}{3}\right)^{16}}{{}_{18}C_1 \left(\frac{1}{3}\right)^1 \left(\frac{2}{3}\right)^{17}} = \frac{17}{4}$

$\therefore aV(X) = \frac{17}{4} \times 4 = 17$

26 동전 2개 모두 뒷면이 나올 확률은 $\frac{1}{2} \times \frac{1}{2} = \frac{1}{4}$

즉, 확률변수 X는 이항분포 $B\left(100, \frac{1}{4}\right)$을 따르므로

$E(X) = 100 \times \frac{1}{4} = 25$

$\therefore E(2X+3) = 2E(X) + 3 = 2 \times 25 + 3 = 53$

27 같은 색의 공이 나오는 횟수를 확률변수 X라 하면 한 번의 시행

에서 같은 색의 공이 나올 확률은

$\frac{{}_4 C_2}{{}_{10}C_2} + \frac{{}_6 C_2}{{}_{10}C_2} = \frac{6}{45} + \frac{15}{45} = \frac{7}{15}$

즉, 확률변수 X는 이항분포 $B\left(30, \frac{7}{15}\right)$을 따르므로

$E(X) = 30 \times \frac{7}{15} = 14$

얻을 수 있는 점수를 확률변수 Y라 하면

$Y = 4X + 2(30 - X) = 2X + 60$

$\therefore E(Y) = E(2X + 60)$

$\quad = 2E(X) + 60$

$\quad = 2 \times 14 + 60 = 88$

28 한 번의 시행에서 흰 공이 나올 확률은 $\frac{4}{k+4}$

즉, 확률변수 X가 이항분포 $B\left(72, \frac{4}{k+4}\right)$를 따르므로

$E(X) = 72 \times \frac{4}{k+4} = 48$

$\therefore k = 2$

$\therefore V(X) = 72 \times \frac{2}{3} \times \frac{1}{3} = 16$

29 한 개의 주사위를 2번 던질 때 일어날 수 있는 모든 경우의 수는

$6 \times 6 = 36$(가지)

직선 $y = ax$와 포물선 $y = x^2 + b$가 서로 만나지 않으려면 이차방

정식 $x^2 - ax + b = 0$의 실근이 존재하지 않아야 하므로 이 이차

방정식의 판별식을 D라 하면

$D = a^2 - 4b < 0$

즉, 한 번의 시행에서 $a^2 < 4b$를 만족시키는 a, b의 순서쌍

(a, b)는

$(1, 1), (1, 2), (1, 3), (1, 4), (1, 5), (1, 6),$

$(2, 2), (2, 3), (2, 4), (2, 5), (2, 6),$

$(3, 3), (3, 4), (3, 5), (3, 6),$

$(4, 5), (4, 6)$

의 17개이므로 한 번의 시행에서 직선 $y = ax$와 포물선 $y = x^2 + b$

가 서로 만나지 않을 확률은 $\frac{17}{36}$이다.

따라서 확률변수 X는 이항분포 $B\left(216, \frac{17}{36}\right)$을 따르므로

$E(X) = 216 \times \frac{17}{36} = 102$

12 연속확률분포

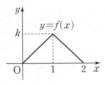

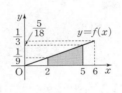

기본문제 다지기

본문 073쪽

01 ④   02 ③   03 ②   04 ③
05 1   06 ②

01 확률밀도함수의 그래프와 x축으로 둘러싸인 부분의 넓이는 1이 므로

$$\frac{1}{2} \times 3 \times a = 1 \qquad \therefore a = \frac{2}{3}$$

02 확률밀도함수의 그래프와 x축으로 둘러싸인 부분의 넓이는 1이 므로

$$\frac{1}{2} \times 6 \times a = 1 \qquad \therefore a = \frac{1}{3}$$

$$\therefore P(0 \le X \le 5) = \frac{1}{2} \times 5 \times \frac{1}{3} = \frac{5}{6}$$

03 함수 $y = f(x)$의 그래프와 x축 및 직선 $x = 6$으로 둘러싸인 부 분의 넓이는 1이므로

$$\frac{1}{2} \times 6 \times 6k = 1 \qquad \therefore k = \frac{1}{18}$$

즉, $f(x) = \frac{1}{18}x$이므로

$P(2 \le X \le 5)$
$= P(0 \le X \le 5) - P(0 \le X \le 2)$
$= \frac{1}{2} \times 5 \times \frac{5}{18} - \frac{1}{2} \times 2 \times \frac{1}{9}$
$= \frac{25}{36} - \frac{1}{9} = \frac{7}{12}$

04 확률밀도함수의 그래프와 x축으로 둘러싸인 부분의 넓이는 1이 므로

$$\frac{1}{2} \times b \times b = 1, \ b^2 = 2 \qquad \therefore b = \sqrt{2} \ (\because b > 0)$$

$P(a \le X \le b) = \frac{1}{4}$에서

$P(0 \le X \le a) = 1 - \frac{1}{4} = \frac{3}{4}$이므로

$$\frac{1}{2} \times a \times \sqrt{2} = \frac{3}{4} \qquad \therefore a = \frac{3\sqrt{2}}{4}$$

05 확률밀도함수 $y = f(x)$의 그래프는 그림 과 같고, 함수 $y = f(x)$의 그래프와 x축 으로 둘러싸인 부분의 넓이는 1이므로

$$\frac{1}{2} \times 2 \times k = 1$$

$$\therefore k = 1$$

06 확률밀도함수 $y = f(x)$의 그래프는 그림 과 같고, 함수 $y = f(x)$의 그래프와 x축 및 직선 $x = 2$로 둘러싸인 부분의 넓이 는 1이므로

$$\frac{1}{2} \times 2 \times 2a = 1$$

$$\therefore a = \frac{1}{2}$$

즉, $f(x) = \frac{1}{2}x$이므로

$$P\left(0 \le X \le \frac{1}{2}\right) = \frac{1}{2} \times \frac{1}{2} \times \frac{1}{4} = \frac{1}{16}$$

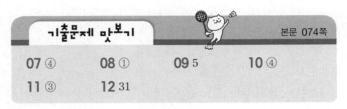

기출문제 맛보기

본문 074쪽

07 ④   08 ①   09 5   10 ④
11 ③   12 31

07 $0 \le x \le 2$에서 확률밀도함수의 그래프와 x축으로 둘러싸인 부분 의 넓이가 1이므로

$$\frac{1}{2} \times \frac{1}{3} \times \frac{3}{4} + \left(a - \frac{1}{3}\right) \times \frac{3}{4} + \frac{1}{2} \times (2-a) \times \frac{3}{4} = 1,$$

$$\frac{1}{8} + \frac{3}{4}a - \frac{1}{4} + \frac{3}{4} - \frac{3}{8}a = 1$$

$$\therefore a = 1$$

$$\therefore P\left(\frac{1}{3} \le X \le a\right) = P\left(\frac{1}{3} \le X \le 1\right)$$
$$= \left(1 - \frac{1}{3}\right) \times \frac{3}{4} = \frac{1}{2}$$

08 확률밀도함수의 그래프와 x축으로 둘러싸인 부분의 넓이는 1이 므로

$$\frac{1}{2} \times 10 \times b = 1 \qquad \therefore b = \frac{1}{5}$$

$P(0 \le X \le a) = \frac{2}{5}$이므로

$$\frac{1}{2} \times a \times \frac{1}{5} = \frac{2}{5} \qquad \therefore a = 4$$

$$\therefore a + b = 4 + \frac{1}{5} = \frac{21}{5}$$

09 확률밀도함수의 그래프와 x축 및 두 직선 $x = 0$, $x = 3$으로 둘러 싸인 부분의 넓이는 1이므로

$$3k + \frac{1}{2} \times 3 \times 2k = 1, \ 6k = 1$$

$$\therefore k = \frac{1}{6}$$

$$P(0 \le X \le 2) = 2 \times \frac{1}{6} + \frac{1}{2} \times 2 \times \frac{1}{3} = \frac{2}{3}$$

$$\therefore p + q = 3 + 2 = 5$$

10 $P(0 \le X \le a) = 1$이므로 확률변수 X의 확률밀도함수의 그래프 로부터

$$\frac{1}{2}ac = 1, \ \text{즉} \ ac = 2$$

한편,

$$P(0 \le X \le a) = P(X \le b) + P(X \ge b) = 1$$

이고

$$P(X \le b) - P(X \ge b) = \frac{1}{4}$$

이므로

$$P(X \le b) = \frac{5}{8} \text{이고} P(X \ge b) = \frac{3}{8}$$

따라서 확률변수 X의 확률밀도함수의 그래프로부터

$$\frac{1}{2} \times b \times c = \frac{5}{8}$$

한편,

$$P(X \le b) > \frac{1}{2}$$

이므로

$$0 < \sqrt{5} < b$$

이때 두 점 $(0, 0)$, (b, c)를 지나는 직선의 방정식은

$$y = \frac{c}{b}x$$

이므로 $P(X \le \sqrt{5}) = \frac{1}{2}$에서

$$\frac{1}{2} \times \sqrt{5} \times \left(\frac{c}{b} \times \sqrt{5} \right) = \frac{5c}{2b} = \frac{1}{2}$$

즉 $b = 5c$이다.

이때 $bc = 5c^2 = \frac{5}{4}$이므로

$$c = \frac{1}{2} \ (\because c > 0)$$

따라서 $b = \frac{5}{2}$, $a = 4$이므로

$$a + b + c = 4 + \frac{5}{2} + \frac{1}{2} = 7$$

11 확률밀도함수 $f(x)$의 그래프가 직선 $x = 4$에 대하여 대칭이므로

$$P(2 \le X \le 4) = P(4 \le X \le 6)$$
$$P(0 \le X \le 2) = P(6 \le X \le 8)$$

이때, $P(2 \le X \le 4) = a$, $P(0 \le X \le 2) = b$로 놓으면
문제의 조건에서

$$3a = 4b \qquad \cdots\cdots \ \bigcirc$$

확률의 총합이 1이므로

$$2(a + b) = 1 \qquad \cdots\cdots \ \bigcirc$$

$\bigcirc$, $\bigcirc$에서 $a + \frac{3}{4}a = \frac{1}{2}$, $a = \frac{2}{7}$

따라서

$$
\begin{aligned}
P(2 \le X \le 6) &= P(2 \le X \le 4) + P(4 \le X \le 6) \\
&= 2a \\
&= 2 \times \frac{2}{7} = \frac{4}{7}
\end{aligned}
$$

12 $0 \le x \le 6$인 모든 실수 x에 대하여

$$f(x) + g(x) = k \ (k는 \ 상수)$$

이므로

$$g(x) = k - f(x)$$

이때, $0 \le Y \le 6$이고 확률밀도함수의 정의에 의하여
$g(x) = k - f(x) \ge 0$ 즉, $k \ge f(x)$이므로 그림과 같이 세 직선
$x = 0$, $x = 6$, $y = k$ 및 함수 $y = f(x)$의 그래프로 둘러싸인 색칠
된 부분의 넓이는 1이다.

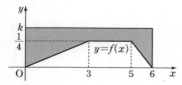

또한, $0 \le x \le 6$에서 함수 $y = f(x)$의 그래프와 x축으로 둘러싸
인 부분의 넓이도 1이므로

$k \times 6 = 2$

따라서, $k = \frac{1}{3}$

이때,

$$P(6k \le Y \le 15k) = P(2 \le Y \le 5)$$

이고 이 값은 세 직선 $x = 2$, $x = 5$, $y = \frac{1}{3}$ 및 함수 $y = f(x)$의
그래프로 둘러싸인 부분의 넓이와 같고, $0 \le x \le 3$에서
$f(x) = \frac{1}{12}x$이므로

$$
\begin{aligned}
&P(6k \le Y \le 15k) \\
&= P(2 \le Y \le 5) \\
&= \left[\frac{1}{3} - \frac{1}{2} \times \{f(2) + f(3)\} \times 1 \right] + \left(\frac{1}{3} \times 2 - \frac{1}{4} \times 2 \right) \\
&= \left\{ \frac{1}{3} - \frac{1}{2} \times \left(\frac{1}{6} + \frac{1}{4} \right) \right\} + \left(\frac{2}{3} - \frac{1}{2} \right) \\
&= \frac{3}{24} + \frac{1}{6} = \frac{7}{24}
\end{aligned}
$$

따라서, $p = 24$, $q = 7$이므로 $p + q = 31$

예상문제 도전하기　　　　　本문 075쪽

| **13** 6 | **14** ② | **15** 2 | **16** ④ |
| **17** ① | **18** ③ | | |

13 확률밀도함수의 그래프와 x축 및 직선 $x = 0$으로 둘러싸인 부분
의 넓이는 1이므로

$$\frac{1}{2} \times 1 \times (2a + a) + 2 \times a + \frac{1}{2} \times 1 \times a = 1$$

$4a = 1 \qquad \therefore a = \frac{1}{4}$

$P(0 \le X \le 1) = \frac{3}{8} < \frac{1}{2}$이고,

$P(0 \le X \le 3) = \frac{3}{8} + \frac{1}{2} > \frac{1}{2}$이므로

$P(0 \le X \le k) = 0.5$를 만족시키는 k의 값의 범위는

$1 < k < 3$

$$
\begin{aligned}
P(0 \le X \le k) &= \frac{3}{8} + \frac{1}{4}(k - 1) \\
&= \frac{k}{4} + \frac{1}{8} \\
&= \frac{1}{2}
\end{aligned}
$$

$\therefore k = \frac{3}{2} \qquad \therefore 4k = 4 \times \frac{3}{2} = 6$

14 $P(2 \le X \le b) = \frac{1}{2} \times (b - 2) \times a = \frac{1}{3} \qquad \cdots\cdots \ \bigcirc$

또 $P(2 \le X \le b) = \frac{1}{3}$에서

$P(0 \le X \le 2) = \frac{2}{3}$이므로

$\frac{1}{2} \times 2 \times a = \frac{2}{3} \qquad \therefore a = \frac{2}{3}$

48 짱 중요한 유형 ↘ 확률과 통계

이것을 ㉠에 대입하면 $b=3$이므로
$$a+b=\frac{11}{3}$$

15 확률밀도함수의 그래프와 x축으로 둘러싸인 부분의 넓이가 1이고, $\mathrm{P}(0\le X\le 1):\mathrm{P}(1\le X\le b)=1:3$이므로
$$\mathrm{P}(0\le X\le 1)=\frac{1}{4},\ \mathrm{P}(1\le X\le b)=\frac{3}{4}\text{이다.}$$
$$\mathrm{P}(0\le X\le 1)=\frac{1}{2}\times 1\times a=\frac{1}{4}$$
$$\therefore a=\frac{1}{2}$$
$$\mathrm{P}(1\le X\le b)=\frac{1}{2}\times(b-1)\times\frac{1}{2}=\frac{3}{4}$$
$$\therefore b=4$$
$$\therefore ab=\frac{1}{2}\times 4=2$$

16 확률밀도함수의 그래프와 x축으로 둘러싸인 부분의 넓이는 1이므로
$$3\times\left(\frac{1}{2}\times 1\times k\right)=1$$
$$\therefore k=\frac{2}{3}$$
$$\therefore \mathrm{P}(m\le X\le m+1)=\mathrm{P}(0\le X\le 1)$$
$$=\frac{1}{2}\times 1\times\frac{2}{3}$$
$$=\frac{1}{3}$$

17 $\mathrm{P}(X\le k)=\mathrm{P}(X\ge k)$이고,
$\mathrm{P}(X\le k)+\mathrm{P}(X\ge k)=1$이므로
$$\mathrm{P}(X\le k)=\mathrm{P}(X\ge k)$$
$$=\frac{1}{2}\ (\text{단, }0<k<3)$$
한편, $f(x)=-\frac{1}{6}x+\frac{1}{2}\ (0\le x\le 3)$이므로
$$\mathrm{P}(X\ge k)=\mathrm{P}(k\le X\le 3)$$
$$=\frac{1}{2}(3-k)\left(\frac{1}{2}-\frac{k}{6}\right)$$
$$=\frac{1}{12}(3-k)^2$$
$$=\frac{1}{2}$$
$(3-k)^2=6$에서 $k=3\pm\sqrt{6}$
$$\therefore k=3-\sqrt{6}\ (\because 0<k<3)$$

18 확률밀도함수 $y=f(x)$의 그래프는 그림과 같고, 함수 $y=f(x)$의 그래프와 x축으로 둘러싸인 부분의 넓이는 1이므로

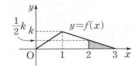

$$\frac{1}{2}\times 3\times k=1$$
$$\therefore k=\frac{2}{3}$$
$$\therefore \mathrm{P}(2\le X\le 3)=\frac{1}{2}\times 1\times\frac{1}{3}$$
$$=\frac{1}{6}$$

13 정규분포

본문 077쪽

기본문제 다지기

01 106	02 40	03 ⑤	04 ④
05 ⑤	06 ④	07 ①	

01 $\frac{1}{4}X$의 분산은 $\mathrm{V}\left(\frac{1}{4}X\right)=\frac{1}{16}\mathrm{V}(X)=1$이므로
$$\mathrm{V}(X)=\sigma^2=16$$
한편, 정규분포곡선은 직선 $x=m$에 대하여 대칭이므로
$$m=\frac{80+100}{2}=90\text{이다.}$$
$$\therefore m+\sigma^2=106$$

02 확률변수 X를 표준화하면 $Z=\dfrac{X-n}{\dfrac{n}{2}}$에서
$$X=n\text{이면 }Z=0,\ X=60\text{이면 }Z=1$$
이므로 $\dfrac{60-n}{\dfrac{k}{2}}=1\qquad \therefore n=40$

03 확률변수 X가 정규분포 $\mathrm{N}(100,\,5^2)$을 따르므로
$$\mathrm{P}(95\le X\le 110)=\mathrm{P}\left(\frac{95-100}{5}\le Z\le\frac{110-100}{5}\right)$$
$$=\mathrm{P}(-1\le Z\le 2)$$
$$=\mathrm{P}(-1\le Z\le 0)+\mathrm{P}(0\le Z\le 2)$$
$$=\mathrm{P}(0\le Z\le 1)+\mathrm{P}(0\le Z\le 2)$$
$$=0.3413+0.4772$$
$$=0.8185$$

04 생산되는 제품의 무게를 확률변수 X라 하면 X는 정규분포 $\mathrm{N}(36,\,4^2)$을 따른다.
$$\therefore \mathrm{P}(32\le X\le 44)=\mathrm{P}\left(\frac{32-36}{4}\le Z\le\frac{44-36}{4}\right)$$
$$=\mathrm{P}(-1\le Z\le 2)$$
$$=\mathrm{P}(0\le Z\le 1)+\mathrm{P}(0\le Z\le 2)$$
$$=0.3413+0.4772$$
$$=0.8185$$

05 한 달 동안 참고서 구입 비용을 확률변수 X라 하면 X는 정규분포 $\mathrm{N}(7,\,2^2)$을 따른다.
$$\therefore \mathrm{P}(X\ge 4)=\mathrm{P}\left(Z\ge\frac{4-7}{2}\right)$$
$$=\mathrm{P}(Z\ge -1.5)$$
$$=\mathrm{P}(-1.5\le Z\le 0)+0.5$$
$$=0.5+\mathrm{P}(0\le Z\le 1.5)$$
$$=0.5+0.4332$$
$$=0.9332$$

06 응시자의 점수를 확률변수 X라 하면 X는 정규분포 $\mathrm{N}(67, 10^2)$을 따른다. 합격자의 최저 점수를 a라 하면

$\mathrm{P}(X \geq a) = \dfrac{10}{500} = 0.02$에서 $\mathrm{P}\left(Z \geq \dfrac{a-67}{10}\right) = 0.02$

즉, $\mathrm{P}\left(0 \leq Z \leq \dfrac{a-67}{10}\right) = 0.5 - 0.02 = 0.48$

이므로 $\dfrac{a-67}{10} = 2$ $\quad \therefore a = 87$

따라서 합격자의 최저 점수는 87점이다.

07 시험 점수를 확률변수 X라 하면 X는 정규분포 $\mathrm{N}(50, 20^2)$을 따른다. 상위 4% 이내에 속하는 최저 점수를 a라 하면 $\mathrm{P}(X \geq a) = 0.04$에서

$\mathrm{P}\left(Z \geq \dfrac{a-50}{20}\right) = 0.04$

즉, $\mathrm{P}\left(0 \leq Z \leq \dfrac{a-50}{20}\right) = 0.5 - 0.04 = 0.46$이므로

$\dfrac{a-50}{20} = 1.75$ $\quad \therefore a = 85$

따라서 4% 이내에 속하려면 최소 85점 이상이어야 한다.

기출문제 맛보기

본문 078~080쪽

08 ⑤	**09** ②	**10** ④	**11** 994
12 ⑤	**13** ⑤	**14** ④	**15** 25
16 ④	**17** ③	**18** 673	**19** ④
20 155	**21** 62	**22** ①	**23** ④
24 ②			

08 이 농장에서 수확하는 파프리카 1개의 무게를 확률변수 X라 하면 X는 정규분포 $\mathrm{N}(180, 20^2)$을 따르므로 확률변수

$Z = \dfrac{X-180}{20}$은 표준정규분포 $\mathrm{N}(0, 1^2)$을 따른다.

$\therefore \mathrm{P}(190 \leq X \leq 210) = \mathrm{P}\left(\dfrac{190-180}{20} \leq Z \leq \dfrac{210-180}{20}\right)$

$\qquad = \mathrm{P}(0.5 \leq Z \leq 1.5)$

$\qquad = \mathrm{P}(0 \leq Z \leq 1.5) - \mathrm{P}(0 \leq Z \leq 0.5)$

$\qquad = 0.4332 - 0.1915 = 0.2417$

09 시험 점수를 확률변수 X라 하면 X는 정규분포 $\mathrm{N}(68, 10^2)$을 따르고 $Z = \dfrac{X-68}{10}$로 놓으면 확률변수 Z는 표준정규분포 $\mathrm{N}(0, 1^2)$을 따른다.

$\therefore \mathrm{P}(55 \leq X \leq 78)$

$= \mathrm{P}\left(\dfrac{55-68}{10} \leq Z \leq \dfrac{78-68}{10}\right)$

$= \mathrm{P}(-1.3 \leq Z \leq 1)$

$= \mathrm{P}(-1.3 \leq Z \leq 0) + \mathrm{P}(0 \leq Z \leq 1)$

$= \mathrm{P}(0 \leq Z \leq 1.3) + \mathrm{P}(0 \leq Z \leq 1)$

$= 0.4032 + 0.3413 = 0.7445$

10 $\mathrm{P}(X \leq 50) = \mathrm{P}\left(Z \leq \dfrac{50-m}{10}\right)$

$0.2119 = 0.5 - 0.2881$

$\qquad = 0.5 - \mathrm{P}(0 \leq Z \leq 0.8)$

$\qquad = \mathrm{P}(Z \geq 0.8)$

$\qquad = \mathrm{P}(Z \leq -0.8)$

이므로 $\dfrac{50-m}{10} = -0.8$ $\quad \therefore m = 58$

11 주사위를 한 번 던져 나온 눈의 수가 4 이하일 확률은 $\dfrac{2}{3}$,

5 이상일 확률은 $\dfrac{1}{3}$이므로 주사위를 16200번 던졌을 때 5 이상의 눈이 나오는 횟수를 확률변수 X라 하면 확률변수 X는 이항분포 $\mathrm{B}\left(16200, \dfrac{1}{3}\right)$을 따르고,

$\mathrm{E}(X) = 16200 \times \dfrac{1}{3} = 5400$

$\mathrm{V}(X) = 16200 \times \dfrac{1}{3} \times \dfrac{2}{3} = 3600 = 60^2$

이다. 이때 16200은 충분히 큰 수이므로 확률변수 X는 근사적으로 정규분포 $\mathrm{N}(5400, 60^2)$을 따른다.

점 A의 위치가 5700 이하이려면 주사위를 던져 나온 눈의 수가 4 이하인 횟수에서 5 이상인 횟수를 뺀 값이 5700 이하이어야 하므로

$(16200 - X) - X \leq 5700$ $\quad \therefore X \geq 5250$

따라서 구하는 확률을 표준정규분포표를 이용해 구한 값 k는

$k = \mathrm{P}(X \geq 5250)$

$= \mathrm{P}\left(Z \geq \dfrac{5250-5400}{60}\right)$

$= \mathrm{P}(Z \geq -2.5)$

$= \mathrm{P}(-2.5 \leq Z \leq 0) + \mathrm{P}(Z \geq 0)$

$= \mathrm{P}(0 \leq Z \leq 2.5) + \mathrm{P}(Z \geq 0)$

$= 0.494 + 0.5 = 0.994$

$\therefore 1000 \times k = 1000 \times 0.994 = 994$

12 두 제품 A, B의 무게를 각각 확률변수 X, Y라 하면 X는 정규분포 $\mathrm{N}(m, 1^2)$을 따르고, Y는 정규분포 $\mathrm{N}(2m, 2^2)$을 따르므로 $\mathrm{P}(X \geq k) = \mathrm{P}(Z \geq k - m)$

$\mathrm{P}(Y \leq k) = \mathrm{P}\left(Z \leq \dfrac{k-2m}{2}\right)$

$\qquad = \mathrm{P}\left(Z \geq -\dfrac{k-2m}{2}\right)$

두 확률이 같으므로

$k - m = -\dfrac{k-2m}{2}$, $2k - 2m = -k + 2m$, $3k = 4m$

$\therefore \dfrac{k}{m} = \dfrac{4}{3}$

13 이 회사 직원들의 출근 시간을 확률변수 X라 하면 X는 정규분포 $\mathrm{N}(66.4, 15^2)$을 따른다.

$\mathrm{P}(X \geq 73) = \mathrm{P}\left(Z \geq \dfrac{73-66.4}{15}\right)$

$\qquad = \mathrm{P}(Z \geq 0.44)$

$\qquad = 0.5 - \mathrm{P}(0 \leq Z \leq 0.44)$

$\qquad = 0.5 - 0.17 = 0.33$

따라서 구하는 확률은
$0.33 \times 0.4 + 0.67 \times 0.2 = 0.266$

14 $P(X \geq 64) = P(X \leq 56)$이므로

$E(X) = \dfrac{64+56}{2} = 60$

$V(X) = E(X^2) - \{E(X)\}^2 = 3616 - 3600 = 16$

$\therefore \sigma(X) = 4$

즉, 확률변수 X는 정규분포 $N(60, 4^2)$을 따르므로

$P(X \leq 68) = P\left(Z \leq \dfrac{68-60}{4}\right) = P(Z \leq 2)$

주어진 표준정규분포표에서

$P(m \leq X \leq m+2\sigma) = P\left(\dfrac{m-m}{\sigma} \leq Z \leq \dfrac{m+2\sigma-m}{\sigma}\right)$

$\qquad\qquad\qquad\qquad = P(0 \leq Z \leq 2)$

$\qquad\qquad\qquad\qquad = 0.4772$

$\therefore P(X \leq 68) = P(Z \leq 2)$

$\qquad\qquad\quad = 0.5 + P(0 \leq Z \leq 2)$

$\qquad\qquad\quad = 0.5 + 0.4772 = 0.9772$

15 $P(X \leq x) = P\left(Z \leq \dfrac{x-m_1}{\sigma_1}\right)$,

$P(X \geq 40-x) = P\left(Z \geq \dfrac{(40-x)-m_1}{\sigma_1}\right)$이므로

$P\left(Z \leq \dfrac{x-m_1}{\sigma_1}\right) = P\left(Z \geq \dfrac{(40-x)-m_1}{\sigma_1}\right)$에서

$\dfrac{x-m_1}{\sigma_1} + \dfrac{(40-x)-m_1}{\sigma_1} = 0$

$40 - 2m_1 = 0$, $m_1 = 20$

또한

$P(Y \leq x) = P\left(Z \leq \dfrac{x-m_2}{\sigma_2}\right)$,

$P(X \leq x+10) = P\left(Z \leq \dfrac{(x+10)-m_1}{\sigma_1}\right)$

$\qquad\qquad\qquad = P\left(Z \leq \dfrac{x-10}{\sigma_1}\right)$

이므로

$P\left(Z \leq \dfrac{x-m_2}{\sigma_2}\right) = P\left(Z \leq \dfrac{x-10}{\sigma_1}\right)$에서

$\dfrac{x-m_2}{\sigma_2} = \dfrac{x-10}{\sigma_1}$, $\sigma_1 x - m_2 \sigma_1 = \sigma_2 x - 10\sigma_2$

이 식은 x에 대한 항등식이므로

$\sigma_1 = \sigma_2$, $-m_2\sigma_1 = -10\sigma_2$ $\qquad \therefore m_2 = 10$

$P(15 \leq X \leq 20) + P(15 \leq Y \leq 20)$

$= P\left(\dfrac{15-20}{\sigma_1} \leq Z \leq \dfrac{20-20}{\sigma_1}\right)$

$\qquad\qquad\qquad\qquad + P\left(\dfrac{15-10}{\sigma_2} \leq Z \leq \dfrac{20-10}{\sigma_2}\right)$

$= P\left(-\dfrac{5}{\sigma_1} \leq Z \leq 0\right) + P\left(\dfrac{5}{\sigma_2} \leq Z \leq \dfrac{10}{\sigma_2}\right)$

$= P\left(0 \leq Z \leq \dfrac{5}{\sigma_1}\right) + P\left(\dfrac{5}{\sigma_2} \leq Z \leq \dfrac{10}{\sigma_2}\right)$

$= P\left(0 \leq Z \leq \dfrac{5}{\sigma_1}\right) + P\left(\dfrac{5}{\sigma_1} \leq Z \leq \dfrac{10}{\sigma_1}\right)$

$= P\left(0 \leq Z \leq \dfrac{10}{\sigma_1}\right) = 0.4772$

이때 $P(0 \leq Z \leq 2) = 0.4772$이므로 $\dfrac{10}{\sigma_1} = 2$, $\sigma_1 = 5$

즉 $\sigma_2 = 5$이므로 $m_1 + \sigma_2 = 20 + 5 = 25$

16 확률변수 X가 정규분포 $N\left(m, \left(\dfrac{m}{3}\right)^2\right)$을 따르므로

확률변수 $Z = \dfrac{X-m}{\dfrac{m}{3}}$은 표준정규분포 $N(0, 1^2)$을 따른다.

$P\left(X \leq \dfrac{9}{2}\right) = P\left(\dfrac{X-m}{\dfrac{m}{3}} \leq \dfrac{\dfrac{9}{2}-m}{\dfrac{m}{3}}\right)$

$\qquad\qquad\quad = P\left(Z \leq \dfrac{3(9-2m)}{2m}\right)$

$\qquad\qquad\quad = 0.9987$

그런데

$P(Z \leq 3) = 0.5 + P(0 \leq Z \leq 3)$

$\qquad\qquad = 0.5 + 0.4987$

$\qquad\qquad = 0.9987$

이므로 $\dfrac{3(9-2m)}{2m} = 3$, 즉 $27 - 6m = 6m$이어야 한다.

따라서 $m = \dfrac{27}{12} = \dfrac{9}{4}$

17 확률변수 X는 정규분포 $N(m, \sigma^2)$을 따르므로

$P(m \leq X \leq m+12) - P(X \leq m-12)$

$= P\left(\dfrac{m-m}{\sigma} \leq Z \leq \dfrac{m+12-m}{\sigma}\right) - P\left(Z \leq \dfrac{m-12-m}{\sigma}\right)$

$= P\left(0 \leq Z \leq \dfrac{12}{\sigma}\right) - P\left(Z \leq \dfrac{-12}{\sigma}\right)$

$= P\left(0 \leq Z \leq \dfrac{12}{\sigma}\right) - P\left(Z \geq \dfrac{12}{\sigma}\right)$

$= 0.3664$ $\qquad\qquad\qquad\qquad\qquad$ ……㉠

$P\left(0 \leq Z \leq \dfrac{12}{\sigma}\right) + P\left(Z \geq \dfrac{12}{\sigma}\right) = 0.5$ $\qquad$ ……㉡

㉠, ㉡에서

$P\left(0 \leq Z \leq \dfrac{12}{\sigma}\right) = 0.4332$이므로 $\dfrac{12}{\sigma} = 1.5$

$\therefore \sigma = \dfrac{12}{1.5} = 8$

18 확률변수 X의 평균이 1이므로

$P(X \leq 5t) \geq \dfrac{1}{2}$에서

$5t \geq 1$, 즉 $t \geq \dfrac{1}{5}$ $\qquad\qquad$ ……㉠

확률변수 X의 평균이 1, 표준편차가 t이므로 $Z = \dfrac{X-1}{t}$로

놓으면 확률변수 Z는 표준정규분포 $N(0, 1)$을 따른다.

$P(t^2 - t + 1 \leq X \leq t^2 + t + 1)$

$= P\left(\dfrac{t^2-t}{t} \leq \dfrac{X-1}{t} \leq \dfrac{t^2+t}{t}\right)$

$= P(t-1 \leq Z \leq t+1)$ $\qquad$ ……㉡

이때 $(t+1) - (t-1) = 2$로 일정하므로 t의 값이 확률변수 Z의

평균 0에 가까울수록 ㉡의 값은 증가한다.

따라서 ㉠에서 $t = \dfrac{1}{5}$일 때 ㉡의 최댓값은

$$k=P\left(\frac{1}{5}-1\leq Z\leq\frac{1}{5}+1\right)$$
$$=P(-0.8\leq Z\leq1.2)$$
$$=P(0\leq Z\leq0.8)+P(0\leq Z\leq1.2)$$
$$=0.288+0.385=0.673$$
이므로 $1000\times k=673$

19 A 제품 1개의 중량을 확률변수 X라 하면
확률변수 X는 정규분포 $N(9,\ 0.4^2)$을 따르고
$Z_X=\dfrac{X-9}{0.4}$ 라 하면 확률변수 Z_X는 표준정규분포 $N(0,\ 1)$을
따른다.
또 B 제품 1개의 중량을 확률변수 Y라 하면
확률변수 Y는 정규분포 $N(20,\ 1^2)$을 따르고
$Z_Y=\dfrac{Y-20}{1}$ 이라 하면 확률변수 Z_Y는 표준정규분포
$N(0,\ 1)$을 따른다.
$P(8.9\leq X\leq9.4)=P(19\leq Y\leq k)$에서
$$P\left(\frac{8.9-9}{0.4}\leq\frac{X-9}{0.4}\leq\frac{9.4-9}{0.4}\right)$$
$$=P\left(\frac{19-20}{1}\leq\frac{Y-20}{1}\leq\frac{k-20}{1}\right)$$
$P(-0.25\leq Z_X\leq1)=P(-1\leq Z_Y\leq k-20)$
따라서
$$P(-0.25\leq Z_X\leq1)=P(-1\leq Z_X\leq0.25)$$
$$=P(-1\leq Z_Y\leq0.25)$$
이므로 $k-20=0.25$에서 $k=20.25$

20 확률변수 X가 정규분포 $N(m,\ \sigma^2)$을 따르므로
$P(X\leq3)=0.3$에서 $0.3<0.5$이므로 $3<m$이고,
$$P(X\leq3)=P\left(Z\leq\frac{3-m}{\sigma}\right)$$
$$=0.5-P\left(0\leq Z\leq\frac{m-3}{\sigma}\right)$$
$$=0.3$$
따라서 $P\left(0\leq Z\leq\dfrac{m-3}{\sigma}\right)=0.2$이므로
$$\frac{m-3}{\sigma}=0.52,\ m-3=0.52\sigma\quad\cdots\cdots\ \bigcirc$$
$P(3\leq X\leq80)=0.3$에서
$P(X\leq3)+P(3\leq X\leq80)=0.6>0.5$이므로
$3<m<80$
$$P(3\leq X\leq80)=P\left(\frac{3-m}{\sigma}\leq Z\leq\frac{80-m}{\sigma}\right)$$
$$=P\left(\frac{3-m}{\sigma}\leq Z\leq0\right)+P\left(0\leq Z\leq\frac{80-m}{\sigma}\right)$$
$$=0.2+P\left(0\leq Z\leq\frac{80-m}{\sigma}\right)$$
$$=0.3$$
따라서 $P\left(0\leq Z\leq\dfrac{80-m}{\sigma}\right)=0.1$이므로
$$\frac{80-m}{\sigma}=0.25,\ 80-m=0.25\sigma\quad\cdots\cdots\ \bigcirc$$
$\bigcirc$, $\bigcirc$을 연립하여 풀면
$m=55,\ \sigma=100$
$\therefore\ m+\sigma=155$

21 확률변수 X는 정규분포 $N(m,\ 5^2)$을 따르므로 곡선 $y=f(x)$는
직선 $x=m$에 대하여 대칭이다.
조건 ㈎에서 $f(10)>f(20)$이므로
$$m<\frac{10+20}{2}\quad\therefore\ m<15\quad\cdots\cdots\ \bigcirc$$
또한, 조건 ㈏에서 $f(4)<f(22)$이므로
$$m>\frac{4+22}{2}\quad\therefore\ m>13\quad\cdots\cdots\ \bigcirc$$
$\bigcirc$, $\bigcirc$에서 $13<m<15$
m은 자연수이므로 $m=14$
$$\therefore\ P(17\leq X\leq18)=P\left(\frac{17-14}{5}\leq Z\leq\frac{18-14}{5}\right)$$
$$=P(0.6\leq Z\leq0.8)$$
$$=P(0\leq Z\leq0.8)-P(0\leq Z\leq0.6)$$
$$=0.288-0.226$$
$$=0.062$$
따라서 $a=0.062$이므로
$1000a=62$

22 $f(12)\leq g(20)$이므로 $m-2\leq20\leq m+2$이어야 한다.
$18\leq m\leq22$이므로 $m=22$일 때 $P(21\leq Y\leq24)$는 최댓값을
갖는다.
이때 $Z=\dfrac{Y-22}{2}$로 놓으면 확률변수 Z는 표준정규분포
$N(0,\ 1^2)$을 따른다.
따라서 구하는 확률의 최댓값은
$P(21\leq Y\leq24)$
$$=P\left(\frac{21-22}{2}\leq\frac{Y-22}{2}\leq\frac{24-22}{2}\right)$$
$$=P(-0.5\leq Z\leq1)=P(-0.5\leq Z\leq0)+P(0\leq Z\leq1)$$
$$=P(0\leq Z\leq0.5)+P(0\leq Z\leq1)$$
$$=0.1915+0.3413=0.5328$$

23 확률변수 X가 정규분포 $N(8,\ 3^2)$을 따르고 확률변수 Y가 정규
분포 $N(m,\ \sigma^2)$을 따르므로
$P(4\leq X\leq8)+P(Y\geq8)$
$$=P\left(\frac{4-8}{3}\leq\frac{X-8}{3}\leq\frac{8-8}{3}\right)+P\left(\frac{Y-m}{\sigma}\geq\frac{8-m}{\sigma}\right)$$
$$=P\left(-\frac{4}{3}\leq Z\leq0\right)+P\left(Z\geq\frac{8-m}{\sigma}\right)$$
$$=P\left(0\leq Z\leq\frac{4}{3}\right)+P\left(Z\geq\frac{8-m}{\sigma}\right)=\frac{1}{2}$$
한편 $P(0\leq Z)=\dfrac{1}{2}$이므로
$$\frac{8-m}{\sigma}=\frac{4}{3},\ m=8-\frac{4}{3}\sigma$$
$$\therefore\ P\left(Y\leq8+\frac{2\sigma}{3}\right)$$
$$=P\left(\frac{Y-\left(8-\frac{4\sigma}{3}\right)}{\sigma}\leq\frac{8+\frac{2\sigma}{3}-\left(8-\frac{4\sigma}{3}\right)}{\sigma}\right)$$
$$=P(Z\leq2)$$
$$=\frac{1}{2}+P(0\leq Z\leq2)$$
$$=0.5+0.4772=0.9772$$

24 정규분포를 따르는 두 확률변수 X, Y의 표준편차가 같으므로 확률밀도함수 $y=f(x)$와 $y=g(x)$의 그래프는 평행이동에 의하여 일치할 수 있다.

확률변수 Y가 정규분포 $N(m, 4^2)$을 따르고, $P(Y \geq 26) \geq 0.5$이므로 $m \geq 26$이다.

또 $f(12)=g(26)$이므로 $m=26+2=28$

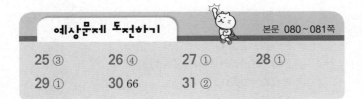

즉, 확률변수 Y는 정규분포 $N(28, 4^2)$을 따른다.

$$\therefore P(Y \leq 20) = P\left(Z \leq \frac{20-28}{4}\right)$$
$$= P(Z \leq -2)$$
$$= P(Z \geq 2)$$
$$= 0.5 - P(0 \leq Z \leq 2)$$
$$= 0.5 - 0.4772 = 0.0228$$

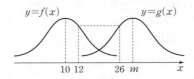

본문 080~081쪽

25 ③	**26** ④	**27** ①	**28** ①
29 ①	**30** 66	**31** ②	

25 야구공의 지름의 길이를 확률변수 X라 하면 X는 정규분포 $N(6.2, (1.5)^2)$을 따르므로

$$P(X \leq 5.0) = P\left(Z \leq \frac{5.0-6.2}{1.5}\right)$$
$$= P(Z \leq -0.8)$$
$$= 0.5 - P(0 \leq Z \leq 0.8)$$
$$= 0.5 - 0.29 = 0.21$$

$$P(X \geq 7.7) = P\left(Z \geq \frac{7.7-6.2}{1.5}\right)$$
$$= P(Z \geq 1)$$
$$= 0.5 - P(0 \leq Z \leq 1)$$
$$= 0.5 - 0.34 = 0.16$$

따라서 구하는 확률은
$${}_2C_1 \times 0.21 \times 0.16 = 0.0672$$

26 지원자의 시험 점수를 확률변수 X라 하면 X는 정규분포 $N(430, 20^2)$을 따른다.

합격자의 최저 점수를 a라 하면

$$P(X \geq a) = \frac{16}{100} = 0.16$$에서

$$P\left(Z \geq \frac{a-430}{20}\right) = 0.16$$

즉, $P\left(0 \leq Z \leq \frac{a-430}{20}\right) = 0.5 - 0.16 = 0.34$이므로

$$\frac{a-430}{20} = 1 \qquad \therefore a = 450$$

따라서 합격자의 최저 점수는 450점이다.

27 A, B 두 부대의 사병의 키를 각각 확률변수 X, Y라 하면 X는 정규분포 $N(174.2, 10^2)$을 따르고, Y는 정규분포 $N(m, 15^2)$을 따르므로

$$P(X \geq 185) = P\left(Z \geq \frac{185-174.2}{10}\right)$$
$$= P(Z \geq 1.08)$$
$$= 0.5 - P(0 \leq Z \leq 1.08)$$
$$= 0.5 - 0.36 = 0.14$$

두 부대의 사병의 수는 같고, B부대에서 키가 185 이상인 사병의 수는 A부대에서 키가 185 이상인 사병의 수의 $\frac{1}{2}$이므로

$$P(Y \geq 185) = P\left(Z \geq \frac{185-m}{15}\right)$$
$$= \frac{1}{2} \times 0.14 = 0.07$$

즉, $P\left(0 \leq Z \leq \frac{185-m}{15}\right) = 0.5 - 0.07 = 0.43$이므로

$$\frac{185-m}{15} = 1.48 \qquad \therefore m = 162.8$$

28 34세 남성 중 결혼한 남성의 수를 확률변수 X라 하면 X는 이항분포 $B(100, 0.8)$을 따르므로

$$E(X) = 100 \times 0.8 = 80$$
$$V(X) = 100 \times 0.8 \times 0.2 = 16$$

즉, 확률변수 X는 근사적으로 정규분포 $N(80, 4^2)$을 따르므로

$$P(X \geq 90) = P\left(Z \geq \frac{90-80}{4}\right)$$
$$= P(Z \geq 2.5)$$
$$= 0.5 - P(0 \leq Z \leq 2.5)$$
$$= 0.5 - 0.4938 = 0.0062$$

29 A출판사의 수학 교재를 구입할 확률은

$$\frac{2}{10} = \frac{1}{5}$$

B 또는 C출판사의 영어 교재를 구입할 확률은

$$\frac{2}{10} + \frac{3}{10} = \frac{1}{2}$$

즉, A출판사의 수학 교재와 B 또는 C출판사의 영어 교재를 구입할 확률은

$$\frac{1}{5} \times \frac{1}{2} = \frac{1}{10}$$

학생 400명 중 A출판사의 수학 교재와 B 또는 C출판사의 영어 교재를 구입하는 학생의 수를 확률변수 X라 하면 X는 이항분포 $B\left(400, \frac{1}{10}\right)$을 따르므로

$$E(X) = 400 \times \frac{1}{10} = 40, \quad V(X) = 400 \times \frac{1}{10} \times \frac{9}{10} = 36$$

따라서 확률변수 X는 근사적으로 정규분포 $N(40, 6^2)$을 따르므로

$$P(X \geq 52) = P\left(Z \geq \frac{52-40}{6}\right)$$
$$= P(Z \geq 2)$$
$$= 0.5 - P(0 \leq Z \leq 2)$$
$$= 0.5 - 0.4772 = 0.0228$$

30 $P(X \geq 54) = P(54 \leq X \leq m) + P(X \geq m)$
$= 0.3413 + 0.5$
$= P(0 \leq Z \leq 1.0) + 0.5$

이므로 $\dfrac{m-54}{\sigma} = 1$

$m - 54 = \sigma$ ······ ㉠

$P(X \leq 69) = P(X \leq m) + P(m \leq X \leq 69)$
$= 0.5 + 0.4332$
$= 0.5 + P(0 \leq Z \leq 1.5)$

이므로 $\dfrac{69-m}{\sigma} = 1.5$

$69 - m = 1.5\sigma$ ······ ㉡

㉠, ㉡을 연립하여 풀면

$\sigma = 6,\ m = 60$

$\therefore m + \sigma = 66$

31 $f(100-x) = f(100+x)$ 이므로

$f(x)$는 $x = 100$에 대하여 대칭이다.

$\therefore m = 100$

$P(100 \leq X \leq 108) = P(0 \leq Z \leq 2) = 0.4772$ 이므로

$\dfrac{108-100}{\sigma} = 2 \quad \therefore \sigma = 4$

$\therefore P(94 \leq X \leq 110) = P\left(\dfrac{94-100}{4} \leq Z \leq \dfrac{110-100}{4} \right)$
$= P(-1.5 \leq Z \leq 2.5)$
$= P(0 \leq Z \leq 1.5) + P(0 \leq Z \leq 2.5)$
$= 0.4332 + 0.4938 = 0.9270$

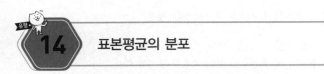

14 표본평균의 분포

기본문제 다지기

본문 083쪽

01 ③	02 ④	03 2	04 ④
05 64			

01 모집단이 정규분포 $N(28, 3^2)$을 따르고 표본의 크기가 36이므로

$E(\overline{X}) = 28$

$\sigma(\overline{X}) = \dfrac{3}{\sqrt{36}} = \dfrac{1}{2}$

$\therefore E(\overline{X})\sigma(\overline{X}) = 28 \times \dfrac{1}{2} = 14$

02 모집단이 정규분포 $N(10, 4)$를 따르고 표본의 크기가 2이므로

$E(\overline{X}) = 10$

$V(\overline{X}) = \dfrac{4}{2} = 2$

$V(\overline{X}) = E(\overline{X}^2) - \{E(\overline{X})\}^2$

이므로

$E(\overline{X}^2) = V(\overline{X}) + \{E(\overline{X})\}^2$
$= 2 + 10^2$
$= 102$

03 건전지의 수명을 확률변수 X라 하면 X는 정규분포 $N(60, 4^2)$을 따르므로 임의추출한 크기가 16인 표본의 표본평균 $\overline{X}$는 정규분포 $N\left(60, \dfrac{4^2}{16}\right)$, 즉 $N(60, 1^2)$을 따른다.

$\therefore P(\overline{X} \geq 62) = P\left(Z \geq \dfrac{62-60}{1}\right)$
$= P(Z \geq 2)$
$= 0.5 - P(0 \leq Z \leq 2)$
$= 0.5 - 0.48$
$= 0.02$

$\therefore 100a = 100 \times 0.02 = 2$

04 모집단이 정규분포 $N(50, 10^2)$을 따르고 표본의 크기가 25이므로 표본평균 $\overline{X}$는 정규분포 $N\left(50, \dfrac{10^2}{25}\right)$, 즉 $N(50, 2^2)$을 따른다.

$\therefore P(46 \leq \overline{X} \leq 52)$
$= P\left(\dfrac{46-50}{2} \leq Z \leq \dfrac{52-50}{2} \right)$
$= P(-2 \leq Z \leq 1)$
$= P(0 \leq Z \leq 2) + P(0 \leq Z \leq 1)$
$= 0.4772 + 0.3413$
$= 0.8185$

05 모집단이 정규분포 $N(100, 8^2)$을 따르고 표본의 크기가 n이므로 표본평균 $\overline{X}$는 정규분포 $N\left(100, \left(\dfrac{8}{\sqrt{n}}\right)^2\right)$을 따른다.

$\therefore P(98 \leq \overline{X} \leq 102) = P\left(\dfrac{98-100}{\dfrac{8}{\sqrt{n}}} \leq Z \leq \dfrac{102-100}{\dfrac{8}{\sqrt{n}}} \right)$
$= P\left(-\dfrac{\sqrt{n}}{4} \leq Z \leq \dfrac{\sqrt{n}}{4} \right)$
$= 0.9544$

즉, $P\left(0 \leq Z \leq \dfrac{\sqrt{n}}{4}\right) = 0.4772$ 이므로

$\dfrac{\sqrt{n}}{4} = 2,\ \sqrt{n} = 8$

$\therefore n = 64$

기출문제 맛보기

본문 084~087쪽

06 ⑤	07 ④	08 ③	09 ⑤
10 175	11 ③	12 ④	13 ⑤
14 ②	15 ②	16 ①	17 ③
18 ⑤	19 25	20 ①	21 ③
22 ①	23 ⑤		

06 $\sigma(\overline{X}) = \dfrac{\sigma}{\sqrt{n}} = \dfrac{14}{\sqrt{n}} = 2$

$\sqrt{n} = 7$

$\therefore n = 49$

07 정규분포 $N(20, 5^2)$을 따르는 확률변수를 X라 하면

$E(X) = 20$, $\sigma(X) = 5$

이 모집단에서 크기가 16인 표본을 임의추출하여 구한 표본평균이 $\overline{X}$이므로

$E(\overline{X}) + \sigma(\overline{X}) = E(X) + \dfrac{\sigma(X)}{\sqrt{16}} = 20 + \dfrac{5}{4}$

$\qquad\qquad\qquad = \dfrac{85}{4}$

08 정규분포 $N(m, 6^2)$을 따르는 모집단에서 크기가 9인 표본을 임의추출하여 구한 표본평균 $\overline{X}$에 대하여

$E(\overline{X}) = E(X) = m$,

$\sigma(\overline{X}) = \dfrac{\sigma(X)}{\sqrt{9}} = \dfrac{6}{3} = 2$

이다. 그러므로 확률변수 $\overline{X}$는 정규분포 $N(m, 2^2)$을 따르고,

$Z_1 = \dfrac{\overline{X} - m}{2}$으로 놓으면 확률변수 Z_1은 표준정규분포 $N(0, 1)$을 따른다.

정규분포 $N(6, 2^2)$을 따르는 모집단에서 크기가 4인 표본을 임의추출하여 구한 표본평균 $\overline{Y}$에 대하여

$E(\overline{Y}) = E(Y) = 6$,

$\sigma(\overline{Y}) = \dfrac{\sigma(Y)}{\sqrt{4}} = \dfrac{2}{2} = 1$

이다. 그러므로 확률변수 $\overline{Y}$는 정규분포 $N(6, 1^2)$을 따르고,

$Z_2 = \dfrac{\overline{Y} - 6}{1}$으로 놓으면 확률변수 Z_2는 표준정규분포 $N(0, 1)$을 따른다.

$P(\overline{X} \leq 12) + P(\overline{Y} \geq 8) = 1$에서

$P\left(Z_1 \leq \dfrac{12-m}{2}\right) + P\left(Z_2 \geq \dfrac{8-6}{1}\right) = 1$

$P\left(Z_1 \leq \dfrac{12-m}{2}\right) + P(Z_2 \geq 2) = 1$

$P\left(Z_1 \leq \dfrac{12-m}{2}\right) = 1 - P(Z_2 \geq 2)$

$\qquad\qquad\qquad = P(Z_2 \leq 2)$

이때 두 확률변수 Z_1, Z_2는 모두 표준정규분포를 따르므로

$\dfrac{12-m}{2} = 2 \qquad \therefore m = 8$

09 $\overline{X} = 2$인 경우는 1과 3, 2와 2, 3과 1을 꺼내는 경우이므로

$P(\overline{X} = 2) = \dfrac{1}{8} \times \dfrac{5}{8} + \dfrac{2}{8} \times \dfrac{2}{8} + \dfrac{5}{8} \times \dfrac{1}{8}$

$\qquad\qquad = \dfrac{7}{32}$

10 네 장의 카드를 꺼내는 경우의 수는

6^4

네 수를 각각 X_1, X_2, X_3, X_4라 하면

$X_1 + X_2 + X_3 + X_4 = 11$

$1 \leq X_i \leq 6$ $(i = 1, 2, 3, 4)$이므로

음이 아닌 정수 x_i에 대하여

$X_i = x_i + 1$로 놓으면

$x_1 + x_2 + x_3 + x_4 = 7$

방정식 $x_1 + x_2 + x_3 + x_4 = 7$을 만족시키는 음이 아닌 정수 x_1, x_2, x_3, x_4의 모든 순서쌍 (x_1, x_2, x_3, x_4)의 개수는

$_4H_7 = {}_{10}C_7 = {}_{10}C_3 = 120$

이때 7, 0, 0, 0으로 이루어진 음이 아닌 정수 x_1, x_2, x_3, x_4의 순서쌍 4개와 6, 1, 0, 0으로 이루어진 음이 아닌 정수 x_1, x_2, x_3, x_4의 순서쌍 12개는 제외해야 한다.

즉, 조건을 만족시키는 X_1, X_2, X_3, X_4의 모든 순서쌍 (X_1, X_2, X_3, X_4)의 개수는

$120 - (4 + 12) = 104$

따라서 구하는 확률은

$\dfrac{104}{6^4} = \dfrac{13}{162}$

$p = 162$, $q = 13$이므로

$p + q = 162 + 13 = 175$

[다른 풀이]

카드 한 장을 꺼낼 확률은 $\dfrac{1}{6}$

네 수의 합이 11인 경우를 다음과 같이 나누어 생각한다.

(i) 세 수가 같은 경우

$(3, 3, 3, 2)$, $(2, 2, 2, 5)$의 2가지 경우이므로 이 경우 구하는 확률은

$2 \times \dfrac{4!}{3!} \times \left(\dfrac{1}{6}\right)^4 = 8 \times \left(\dfrac{1}{6}\right)^4$

(ii) 두 수가 같은 경우

$(4, 4, 2, 1)$, $(3, 3, 4, 1)$, $(2, 2, 6, 1)$,

$(2, 2, 4, 3)$, $(1, 1, 6, 3)$, $(1, 1, 5, 4)$

의 6가지 경우이므로 이 경우 구하는 확률은

$6 \times \dfrac{4!}{2!} \times \left(\dfrac{1}{6}\right)^4 = 72 \times \left(\dfrac{1}{6}\right)^4$

(iii) 네 수가 모두 다른 경우

$(5, 3, 2, 1)$의 1가지 경우이므로 이 경우 구하는 확률은

$4! \times \left(\dfrac{1}{6}\right)^4 = 24 \times \left(\dfrac{1}{6}\right)^4$

(i), (ii), (iii)에서

$P\left(\overline{X} = \dfrac{11}{4}\right) = (8 + 72 + 24) \times \left(\dfrac{1}{6}\right)^4$

$\qquad\qquad\quad = \dfrac{104}{6^4}$

$\qquad\qquad\quad = \dfrac{13}{162}$

따라서 $p = 162$, $q = 13$이므로

$p + q = 162 + 13 = 175$

11 모집단의 확률변수를 X라 하면

$E(X) = \dfrac{1 + 3 + 5 + 7 + 9}{5} = 5$

$V(X) = \dfrac{(1-5)^2 + (3-5)^2 + (5-5)^2 + (7-5)^2 + (9-5)^2}{5}$

$\qquad\quad = 8$

모집단에서 임의추출한 크기가 3인 표본의 표본평균 $\overline{X}$의 분산은

$V(\overline{X}) = \dfrac{V(X)}{3} = \dfrac{8}{3}$

$\mathrm{V}(a\overline{X}+6)=24$에서

$\mathrm{V}(a\overline{X}+6)=a^2\mathrm{V}(\overline{X})=\dfrac{8}{3}a^2$

이므로

$\dfrac{8}{3}a^2=24$에서 $a^2=9$

따라서 양수 a의 값은 3이다.

12 확률의 총합이 1이므로

$\dfrac{1}{6}+a+b=1$

$\therefore a+b=\dfrac{5}{6}$ ······ ㉠

또 $\mathrm{E}(X^2)=\dfrac{16}{3}$이므로

$\mathrm{E}(X^2)=0^2\times\dfrac{1}{6}+2^2\times a+4^2\times b=\dfrac{16}{3}$

$\therefore a+4b=\dfrac{4}{3}$ ······ ㉡

㉠, ㉡을 연립하여 풀면

$a=\dfrac{2}{3}$, $b=\dfrac{1}{6}$

따라서 확률변수 X의 확률분포를 표로 나타내면 다음과 같다.

X	0	2	4	합계
$\mathrm{P}(X=x)$	$\dfrac{1}{6}$	$\dfrac{2}{3}$	$\dfrac{1}{6}$	1

확률변수 X의 평균은

$\mathrm{E}(X)=0\times\dfrac{1}{6}+2\times\dfrac{2}{3}+4\times\dfrac{1}{6}$

$\qquad=2$

이므로

$\mathrm{V}(X)=\mathrm{E}(X^2)-\{\mathrm{E}(X)\}^2$

$\qquad=\dfrac{16}{3}-2^2=\dfrac{4}{3}$

모집단에서 크기가 20인 표본의 표본평균이 $\overline{X}$이므로

$\mathrm{V}(\overline{X})=\dfrac{1}{20}\times\mathrm{V}(X)$

$\qquad=\dfrac{1}{20}\times\dfrac{4}{3}$

$\qquad=\dfrac{1}{15}$

13 공장에서 생산하는 화장품 1개의 내용량을 확률변수 X라 하면 X는 정규분포 $\mathrm{N}(201.5,\ 1.8^2)$을 따른다.

이 공장에서 생산한 화장품 중 임의추출한 9개의 화장품 내용량의 표본평균을 확률변수 $\overline{X}$라 하면 $\overline{X}$는 정규분포 $\mathrm{N}\left(201.5,\ \dfrac{1.8^2}{9}\right)$, 즉 $\mathrm{N}(201.5,\ 0.6^2)$을 따르고, $Z=\dfrac{\overline{X}-201.5}{0.6}$로 놓으면 확률변수 Z는 표준정규분포 $\mathrm{N}(0,\ 1)$을 따른다.

따라서 구하는 확률은

$\mathrm{P}(\overline{X}\ge200)=\mathrm{P}\left(\dfrac{\overline{X}-201.5}{0.6}\ge\dfrac{200-201.5}{0.6}\right)$

$\qquad=\mathrm{P}(Z\ge-2.5)$

$\qquad=\mathrm{P}(-2.5\le Z\le0)+\mathrm{P}(Z\ge0)$

$\qquad=\mathrm{P}(0\le Z\le2.5)+\mathrm{P}(Z\ge0)$

$\qquad=0.4938+0.5$

$\qquad=0.9938$

14 공용 자전거의 1회 이용 시간을 확률변수 X라 하면 X는 정규분포 $\mathrm{N}(60,\ 10^2)$을 따르므로 임의추출한 25회 이용 시간의 평균을 $\overline{X}$라 하면 $\overline{X}$는 정규분포 $\mathrm{N}\left(60,\ \dfrac{10^2}{25}\right)$, 즉 $\mathrm{N}(60,\ 2^2)$을 따른다.

$\therefore \mathrm{P}(25\overline{X}\ge1450)=\mathrm{P}(\overline{X}\ge58)$

$\qquad=\mathrm{P}\left(Z\ge\dfrac{58-60}{2}\right)$

$\qquad=\mathrm{P}(Z\ge-1)$

$\qquad=0.5+\mathrm{P}(0\le Z\le1)$

$\qquad=0.5+0.3413$

$\qquad=0.8413$

15 1인 가구의 월 식료품 구입비를 확률변수 X라 하면 X는 정규분포 $\mathrm{N}(45,\ 8^2)$을 따르므로 임의추출한 16가구의 월 식료품 구입비의 표본평균을 $\overline{X}$라 하면 $\overline{X}$는 정규분포 $\mathrm{N}\left(45,\ \dfrac{8^2}{16}\right)$, 즉 $\mathrm{N}(45,\ 2^2)$을 따른다.

$\therefore \mathrm{P}(44\le\overline{X}\le47)=\mathrm{P}\left(\dfrac{44-45}{2}\le Z\le\dfrac{47-45}{2}\right)$

$\qquad=\mathrm{P}(-0.5\le Z\le1)$

$\qquad=\mathrm{P}(0\le Z\le0.5)+\mathrm{P}(0\le Z\le1)$

$\qquad=0.1915+0.3413$

$\qquad=0.5328$

16 '○○뉴스'의 방송시간을 확률변수 X라 하면 X는 정규분포 $\mathrm{N}(50,\ 2^2)$을 따르므로 크기가 9인 표본을 임의추출하여 조사한 방송시간의 표본평균 $\overline{X}$는 정규분포 $\mathrm{N}\left(50,\ \dfrac{2^2}{9}\right)$, 즉 $\mathrm{N}\left(50,\ \left(\dfrac{2}{3}\right)^2\right)$을 따른다.

$\therefore \mathrm{P}(49\le\overline{X}\le51)=\mathrm{P}\left(\dfrac{49-50}{\frac{2}{3}}\le Z\le\dfrac{51-50}{\frac{2}{3}}\right)$

$\qquad=\mathrm{P}(-1.5\le Z\le1.5)$

$\qquad=2\mathrm{P}(0\le Z\le1.5)$

$\qquad=2\times0.4332$

$\qquad=0.8664$

17 플랫폼 근로자의 일주일 근무 시간을 확률변수 X라 하면 X는 정규분포 $\mathrm{N}(m,\ 5^2)$을 따르므로 플랫폼 근로자 중에서 임의추출한 36명의 일주일 근무 시간의 표본평균을 $\overline{X}$라 하면 $\overline{X}$는 정규분포 $\mathrm{N}\left(m,\ \left(\dfrac{5}{6}\right)^2\right)$을 따른다.

$\mathrm{P}(\overline{X}\ge38)=\mathrm{P}\left(Z\ge\dfrac{38-m}{\frac{5}{6}}\right)$

$\qquad=\mathrm{P}\left(Z\ge\dfrac{6}{5}(38-m)\right)=0.9332$

이므로 $\mathrm{P}\left(0\le Z\le\dfrac{6}{5}(m-38)\right)=0.4332$

이때, $\mathrm{P}(0\le Z\le1.5)=0.4332$이므로 $\dfrac{6}{5}(m-38)=1.5$

$\therefore m=39.25$

18 확률변수 X의 표준편차를 a라 하면 확률변수 X는 정규분포 $\mathrm{N}(220,\ a^2)$을 따른다.

확률변수 $\overline{X}$는 정규분포 $N\left(220, \left(\dfrac{a}{\sqrt{n}}\right)^2\right)$을 따르고,

$Z = \dfrac{\overline{X} - 220}{\dfrac{a}{\sqrt{n}}}$ 으로 놓으면 확률변수 Z는 표준정규분포 $N(0, 1)$

을 따른다. 이때,

$P(\overline{X} \leq 215)$

$= P\left(Z \leq \dfrac{215 - 220}{\dfrac{a}{\sqrt{n}}}\right)$

$= P\left(Z \leq -\dfrac{5\sqrt{n}}{a}\right)$

$= P\left(Z \geq \dfrac{5\sqrt{n}}{a}\right)$

$= 0.5 - P\left(0 \leq Z \leq \dfrac{5\sqrt{n}}{a}\right)$

$0.5 - P\left(0 \leq Z \leq \dfrac{5\sqrt{n}}{a}\right) = 0.1587$에서

$P\left(0 \leq Z \leq \dfrac{5\sqrt{n}}{a}\right) = 0.3413$이므로

$\dfrac{5\sqrt{n}}{a} = 1$

$\dfrac{a}{\sqrt{n}} = 5$ ······ ㉠

한편, 조건 (나)에서 확률변수 Y의 표준편차는 $\dfrac{3a}{2}$이므로

확률변수 Y는 정규분포 $N\left(240, \left(\dfrac{3a}{2}\right)^2\right)$을 따른다.

확률변수 $\overline{Y}$는 정규분포 $N\left(240, \left(\dfrac{\dfrac{3a}{2}}{3\sqrt{n}}\right)^2\right)$을 따르고

㉠에서 $\dfrac{\dfrac{3a}{2}}{3\sqrt{n}} = \dfrac{1}{2} \times \dfrac{a}{\sqrt{n}} = \dfrac{5}{2}$이므로

$Z = \dfrac{\overline{Y} - 240}{\dfrac{5}{2}}$ 으로 놓으면 확률변수 Z는 표준정규분포 $N(0, 1)$

을 따른다.

따라서

$P(\overline{Y} \geq 235)$

$= P\left(Z \geq \dfrac{235 - 240}{\dfrac{5}{2}}\right)$

$= P(Z \geq -2)$

$= P(-2 \leq Z \leq 0) + 0.5$

$= P(0 \leq Z \leq 2) + 0.5$

$= 0.4772 + 0.5$

$= 0.9772$

19 $E(\overline{X}) = 8$, $V(\overline{X}) = \dfrac{(1.2)^2}{n}$

이므로 확률변수 $\overline{X}$는 정규분포 $N\left(8, \left(\dfrac{1.2}{\sqrt{n}}\right)^2\right)$을 따르고,

$Z = \dfrac{\overline{X} - 8}{\dfrac{1.2}{\sqrt{n}}}$ 로 놓으면 확률변수 Z는 표준정규분포 $N(0, 1)$을

따른다.

$P(7.76 \leq \overline{X} \leq 8.24) = P\left(\dfrac{7.76 - 8}{\dfrac{1.2}{\sqrt{n}}} \leq Z \leq \dfrac{8.24 - 8}{\dfrac{1.2}{\sqrt{n}}}\right)$

$= P\left(-\dfrac{\sqrt{n}}{5} \leq Z \leq \dfrac{\sqrt{n}}{5}\right)$

$= 2P\left(0 \leq Z \leq \dfrac{\sqrt{n}}{5}\right)$

이므로

$P(7.76 \leq \overline{X} \leq 8.24) \geq 0.6826$에서

$2P\left(0 \leq Z \leq \dfrac{\sqrt{n}}{5}\right) \geq 0.6826$

즉, $P\left(0 \leq Z \leq \dfrac{\sqrt{n}}{5}\right) \geq 0.3413$

한편, $P(0 \leq Z \leq 1) = 0.3413$이므로 $\dfrac{\sqrt{n}}{5} \geq 1$, 즉 $n \geq 25$이어야

한다.

따라서 구하는 n의 최솟값은 25이다.

20 모집단이 정규분포 $N(50, 8^2)$을 따르고 표본의 크기가 16이므로

표본평균 $\overline{X}$는 정규분포 $N\left(50, \dfrac{8^2}{16}\right)$, 즉 $N(50, 2^2)$을 따른다.

$\therefore P(\overline{X} \leq 53) = P\left(Z \leq \dfrac{53 - 50}{2}\right)$

$= P(Z \leq 1.5)$

$= 0.5 + P(0 \leq Z \leq 1.5)$

모집단이 정규분포 $N(75, \sigma^2)$을 따르고 표본의 크기가 25이므

로 표본평균 $\overline{Y}$는 정규분포 $N\left(75, \left(\dfrac{\sigma}{5}\right)^2\right)$을 따른다.

$\therefore P(\overline{Y} \leq 69) = P\left(Z \leq \dfrac{69 - 75}{\dfrac{\sigma}{5}}\right)$

$= P\left(Z \leq -\dfrac{30}{\sigma}\right)$

$= 0.5 - P\left(0 \leq Z \leq \dfrac{30}{\sigma}\right)$

$P(\overline{X} \leq 53) + P(\overline{Y} \leq 69) = 1$이므로

$P(0 \leq Z \leq 1.5) = P\left(0 \leq Z \leq \dfrac{30}{\sigma}\right)$

즉, $1.5 = \dfrac{30}{\sigma}$이므로 $\sigma = 20$

$\therefore P(\overline{Y} \geq 71) = P\left(Z \geq \dfrac{71 - 75}{4}\right)$

$= P(Z \geq -1)$

$= 0.5 + P(0 \leq Z \leq 1)$

$= 0.5 + 0.3413$

$= 0.8413$

21 확률변수 X가 정규분포 $N(m, \sigma^2)$을 따른다고 하면

$P(X \geq 3.4) = \dfrac{1}{2}$이므로 $m = 3.4$

또, $P(Z \leq -1) = P(Z \geq 1)$이므로

$P(X \leq 3.9) + P(Z \geq 1) = 1$에서

$P(X \leq 3.9) = P(Z \leq 1)$

$P(X \leq 3.9) = P\left(Z \leq \dfrac{3.9 - 3.4}{\sigma}\right) = P\left(Z \leq \dfrac{0.5}{\sigma}\right)$

이므로 $\dfrac{0.5}{\sigma}=1$, $\sigma=0.5$

따라서 확률변수 X가 정규분포 $N(3.4,\ 0.5^2)$을 따르므로 확률변수 $\overline{X}$는 정규분포 $N(3.4,\ 0.1^2)$을 따른다.

즉 $P(\overline{X}\geq3.55)=P\left(Z\geq\dfrac{3.55-3.4}{0.1}\right)$

$\qquad\qquad\qquad\quad=P(Z\geq1.5)$

$\qquad\qquad\qquad\quad=0.5-P(0\leq Z\leq1.5)$

$\qquad\qquad\qquad\quad=0.5-0.4332$

$\qquad\qquad\qquad\quad=0.0668$

22 제품의 길이 X는 정규분포 $N(m,\ 4^2)$을 따르므로

$P(m\leq X\leq a)=P\left(\dfrac{m-m}{4}\leq Z\leq\dfrac{a-m}{4}\right)$

$\qquad\qquad\qquad=P\left(0\leq Z\leq\dfrac{a-m}{4}\right)$

$\qquad\qquad\qquad=0.3413$

즉, $\dfrac{a-m}{4}=1$이므로 $a=m+4$

한편, 생산된 제품 중에서 임의추출한 제품 16개의 길이의 표본 평균을 $\overline{X}$라 하면 $\overline{X}$는 정규분포 $N(m,\ 1^2)$을 따르므로

$P(\overline{X}\geq a-2)=P(\overline{X}\geq m+2)$

$\qquad\qquad\quad=P\left(Z\geq\dfrac{(m+2)-m}{1}\right)$

$\qquad\qquad\quad=P(Z\geq2)$

$\qquad\qquad\quad=0.5-P(0\leq Z\leq2)$

$\qquad\qquad\quad=0.5-0.4772$

$\qquad\qquad\quad=0.0228$

23 주머니 A에서 꺼낸 2개의 공에 적혀 있는 두 수의 차가 1일 확률은 $\dfrac{2}{3}$

주머니 A에서 꺼낸 2개의 공에 적혀 있는 두 수의 차가 2일 확률은 $\dfrac{1}{3}$

주머니 B에서 꺼낸 2개의 공에 적혀 있는 두 수의 차가 1일 확률은 $\dfrac{3}{6}=\dfrac{1}{2}$

주머니 B에서 꺼낸 2개의 공에 적혀 있는 두 수의 차가 2일 확률은 $\dfrac{2}{6}=\dfrac{1}{3}$

주머니 B에서 꺼낸 2개의 공에 적혀 있는 두 수의 차가 3일 확률은 $\dfrac{1}{6}$

첫 번째 시행에서 기록한 수를 X_1, 두 번째 시행에서 기록한 수를 X_2라 하면 구하는 확률은 $X_1+X_2=4$일 확률이다.

(i) $(X_1,\ X_2)=(1,\ 3)$인 경우

첫 번째 시행에서 3의 배수의 눈이 나온 경우의 확률은

$\left(\dfrac{1}{3}\times\dfrac{2}{3}\right)\times\left(\dfrac{2}{3}\times\dfrac{1}{6}\right)=\dfrac{2}{81}$

첫 번째 시행에서 3의 배수가 아닌 눈이 나온 경우의 확률은

$\left(\dfrac{2}{3}\times\dfrac{1}{2}\right)\times\left(\dfrac{2}{3}\times\dfrac{1}{6}\right)=\dfrac{1}{27}$

이 경우의 확률은

$\dfrac{2}{81}+\dfrac{1}{27}=\dfrac{5}{81}$

(ii) $(X_1,\ X_2)=(3,\ 1)$인 경우

(i)과 같은 방법으로 이 경우의 확률은

$\dfrac{2}{81}+\dfrac{1}{27}=\dfrac{5}{81}$

(iii) $(X_1,\ X_2)=(2,\ 2)$인 경우

① 주머니 A에서만 공을 꺼내는 경우

이 경우의 확률은

$\left(\dfrac{1}{3}\times\dfrac{1}{3}\right)\times\left(\dfrac{1}{3}\times\dfrac{1}{3}\right)=\dfrac{1}{81}$

② 주머니 B에서만 공을 꺼내는 경우

이 경우의 확률은

$\left(\dfrac{2}{3}\times\dfrac{1}{3}\right)\times\left(\dfrac{2}{3}\times\dfrac{1}{3}\right)=\dfrac{4}{81}$

③ 주머니 A와 주머니 B에서 한 번씩 공을 꺼내는 경우

이 경우의 확률은

$2\times\left(\dfrac{1}{3}\times\dfrac{1}{3}\right)\times\left(\dfrac{2}{3}\times\dfrac{1}{3}\right)=\dfrac{4}{81}$

이 경우의 확률은

$\dfrac{1}{81}+\dfrac{4}{81}+\dfrac{4}{81}=\dfrac{1}{9}$

(i), (ii), (iii)에서 구하는 확률은

$\dfrac{5}{81}+\dfrac{5}{81}+\dfrac{1}{9}=\dfrac{19}{81}$

예상문제 도전하기 　　　　　 본문 087쪽

24 ②　**25** ③　**26** ③　**27** ①

24 $E(X)=2$이므로

$1\times\left(\dfrac{4}{5}-a\right)+2\times a+4\times\dfrac{1}{5}=a+\dfrac{8}{5}=2$

$\therefore a=\dfrac{2}{5}$

$V(X)=1^2\times\dfrac{2}{5}+2^2\times\dfrac{2}{5}+4^2\times\dfrac{1}{5}-2^2=\dfrac{6}{5}$

$\therefore V(\overline{X})=\dfrac{\dfrac{6}{5}}{25}=\dfrac{6}{125}$

25 생수 1병의 용량을 확률변수 X라 하면 X는 정규분포 $N(500,\ 30^2)$을 따르므로 임의추출한 생수 100병의 용량의 평균 $\overline{X}$는 정규분포 $N(500,\ 3^2)$을 따른다.

$\therefore P(497\leq\overline{X}\leq506)=P\left(\dfrac{497-500}{3}\leq Z\leq\dfrac{506-500}{3}\right)$

$\qquad\qquad\qquad\qquad\quad=P(-1\leq Z\leq2)$

$\qquad\qquad\qquad\qquad\quad=P(0\leq Z\leq1)+P(0\leq Z\leq2)$

$\qquad\qquad\qquad\qquad\quad=0.3413+0.4772$

$\qquad\qquad\qquad\qquad\quad=0.8185$

26 고구마 1개의 무게를 확률변수 X라 하면 X는 정규분포 $N(230,\ 30^2)$을 따르므로 임의추출한 100개의 고구마의 무게의 표본평균 $\overline{X}$는 정규분포 $N(230,\ 3^2)$을 따른다.

$$\therefore P(\overline{X} \geq k) = P\left(Z \geq \frac{k-230}{3}\right) = 0.02$$

즉, $P\left(0 \leq Z \leq \frac{k-230}{3}\right) = 0.5 - 0.02 = 0.48$이므로

$$\frac{k-230}{3} = 2 \qquad \therefore k = 236$$

27 확률변수 X는 정규분포 $N(550, 12^2)$을 따르므로 표본의 크기가 n인 표본평균 $\overline{X}$는 정규분포 $N\left(550, \left(\frac{12}{\sqrt{n}}\right)^2\right)$을 따른다.

$$\therefore P(\overline{X} \leq 544) = P\left(Z \leq \frac{544-550}{\frac{12}{\sqrt{n}}}\right)$$

$$= P\left(Z \leq -\frac{\sqrt{n}}{2}\right)$$

$$= P\left(Z \geq \frac{\sqrt{n}}{2}\right)$$

$$= 0.0668$$

즉, $P\left(0 \leq Z \leq \frac{\sqrt{n}}{2}\right) = 0.5 - 0.0668 = 0.4332$이므로

$$\frac{\sqrt{n}}{2} = 1.5, \ \sqrt{n} = 3$$

$$\therefore n = 9$$

15 신뢰구간

기본문제 다지기

본문 089쪽

| 01 ④ | 02 ④ | 03 400 | 04 ② |
| 05 ② | 06 ③ | | |

01 $P(|Z| \leq k) = \frac{\alpha}{100}$라 하고 신뢰도 $\alpha\%$로 모평균을 추정할 때, 모표준편차 $\sigma = 4$, 표본의 크기 $n = 16$이고, 신뢰구간의 길이가 2이므로

$$2 \times k \frac{4}{\sqrt{16}} = 2 \qquad \therefore k = 1$$

같은 신뢰도로 모평균을 추정할 때, 신뢰구간의 길이가 1이 되도록 하기 위한 표본의 크기를 n이라 하면

$$2 \times 1 \frac{4}{\sqrt{n}} = 1, \ \sqrt{n} = 8 \qquad \therefore n = 64$$

02 표본의 크기 $n = 100$, 표본평균 $\overline{x} = 300$, 표본표준편차 $s = 5$이고, 표본의 크기 n이 충분히 크므로 모표준편차 대신 표본표준편차를 사용할 수 있다.

모평균 m에 대한 신뢰도 95 %의 신뢰구간이 $[a, b]$일 때, $b-a$의 값은 신뢰구간의 길이이므로

$$b - a = 2 \times 1.96 \frac{5}{\sqrt{100}} = 1.96$$

03 표본평균 $\overline{x} = 50$, 모표준편차 $\sigma = 10$이므로 모평균 m에 대한 신뢰도 95 %의 신뢰구간은

$$50 - 1.96 \times \frac{10}{\sqrt{n}} \leq m \leq 50 + 1.96 \times \frac{10}{\sqrt{n}}$$

이 신뢰구간이 $49.02 \leq m \leq 50.98$이므로

$$50 - 1.96 \times \frac{10}{\sqrt{n}} = 49.02 \quad \cdots\cdots \ \bigcirc$$

$$50 + 1.96 \times \frac{10}{\sqrt{n}} = 50.98 \quad \cdots\cdots \ \bigcirc$$

$\bigcirc - \bigcirc$을 하면 $3.92 \times \frac{10}{\sqrt{n}} = 1.96$, $\frac{10}{\sqrt{n}} = \frac{1}{2}$

$$\sqrt{n} = 20 \qquad \therefore n = 400$$

04 표본의 크기 $n = 100$, 표본평균 $\overline{x} = 300$, 표본표준편차 $s = 50$이고, 표본의 크기 n이 충분히 크므로 모표준편차 대신 표본표준편차를 사용할 수 있다.

$P(|Z| \leq k) = \frac{\alpha}{100}$라 하면 신뢰도 $\alpha\%$로 추정한 모평균 m의 신뢰구간은

$$300 - k\frac{50}{\sqrt{100}} \leq m \leq 300 + k\frac{50}{\sqrt{100}}$$

이 신뢰구간이 $290.6 \leq m \leq 309.4$이므로

$$k\frac{50}{\sqrt{100}} = 9.4$$

$$\therefore k = 1.88$$

$$P(|Z| \leq 1.88) = 2P(0 \leq Z \leq 1.88) = 2 \times 0.47 = 0.94$$

$$\therefore \alpha = 94$$

05 모표준편차 $\sigma = 2$, 표본의 크기 $n = 100$, 표본평균 $\overline{x} = p$이므로 모평균 m에 대한 신뢰도 95 %의 신뢰구간은

$$p - 1.96 \times \frac{2}{\sqrt{100}} \leq m \leq p + 1.96 \times \frac{2}{\sqrt{100}}$$

$$\therefore p - 0.392 \leq m \leq p + 0.392$$

이 신뢰구간이 $[a, 7.4]$이므로

$$p + 0.392 = 7.4$$

$$\therefore p = 7.008$$

$$\therefore a = 7.008 - 0.392 = 6.616$$

06 모표준편차 $\sigma = 2$, 표본평균 $\overline{x} = a$이므로 모평균 m에 대한 신뢰도 95 %의 신뢰구간은

$$a - 2\frac{2}{\sqrt{n}} \leq m \leq a + 2\frac{2}{\sqrt{n}}$$

이 신뢰구간이 $18 \leq m \leq 20$이므로

$$a - \frac{4}{\sqrt{n}} = 18 \quad \cdots\cdots \ \bigcirc$$

$$a + \frac{4}{\sqrt{n}} = 20 \quad \cdots\cdots \ \bigcirc$$

$\bigcirc + \bigcirc$을 하면

$$2a = 38$$

$$\therefore a = 19$$

$a = 19$를 $\bigcirc$에 대입하면

$$\sqrt{n} = 4$$

$$\therefore n = 16$$

$$\therefore a + n = 19 + 16 = 35$$

07 ②	08 ①	09 ④	10 98
11 ①	12 ③	13 10	14 ②
15 25	16 ②	17 ②	18 12
19 ③	20 ②	21 ④	

07 모표준편차 $\sigma=1.4$, 표본의 크기 $n=49$이고, 표본평균을 $\overline{x}$라 하면 모평균 m에 대한 신뢰도 95%의 신뢰구간은

$$\overline{x}-1.96\times\frac{1.4}{\sqrt{49}}\leq m\leq\overline{x}+1.96\times\frac{1.4}{\sqrt{49}}$$

신뢰구간이 $a\leq m\leq7.992$이므로

$$7.992-a=2\times1.96\times\frac{1.4}{\sqrt{49}}$$

$$\therefore a=7.992-0.784$$
$$=7.208$$

08 모평균 m에 대한 신뢰도 95%의 신뢰구간이 $a\leq m\leq b$이므로

$$b-a=2\times1.96\times\frac{2}{\sqrt{256}}$$

$$=2\times1.96\times\frac{1}{8}$$

$$=0.49$$

09 모표준편차 $\sigma=40$, 표본의 크기 $n=64$이므로 모평균 m에 대한 99%의 신뢰구간은

$$\overline{x}-2.58\frac{40}{\sqrt{64}}\leq m\leq\overline{x}+2.58\frac{40}{\sqrt{64}}$$

이 신뢰구간이 $\overline{x}-c\leq m\leq\overline{x}+c$이므로

$$2.58\frac{40}{\sqrt{64}}=c$$

$$\therefore c=12.9$$

10 표본의 크기 $n=100$, 표본표준편차 $s=500$이고, 표본의 크기 n이 충분히 크므로 모표준편차 대신 표본표준편차를 사용할 수 있다.

모평균 m에 대한 신뢰도 95%의 신뢰구간은

$$\overline{x}-1.96\times\frac{500}{\sqrt{100}}\leq m\leq\overline{x}+1.96\times\frac{500}{\sqrt{100}}$$

이 신뢰구간이 $[\overline{x}-c,\ \overline{x}+c]$이므로

$$c=1.96\times\frac{500}{\sqrt{100}}=98$$

11 모표준편차 $\sigma=10$이고, 표본평균을 $\overline{x}$라 하면 모평균 m에 대한 신뢰도 95%의 신뢰구간은

$$\overline{x}-1.96\frac{10}{\sqrt{n}}\leq m\leq\overline{x}+1.96\frac{10}{\sqrt{n}}$$

이 신뢰구간이 $[38.08,\ 45.92]$이므로

$$\overline{x}-1.96\frac{10}{\sqrt{n}}=38.08 \qquad\cdots\cdots\ \text{㉠}$$

$$\overline{x}+1.96\frac{10}{\sqrt{n}}=45.92 \qquad\cdots\cdots\ \text{㉡}$$

㉡－㉠을 하면

$$2\times1.96\frac{10}{\sqrt{n}}=7.84$$

$$\sqrt{n}=5$$

$$\therefore n=25$$

12 표본의 크기 $n=16$, 표본평균 $\overline{x}=12.34$이므로 모평균 m에 대한 신뢰도 95%의 신뢰구간은

$$12.34-1.96\frac{\sigma}{\sqrt{16}}\leq m\leq12.34+1.96\frac{\sigma}{\sqrt{16}}$$

이 신뢰구간이 $11.36\leq m\leq a$이므로

$$12.34-1.96\frac{\sigma}{\sqrt{16}}=11.36$$에서

$$0.49\sigma=0.98$$

$$\therefore \sigma=2$$

$$\therefore a=12.34+1.96\times\frac{2}{\sqrt{16}}=13.32$$

$$\therefore a+\sigma=13.32+2=15.32$$

13 고객의 주문 대기 시간이 표준편차가 σ인 정규분포를 따를 때, 64명을 임의추출하여 얻은 표본평균의 값을 $\overline{x}$라 하면 고객의 주문 대기 시간의 평균 m에 대한 신뢰도 95%의 신뢰구간은

$$\overline{x}-1.96\times\frac{\sigma}{\sqrt{64}}\leq m\leq\overline{x}+1.96\times\frac{\sigma}{\sqrt{64}}$$

즉,

$$\overline{x}-1.96\times\frac{\sigma}{8}\leq m\leq\overline{x}+1.96\times\frac{\sigma}{8}$$

이때 $a\leq m\leq b$이고 $b-a=4.9$이므로

$$b-a=2\times1.96\times\frac{\sigma}{8}=0.49\sigma$$

따라서 $0.49\sigma=4.9$에서

$$\sigma=10$$

14 모표준편차가 5이고, 표본의 크기가 49, 표본평균이 $\overline{x}$이므로 모평균 m에 대한 신뢰도 95%의 신뢰구간은

$$\overline{x}-1.96\times\frac{5}{\sqrt{49}}\leq m\leq\overline{x}+1.96\times\frac{5}{\sqrt{49}}$$

$$\overline{x}-1.4\leq m\leq\overline{x}+1.4$$

따라서 $a=\overline{x}-1.4$이고 $\frac{6}{5}a=\overline{x}+1.4$이므로

$$\frac{a}{5}=(\overline{x}+1.4)-(\overline{x}-1.4)=2.8$$

$$a=5\times2.8=14$$

$$\therefore \overline{x}=a+1.4=14+1.4=15.4$$

15 모평균 m에 대한 신뢰도 95%의 신뢰구간이

$$\overline{x}-1.96\times\frac{\sigma}{\sqrt{49}}\leq m\leq\overline{x}+1.96\times\frac{\sigma}{\sqrt{49}}$$

이므로

$$\overline{x}-1.96\times\frac{\sigma}{7}=1.73 \qquad\cdots\cdots\ \text{㉠}$$

$$\overline{x}+1.96\times\frac{\sigma}{7}=1.87 \qquad\cdots\cdots\ \text{㉡}$$

㉠＋㉡에서

$$2\overline{x}=3.6$$이므로 $\overline{x}=1.8$

ⓛ－㉠에서

$2 \times 1.96 \times \dfrac{\sigma}{7} = 0.14$이므로

$\sigma = 0.25$

따라서 $k = \dfrac{0.25}{1.8} = \dfrac{5}{36}$이므로

$180k = 180 \times \dfrac{5}{36} = 25$

16 이 회사에서 생산하는 샴푸 1개의 용량을 $X(\mathrm{mL})$라 하면 확률변수 X는 정규분포 $\mathrm{N}(m, \sigma^2)$을 따른다.
표본의 크기가 16일 때의 표본평균을 $\overline{x_1}$이라 하면 모평균 m에 대한 신뢰도 95%의 신뢰구간은

$$\overline{x_1} - 1.96 \times \dfrac{\sigma}{\sqrt{16}} \leq m \leq \overline{x_1} + 1.96 \times \dfrac{\sigma}{\sqrt{16}}$$

이므로

$2 \times 1.96 \times \dfrac{\sigma}{\sqrt{16}} = 755.9 - 746.1$

즉,

$0.98\sigma = 9.8$

따라서

$\sigma = 10$

이다.

표본의 크기가 n일 때의 표본평균을 $\overline{x_2}$라 하면 모평균 m에 대한 신뢰도 99%의 신뢰구간은

$$\overline{x_2} - 2.58 \times \dfrac{10}{\sqrt{n}} \leq m \leq \overline{x_2} + 2.58 \times \dfrac{10}{\sqrt{n}}$$

이므로

$b - a = 2 \times 2.58 \times \dfrac{10}{\sqrt{n}}$

$\qquad = \dfrac{51.6}{\sqrt{n}}$

이때

$\dfrac{51.6}{\sqrt{n}} \leq 6$

이어야 하므로

$n \geq 8.6^2 = 73.96$

이다.

따라서 자연수 n의 최솟값은 74이다.

17 전기 자동차 100대를 임의추출하여 얻은 1회 충전 주행 거리의 표본평균이 $\overline{x_1}$일 때, 모평균 m에 대한 신뢰도 95%의 신뢰구간은

$$\overline{x_1} - 1.96 \times \dfrac{\sigma}{\sqrt{100}} \leq m \leq \overline{x_1} + 1.96 \times \dfrac{\sigma}{\sqrt{100}}$$

$$\overline{x_1} - 1.96 \times \dfrac{\sigma}{10} \leq m \leq \overline{x_1} + 1.96 \times \dfrac{\sigma}{10}$$

전기 자동차 400대를 임의추출하여 얻은 1회 충전 주행 거리의 표본평균이 $\overline{x_2}$일 때, 모평균 m에 대한 신뢰도 99%의 신뢰구간은

$$\overline{x_2} - 2.58 \times \dfrac{\sigma}{\sqrt{400}} \leq m \leq \overline{x_2} + 2.58 \times \dfrac{\sigma}{\sqrt{400}}$$

$$\overline{x_2} - 2.58 \times \dfrac{\sigma}{20} \leq m \leq \overline{x_2} + 2.58 \times \dfrac{\sigma}{20}$$

이때, $a = c$에서

$\overline{x_1} - 1.96 \times \dfrac{\sigma}{10} = \overline{x_2} - 2.58 \times \dfrac{\sigma}{20}$

이고 $\overline{x_1} - \overline{x_2} = 1.34$이므로

$\overline{x_1} - \overline{x_2} = 1.96 \times \dfrac{\sigma}{10} - 2.58 \times \dfrac{\sigma}{20}$

$\qquad = 0.67 \times \dfrac{\sigma}{10} = 1.34$

$\sigma = \dfrac{1.34 \times 10}{0.67} = 20$

따라서,

$b - a = 2 \times 1.96 \times \dfrac{\sigma}{10}$

$\qquad = 2 \times 1.96 \times 2$

$\qquad = 7.84$

18 표본평균을 $\overline{x}$라 하면
(ⅰ) $\overline{x} = 75$일 때,
신뢰도 95%의 신뢰구간은

$$75 - 1.96 \times \dfrac{\sigma}{\sqrt{16}} \leq m \leq 75 + 1.96 \times \dfrac{\sigma}{\sqrt{16}}$$

(ⅱ) $\overline{x} = 77$일 때,
신뢰도 99%의 신뢰구간은

$$77 - 2.58 \times \dfrac{\sigma}{\sqrt{16}} \leq m \leq 77 + 2.58 \times \dfrac{\sigma}{\sqrt{16}}$$

(ⅰ), (ⅱ)에서

$b = 75 + 1.96 \times \dfrac{\sigma}{4}, \ d = 77 + 2.58 \times \dfrac{\sigma}{4}$

이므로

$d - b = (77 - 75) + \dfrac{\sigma}{4}(2.58 - 1.96)$

$\qquad = 2 + 0.155\sigma$

$\qquad = 3.86$

$\therefore \sigma = 12$

19 표본의 크기 $n = 16$이고, 모표준편차를 σ라 하면 모평균 m에 대한 신뢰도 95%의 신뢰구간은

$$\overline{x} - 1.96 \dfrac{\sigma}{\sqrt{16}} \leq m \leq \overline{x} + 1.96 \dfrac{\sigma}{\sqrt{16}}$$

이 신뢰구간이 $[\overline{x} - c, \ \overline{x} + c]$이므로

$1.96 \dfrac{\sigma}{\sqrt{16}} = c$

$\therefore c = 0.49 \times \sigma$

택시의 연간 주행거리를 확률변수 X라 하면 X는 정규분포 $\mathrm{N}(m, \sigma^2)$을 따르므로

$\therefore \mathrm{P}(X \leq m + c) = \mathrm{P}\left(Z \leq \dfrac{c}{\sigma}\right)$

$\qquad = \mathrm{P}(Z \leq 0.49)$

$\qquad = 0.5 + \mathrm{P}(0 \leq Z \leq 0.49)$

$\qquad = 0.5 + 0.1879$

$\qquad = 0.6879$

20 학생들의 1개월 자율학습실 이용 시간을 X라 하면 X는 정규분포 $\mathrm{N}(m, 5^2)$을 따른다.
25명을 임의추출하여 구한 표본평균이 $\overline{x_1}$이므로 모평균 m에 대한 신뢰도 95%의 신뢰구간은

$$\overline{x_1} - 1.96 \times \dfrac{5}{\sqrt{25}} \leq m \leq \overline{x_1} + 1.96 \times \dfrac{5}{\sqrt{25}}$$

주어진 조건에서 $\overline{x_1}=80$이므로

$a=1.96\times\dfrac{5}{\sqrt{25}}=1.96$

또 n명을 임의추출하여 구한 표본평균이 $\overline{x_2}$이므로 모평균 m에 대한 신뢰도 95 %의 신뢰구간은

$\overline{x_2}-1.96\times\dfrac{5}{\sqrt{n}}\leq m\leq \overline{x_2}+1.96\times\dfrac{5}{\sqrt{n}}$

따라서 주어진 조건에서

$\overline{x_2}=\dfrac{15}{16}\overline{x_1}=\dfrac{15}{16}\times 80=75$

이고 $1.96\times\dfrac{5}{\sqrt{n}}=\dfrac{5}{7}a$에서

$n=49$

$\therefore n+\overline{x_2}=49+75=124$

21 ㄱ. B와 C의 표본의 수와 분산이 같으므로 신뢰도 95 % 신뢰구간의 길이는 같다. (참)

ㄴ. A의 신뢰도 95 % 신뢰구간의 길이는

$2\times 1.96\times\dfrac{\sqrt{36}}{\sqrt{100}}=2.352$

C의 신뢰도 99 % 신뢰구간의 길이는

$2\times 2.58\times\dfrac{\sqrt{16}}{\sqrt{400}}=1.032$

즉, A의 신뢰도 95 % 신뢰구간의 길이가 C의 신뢰도 99% 신뢰구간의 길이보다 길다. (거짓)

ㄷ. B의 신뢰도 95 % 신뢰구간의 길이는

$2\times 1.96\times\dfrac{\sqrt{16}}{\sqrt{400}}=0.784$

D의 신뢰도 95 % 신뢰구간의 길이는

$2\times 1.96\times\dfrac{\sqrt{25}}{\sqrt{100}}=1.96$

즉, B의 신뢰도 95 % 신뢰구간의 길이가 D의 신뢰도 95 % 신뢰구간의 길이보다 짧다. (참)

따라서 옳은 것은 ㄱ, ㄷ이다.

예상문제 도전하기
본문 093쪽

22 ③	**23** ②	**24** ④	**25** ④

26 342

22 모표준편차 $\sigma=4$이고, 모평균 m에 대한 신뢰도 95 %의 신뢰구간의 길이가 2 이하가 되어야 하므로

$2\times 2\dfrac{4}{\sqrt{n}}\leq 2$

$\sqrt{n}\geq 8$

$\therefore n\geq 64$

따라서 표본의 크기 n의 최솟값은 64이다.

23 확률변수 X가 정규분포 $\mathrm{N}(20,\,3^2)$을 따르므로

$\mathrm{P}(14\leq X\leq 26)=\mathrm{P}\left(\dfrac{14-20}{3}\leq Z\leq\dfrac{26-20}{3}\right)$

$=\mathrm{P}(-2\leq Z\leq 2)=\dfrac{a}{100}$

즉, 모표준편차 $\sigma=10$, 표본의 크기 $n=25$, 표본평균 $\overline{x}=84$이므로 모평균 m에 대한 신뢰도 $a\,\%$의 신뢰구간은

$84-2\times\dfrac{10}{\sqrt{25}}\leq m\leq 84+2\times\dfrac{10}{\sqrt{25}}$

$\therefore 80\leq m\leq 88$

따라서 $a=80$, $b=88$이므로

$2a-b=160-88=72$

24 모표준편차를 σ, 표본의 크기를 n이라 하면 모평균 m에 대한 신뢰도 95 %의 신뢰구간의 길이가 모표준편차의 $\dfrac{1}{5}$ 이하이어야 하므로

$2\times 1.96\dfrac{\sigma}{\sqrt{n}}\leq\dfrac{1}{5}\sigma$

$2\times 1.96\dfrac{1}{\sqrt{n}}\leq\dfrac{1}{5}$

$\sqrt{n}\geq 19.6$

$\therefore n\geq 384.16$

따라서 자연수 n의 최솟값은 385이다.

25 표본표준편차 $s=12$이고, 표본의 크기 n이 충분히 크므로 모표준편차 대신 표본표준편차를 사용할 수 있다.

모평균 m에 대한 신뢰도 95 %의 신뢰구간은

$\overline{x}-1.96\dfrac{12}{\sqrt{n}}\leq m\leq\overline{x}+1.96\dfrac{12}{\sqrt{n}}$

이 신뢰구간이 $[244.04,\ 247.96]$이므로

$\overline{x}-1.96\dfrac{12}{\sqrt{n}}=244.04$ ······ ㉠

$\overline{x}+1.96\dfrac{12}{\sqrt{n}}=247.96$ ······ ㉡

㉠+㉡을 하면

$2\overline{x}=492$

$\therefore \overline{x}=246$

$\overline{x}=246$을 ㉡에 대입하면

$1.96\dfrac{12}{\sqrt{n}}=1.96$

$\sqrt{n}=12$

$\therefore n=144$

$\therefore n+\overline{x}=144+246=390$

26 표본평균 $\overline{X}$의 값을 $\overline{x}$라 하면

$\overline{x}=\dfrac{1}{9}(170\times 3+171\times 3+172\times 3)=171$

모표준편차 $\sigma=3$, 표본의 크기 $n=9$이므로 모평균 m에 대한 신뢰도 95 %의 신뢰구간은

$171-1.96\times\dfrac{3}{\sqrt{9}}\leq m\leq 171+1.96\times\dfrac{3}{\sqrt{9}}$

$\therefore 169.04\leq m\leq 172.96$

$\therefore a+b=169.04+172.96=342$

Memo

Memo

아름다운샘 BOOK LIST

개념기본서 — 수학의 기본을 다지는 최고의 수학 개념기본서

수학의 샘 ▽

- 공통수학 1
- 공통수학 2
- 대수
- 미적분 I
- 확률과 통계
- 미적분 II
- 기하

문제기본서 — 기본기를 다지는 문제기본서 [기본+유형]

Hi Math ▽

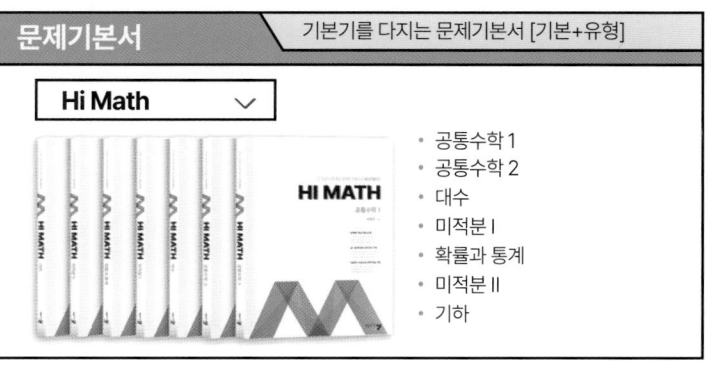

- 공통수학 1
- 공통수학 2
- 대수
- 미적분 I
- 확률과 통계
- 미적분 II
- 기하

Total 내신문제집 — 한 권으로 끝내는 내신 대비 문제집

Total 짱 ▽

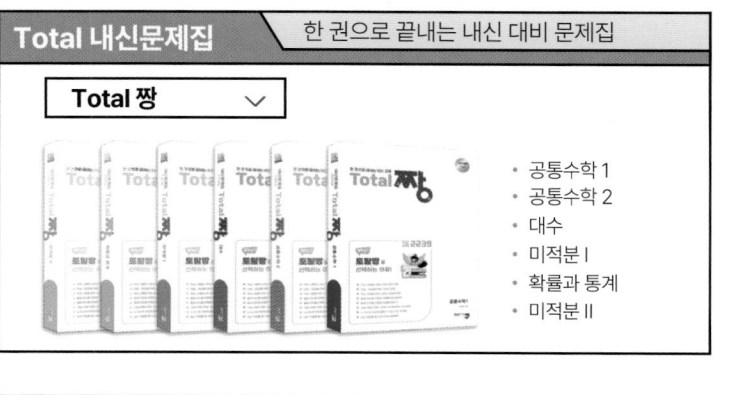

- 공통수학 1
- 공통수학 2
- 대수
- 미적분 I
- 확률과 통계
- 미적분 II

내신 기출유형 문제집 — 내신 대비하는 수준별·유형별 문제집

짱 쉬운 내신 ▽　　　**짱 중요한 내신** ▽

- 공통수학 1
- 공통수학 2

- 공통수학 1
- 공통수학 2

수능 기출유형 문제집 — 수능 대비하는 수준별·유형별 문제집

짱 쉬운 유형 ▽

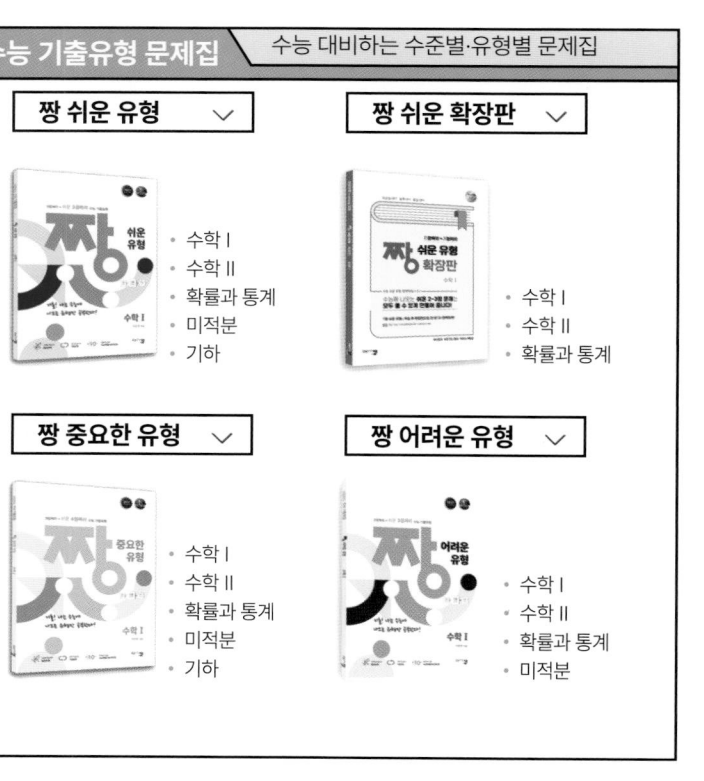

- 수학 I
- 수학 II
- 확률과 통계
- 미적분
- 기하

짱 쉬운 확장판 ▽

- 수학 I
- 수학 II
- 확률과 통계

짱 중요한 유형 ▽

- 수학 I
- 수학 II
- 확률과 통계
- 미적분
- 기하

짱 어려운 유형 ▽

- 수학 I
- 수학 II
- 확률과 통계
- 미적분

중간·기말고사 교재 — 학교 시험 대비 실전모의고사

아샘 내신 FINAL (고1 수학, 고2 수학 I, 고2 수학 II) ▽

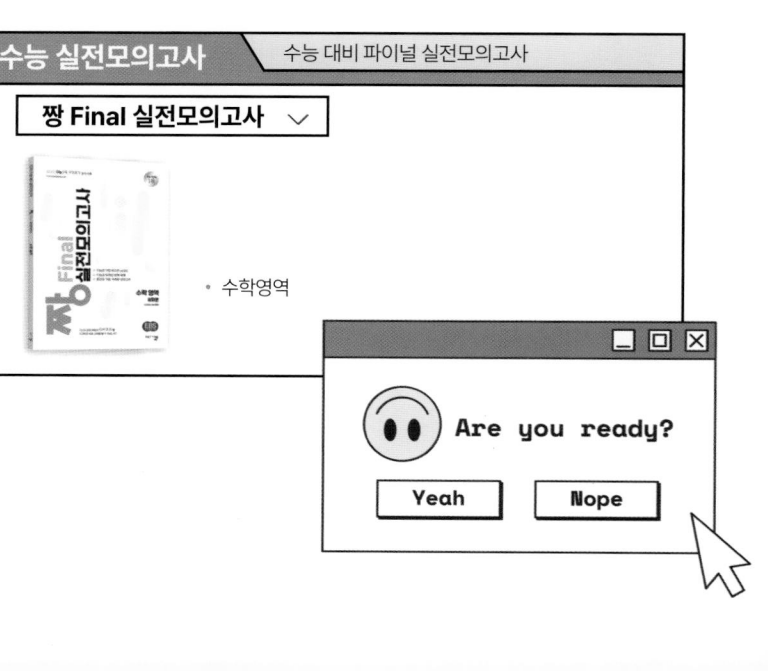

- 1학기 중간고사
- 1학기 기말고사
- 2학기 중간고사
- 2학기 기말고사

수능 실전모의고사 — 수능 대비 파이널 실전모의고사

짱 Final 실전모의고사 ▽

- 수학영역

Are you ready?
[Yeah]　[Nope]

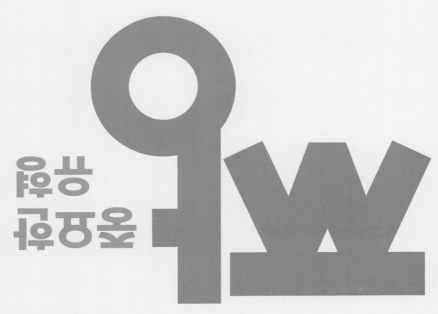